Der Verfasser ist Professor am Geographischen Institut der Universität Kiel. Er hat sich seit seiner ersten Reise in die Türkei im Jahre 1959 mit kulturlandschaftsgenetischen, stadtstrukturellen und zentralörtlichen Fragen im Orient beschäftigt. Im Jahre 1974 führte er in Zusammenarbeit mit dem Geographischen Institut der Universität Istanbul und unterstützt von zahlreichen deutschen und türkischen Mitarbeitern eine umfangreiche Befragung in der türkischen Industriegroßstadt Bursa in Nordwestanatolien durch, um Auswirkungen der Industrialisierung auf die sozioökonomischen Verhältnisse der Industriestadtbevölkerung eines Entwicklungslandes islamischen Milieus zu untersuchen. Die Finanzierung des Forschungsvorhabens hatte die Stiftung Volkswagenwerk im Rahmen ihres Förderungsprogramms für die gegenwartsbezogene Forschung in der Region Vorderer und Mittlerer Orient übernommen.

Reinhard Stewig

Der Orient als Geosystem

Leske Verlag + Budrich GmbH, Opladen 1977

Dem Deutschen Orient-Institut ist die Aufgabe gestellt, gegenwartsbezogene Forschung zu der Region Vorderer und Mittlerer Orient durchzuführen. Es ist dabei bemüht, in seinen Publikationen verschiedene Meinungen zu Wort kommen zu lassen, die jedoch grundsätzlich die Auffassung des jeweiligen Autors und nicht unbedingt des Deutschen Orient-Instituts darstellen. Das Deutsche Orient-Institut übernimmt daher mit der Veröffentlichung keine Verantwortung für den Inhalt.

CIP-Kurztitelaufnahme der Deutschen Bibliothek

Stewig, Reinhard
Der Orient als Geosystem
1. Aufl. Opladen: Leske und Budrich, 1977
(Schriften des Deutschen Orient-Instituts)
ISBN 978-3-8100-0213-6 ISBN 978-3-322-89769-5 (eBook)
DOI 10.1007/978-3-322-89769-5

ISBN 978-3-8100-0213-6

VORWORT

Angestrebt wird ein mittleres Abstraktionsniveau. Nicht generelle Allsätze, die ihrem Wesen nach so allgemein sind, dass sie unabhängig von Räumen und Zeiten, am Pol und am Äquator, in der Vergangenheit und heute, gleiche Gültigkeit besitzen, sollen erfasst und dargestellt werden. Auch soll nicht die Fülle der individuellen Züge der sehr zahlreichen Teilräume des Orients aufgezeigt werden, was zu einem idiographischen Enzyklopädismus alten länderkundlichen Stils führen könnte.

Gesetze im physischen (physikalischen) Bereich und Gesetzmässigkeiten im Humanbereich, die für den Kulturerdteil und das Erdraumsystem (Geosystem) Orient als Einheit Gültigkeit haben, sollen im Mittelpunkt der Darstellung stehen. Diese Zielsetzung schliesst nicht aus, dass eine Reihe von Gesetzen im physischen (physikalischen) Bereich und Gesetzmässigkeiten im Humanbereich auch ausserhalb des Orients die Wirklichkeit beschreibende und erklärende Gültigkeit besitzen. Andererseits soll die Erfassung und Darstellung des Orients als Einheit nicht zu einer allzu starken Reduktion seiner Merkmale führen, sondern es soll der Vielfalt und Differenzierung seiner Sachverhalte durch Berücksichtigung ihrer wichtigsten Varianten Rechnung getragen werden.

Die folgenden Ausführungen stellen die Niederschrift einer im WS 1974/75 am Geographischen Institut der Universität Kiel gehaltenen Vorlesung dar.

Nicht nur aufgrund der Entstehung aus einer Vorlesung, sondern auch, weil es sich um den ersten Versuch einer Darstellung des Orients als Geosystem handelt, sind die folgenden Ausführungen mit allen Schwächen eines Entwurfs behaftet. Dennoch wird dieser Entwurf zur Diskussion gestellt als ein Bemühen um die Weiterentwicklung, vielleicht Verbesserung, der länderkundlichen Darstellungsmethodik. Sollte sich die vorgeschlagene Richtung als brauchbar erweisen, wird es sich lohnen, auch die Schwächen, Mängel und Fehler dieser Konzeption und deren Ausführung für das Geosystem Orient im Laufe der Zeit zu beheben.

Frau G. Max, Deutsches Orient-Institut, Hamburg, danke ich für das Schreiben des Manuskriptes, den Herren G. Leschewsky und L. Orlowski, Geographisches Institut, Universität Kiel, für das Zeichnen der Karten und Diagramme. Dem Deutschen Orient-Institut, Hamburg, insbesondere Herrn Dr. U. Steinbach, danke ich für die Aufnahme der Veröffentlichung in seine Schriftenreihe.

Kiel, im Herbst 1975

Reinhard Stewig

INHALT

Seite

Seite

Seite

Seite

VERZEICHNIS DER ABBILDUNGEN

I. METHODOLOGISCHE UND INHALTLICHE ÜBERLEGUNGEN

Als nach dem Zweiten Weltkrieg der Universitätsbetrieb wieder aufgenommen wurde, lautete die Zielsetzung wissenschaftlicher Tätigkeit: man solle nur anfangen zu arbeiten; das Wie würde sich schon ergeben. Diese Unterentwicklung methodologischer Fragestellung nicht nur im Fach Geographie, sondern auch in einigen Nachbarfächern, darunter vor allem im Fach Geschichte, in den ersten Jahrzehnten nach dem Zweiten Weltkrieg und die Unterlassung der Weiterentwicklung traditioneller Zielsetzungen aus der Vorkriegszeit führten auf dem 37. Deutschen Geographentag in Kiel 1969 von seiten studentischer Teilnehmer zu der Forderung nach Abschaffung der Länderkunde/Regionalen Geographie überhaupt und zur verstärkten Hinwendung zur Allgemeinen Geographie. In dieser Situation hat sich jede Darstellung, die sich zunächst Räumen und nicht allgemeinen Fragestellungen zuwendet, Rechenschaft über die Angemessenheit ihrer Methode und Zielsetzung abzulegen. Dazu dienen diese einleitenden methodologischen, aber auch inhaltlichen Überlegungen.

A. Methodologische Überlegungen

1. A. Hettner und das länderkundliche Schema

Wenn auch das länderkundliche Schema von älteren Vorläufern - vor allem A. Kirchhoff, 1884 - entwickelt wurde, so ist doch A. Hettner sein bedeutendster Verfechter gewesen, der sich praktisch - in seinen Länderkunden - und theoretisch zu dieser Darstellungsmethode geäussert hat.

> Literaturhinweise:
>
> A. Hettner: Grundzüge der Länderkunde, 2 Bde, Leipzig, Berlin 1922-1924
>
> A. Hettner: Das länderkundliche Schema, in: Geographischer Anzeiger, 33. Jg., Gotha 1932, S. 1-6

Unter "länderkundlichem Schema" versteht man die Darstellung eines - grösseren oder kleineren - Erdraumes nach folgenden Kategorien in etwa dieser Reihenfolge:

Lage, Grösse, Grenzen,
Geologie,
Geomorphologie,
Pedologie (Bodenkunde),
Hydrographie,
Klimatologie/Klimageographie,
Vegetationsgeographie,
Tiergeographie,
Bevölkerungsgeographie,
Siedlungsgeographie,

Wirtschaftsgeographie,
Verkehrsgeographie,
Politische Geographie.

In der heutigen Situation des Faches Geographie, die durch die Etablierung der Sozialgeographie gekennzeichnet ist, stellt sich die Frage, warum nicht auch die Sozialgeographie als Kategorie im Schema erscheint. Wenn man unter Sozialgeographie nicht - was eine berechtigte Möglichkeit wäre - einen Oberbegriff, synonym mit "Geographie des Menschen", versteht, sondern eine Teildisziplin, parallel zu den traditionellen Teildisziplinen der Kulturgeographie, dann würde die offene Formalität des Schemas heute auch die Aufnahme dieser Kategorie gestatten. Die wissenschaftsgeschichtliche Situation der zwanziger Jahre, als die Sozialgeographie sich noch nicht entwickelt und konstituiert hatte, begründet ihr Fehlen im Kreis der Kategorien des länderkundlichen Schemas.

Das Schema muss heute - als länderkundliche Darstellungsmethode - als überholt gelten. Dennoch erscheinen noch heute Länder- und Landeskunden nach dem Schema (z.B. J. Wagner: Hessen, München 1961; K. Brüning, P. Singer, D. Fliedner: Niedersachsen, München 1970); ausserdem überwiegen im Bibliotheksbestand noch bei weitem die nach dem länderkundlichen Schema verfassten Landes- und Länderkunden.

Das länderkundliche Schema hat heute folgenden Negativkatalog der Beurteilung zu erfahren:

(1) Das länderkundliche Schema ist e n z y k l o p ä d i s c h
Aus der von A. Hettner propagierten Zielvorstellung, die Ganzheit eines Erdraumes und damit sein Wesen zu erfassen und darzustellen, ist eine blosse Sammlung vieler Teilinhalte eines Erdraumes geworden. Mit der Vorstellung von der Ganzheit eines Erdraumes gekoppelt ist die der Einheit des Faches durch den sowohl physisch- als auch kulturgeographischen Ansatz, der ebenfalls dem Enzyklopädismus Vorschub leistet.

(2) Das länderkundliche Schema ist t o p o g r a p h i s c h ; d.h. es wird eine örtliche Fixierung der zu den verschiedenen Kategorien gehörigen Sachverhalte vorgenommen. Dieses Verfahren hat die Entwicklung der Geographie zur und ihre Abwertung als Verbreitungslehre gefördert.

(3) Das länderkundliche Schema ist a d d i t i v . Ursprünglich war der von A. Hettner propagierte Sinn der Reihenfolge der Kategorien des länderkundlichen Schemas der, dass eine - allerdings einseitige - Kausalbeziehung zu den Sachverhalten der jeweils zuvor dargestellten Kategorien zum Ausdruck kommen sollte: z.B. die Vegetation als Folgeergebnis der klimatischen und pedologischen Gegebenheiten. Wenn im physikalischen und botanischen Bereich eine derartige Kausalverknüpfung noch als sinnvoll erscheinen mag, so führt sie im Humanbereich zu einem dem Entwicklungspotential des Menschen unangemessenen, einsei-

tigen Determinismus. Die ursprünglichen Intensionen A. Hettners degenerierten in zahlreichen Länderkunden nach dem länderkundlichen Schema zur blossen - beziehungslosen - Addition von Sachverhalten nach den aufgezählten Kategorien, besonders dann, wenn die verschiedenen Kategorien von verschiedenen Verfassern behandelt wurden.

(4) Das länderkundliche Schema ist s t a t i s c h ; d.h. der jeweils behandelte Erdraum wird als etwas Zuständliches gesehen. Es wird also nicht der Prozess der Entwicklung, der sich im physischen Bereich wie im Humanbereich abspielt, erfasst. Damit tritt auch die Frage nach den wirkenden, den Erdraum gestaltenden und den Prozessablauf steuernden Kräften in den Hintergrund.

(5) Das länderkundliche Schema ist i d i o g r a p h i s c h ; d.h. es wird ein Erdraum in der Einmaligkeit seiner Ausprägung, der Individualität seiner Charakterzüge, gesehen und dargestellt. Innerhalb der Kategorien des länderkundlichen Schemas bemüht man sich also nicht um Naturgesetze im physischen (physikalischen) Bereich oder Gesetzmässigkeiten/Regelhaftigkeiten im Humanbereich, weil diese Zielsetzungen nach der traditionellen Auffassung im Fach Geographie von der Allgemeinen Geographie zu bewältigen seien.

(6) Das länderkundliche Schema ist d e s k r i p t i v . Hier haben wir allerdings deutlich zu unterscheiden zwischen einerseits den Intensionen A. Hettners, für den eine Länderkunde - auch nach dem länderkundlichen Schema -, wenn sie wissenschaftliche Ansprüche erfüllen soll, zur Erklärungsebene vorzustossen habe, und andererseits den zahlreichen Länderkunden nach dem degenerierten länderkundlichen Schema, die sich mit der Deskription begnügen.

(7) Das länderkundliche Schema ist p h y s i o g n o m i s c h
Die physiognomische Ausrichtung, insbesondere älterer Länderkunden, ist nicht notwendigerweise mit dem länderkundlichen Schema verknüpft, sondern auf die wissenschaftsgeschichtliche Situation der Zeit zwischen den beiden Weltkriegen zurückzuführen, als die funktionale Betrachtungsweise im Fach Geographie sich erst zu entwickeln begann. Die dingliche Erfüllung eines Erdraumes, die materiellen Inhalte und weniger die immateriellen Sachverhalte (die wirkenden Kräfte, Steuerungen, Regulative, Organisationsformen) standen besonders bei den Länderkunden nach dem länderkundlichen Schema, die in den zwanziger Jahren entstanden, im Vordergrund.

(8) Das länderkundliche Schema ist m o n o d i s z i p l i - n ä r . Auch dieses Merkmal von Länderkunden nach dem länderkundlichen Schema ist wissenschaftsgeschichtlich zu erklären. Entsprechend der späten Entstehung und Entwicklung der Kulturgeographie, nachdem die Physische Geographie zu Anfang des 20. Jahrhunderts bereits einen bedeutenden Entwicklungsvorsprung erfahren hatte, wird bei der Darstellung der kulturgeographi-

schen Kategorien des länderkundlichen Schemas die Überschreitung der Fachgrenzen, etwa zu den Wirtschaftswissenschaften oder der Soziologie hin, vermieden, so dass sozioökonomische und "gesellschaftsrelevante" Fragestellungen ausgeklammert werden; im physischen Bereich dagegen wurden Erkenntnisse der Nachbarwissenschaften, vor allem der Geologie und Botanik, übernommen.

Fragt man sich nach diesem Negativkatalog des länderkundlichen Schemas, was sein Sinn heute noch sein kann, dann hat man ihn wohl darin zu suchen, dass es eine Ordnung für eine Materialsammlung abgibt. Von einem System zu sprechen, ist nur dann gerechtfertigt, wenn man unter einem System - abgesetzt von anderen Inhalten des Begriffes System - die blosse Anordnung und Klassifikation einer Stoffülle versteht, so wie etwa im Fach Chemie der Begriff "periodisches System der Elemente"° oder im Fach Botanik der Begriff "Linné'sches System"°° eine blosse Ordnung des Stoffes ausdrücken will. Damit wird dieser Inhalt des Begriffes System bewusst in Gegensatz zu dem noch darzulegenden Inhalt des Begriffes "Systemkonzeption" gesetzt.

2. H. Spethmann und die dynamische Länderkunde

Bereits in den zwanziger Jahren hat das länderkundliche Schema als Darstellungsmethode scharfe Kritik erfahren. Einer der ersten, die sich um eine Verbesserung bemühten, war H. Spethmann, der praktisch - in länderkundlichen Entwürfen - und theoretisch seine Verbesserungsvorschläge dargelegt hat.

Literaturhinweis:

H. Spethmann: Dynamische Länderkunde, Breslau 1928 (unveränderter Nachdruck Kiel 1972)

Der Begriff des "Dynamischen" hat bei H. Spethmann eine schillernde Qualität. Einerseits versteht er darunter Variation, Abwandlung, Schwerpunktsetzung, Aufzeigen der dominanten Züge eines Erdraumes. Er wird zu dieser Auffassung geführt aus der Monotonie des länderkundlichen Schemas heraus, das ja ein Agrarland wie beispielsweise Albanien nach dem gleichen Rezept behandelt wie ein Industrieland, beispielsweise Grossbritannien. Die Weglassung von Kategorien des länderkundlichen Schemas, die für die Darstellung eines Erdraumes nicht wesentlich sind, bringt zwar die von H. Spethmann angestrebte Dominanz bestimmter Merkmale, damit ist aber auch H. Spethmanns dynamische Länderkunde bestrebt, die Individualität eines Erdraumes herauszuarbeiten.

°Beim periodischen System der Elemente handelt es sich um die Ordnung der chemischen Elemente nach ihrem Atomaufbau und ihren physikalischen Eigenschaften in Reihen und Perioden.

°°Beim Linné'schen System handelt es sich um die Ordnung der Pflanzen nach bestimmten Merkmalen in Arten und Gattungen, die zu Klassen und Ordnungen zusammengefasst werden.

Andererseits bringt H. Spethmann mit dem Begriff des "Dynamischen" die Erkenntnis und Anerkennung der Tatsache zum Ausdruck, dass sich in jedem Erdraum - im physischen wie im Humanbereich - eine (schnelle oder langsame) Entwicklung vollzieht. H. Spethmann strebt also die Überwindung der Statik des länderkundlichen Schemas an, was er in seinen länderkundlichen Entwürfen naturgemäss besser erreicht, wenn er sich Kulturlandschaften, wie z.B. der Stadt Lübeck, zuwendet anstatt Naturlandschaften, wie z.B. Island.

Ein weiterer positiver Beitrag zur Verbesserung oder Überwindung des länderkundlichen Schemas ist in H. Spethmanns Ansatz zu einer Kräftelehre zu sehen. Er unterscheidet folgende wirkende Kräfte, die zur Gestaltung eines Erdraumes, insbesondere einer Kulturlandschaft, führen:

technische Kräfte,
finanzielle Kräfte,
Krisen und Konjunkturen,
die Kraft der Bodenschätze,
die Kraft der Persönlichkeit,
politische Kräfte,
religiöse Kräfte,
Lebensunterhalt und Kulturhöhe,
klimatische Kräfte,
pflanzliche Kräfte,
das Morphodynamische,
das Unwägbare.

Diese heute unsystematisch und willkürlich anmutende Reihenfolge stellt aber doch den frühen Versuch einer Systematik wirkender Kräfte dar. Damit wird der Zielsetzung länderkundlicher Darstellung eine Blickrichtung gegeben, die wegführt von der bloss dinglichen, materiellen Erfüllung eines Erdraumes und die hinführt zur Berücksichtigung immaterieller Sachverhalte, den Steuerungen der Entwicklung eines Erdraumes und seinen Organisationsformen.

Bei H. Spethmanns Ausführungen über die dynamische Länderkunde handelt es sich überwiegend um eine theoretische Zielcharakterisierung. Die Verwirklichung seiner Zielsetzung blieb in seinen eigenen länderkundlichen Darstellungen wie auch denen anderer hinter der Zielsetzung zurück.

3. O. Schmieder und die kulturmorphogenetische Länderkunde

Es muss zunächst darauf hingewiesen werden, dass die Bezeichnung "kulturmorphogenetisch" dem Einbandtext einer der Länderkunden von O. Schmieder entnommen ist.

O. Schmieder hat sich zu seiner länderkundlichen Darstellungsmethode nicht theoretisch geäussert; die Charakterisierung seiner Methode ist aus seinen Länderkunden erschlossen.

Literaturhinweise:

O. Schmieder: Südamerika, Mittelamerika, Nordamerika, 3 Bde, Leipzig, Wien 1932-1934

O. Schmieder: Die Neue Welt, 2 Bde, Heidelberg, München 1962-1963

O. Schmieder: Die Alte Welt, 2 Bde, Wiesbaden, Kiel 1965 bis 1969

Wenn man nach den Bestandteilen des Wortes vorgeht, dann bedeutet "kulturmorphogenetisch" zunächst, dass O. Schmieder das Schwergewicht seiner Darstellung auf die Kulturlandschaft legt. Die physischen Verhältnisse werden als die Bühne dargestellt, auf der sich die kulturlandschaftliche Entwicklung abspielt. Der zweite Wortbestandteil - "morph" - impliziert, dass O. Schmieder den physiognomisch erfassbaren Sachverhalten (der Kulturlandschaften) besondere Aufmerksamkeit schenkt. Hier muss jedoch festgestellt werden, dass mit diesem Begriff O. Schmieders Darstellungsmethode unzureichend beschrieben wird, denn es sind durchaus wirkende Kräfte, Regulative der Entwicklung und funktionale Beziehungen innerhalb der Kulturlandschaft, die zur Darstellung gelangen, so dass die Bezeichnung "kulturfunktiomorphogenetisch" eine zwar sprachlich unschöne, aber der Sache - O. Schmieders Darstellungsmethode - angemessenere Bezeichnung wäre.

Das Hauptverdienst O. Schmieders kommt in seiner systematischen Verfolgung des genetischen Ansatzes zum Ausdruck. Unter Wiederaufnahme älterer Bemühungen, vor allem von seiten der Historischen Geographie, gelangt O. Schmieder zu einer Erfassung und Darstellung der Kulturlandschaftsentwicklung in zeitlichen Querschnitten. Beispielsweise für Nordamerika werden, nach der Behandlung der physisch-geographischen Verhältnisse, in zeitlichen Querschnitten folgende Phasen unterschieden:

die Indianerlandschaft,
die koloniale Landnahmephase,
die Ausgestaltung der agraren Wirtschaftslandschaft,
die Phase der Verstädterung und Industrialisierung.

Diese Darstellungsmethode, die natürlich je nach dem Entwicklungsstand der verschiedenen Kulturlandschaften abgewandelt, die aber auf alle Fälle bis zum heutigen Stand geführt wird, macht die heutige Kulturlandschaft als etwas Gewordenes, als das Ergebnis eines Prozesses deutlich und verfolgt gleichzeitig den Verlauf dieses Prozesses, die ihn bestimmenden, wirkenden Kräfte und deren Wandel. Mit dieser Überwindung der Statik des länderkundlichen Schemas ist ein Ansatz zur Interdisziplinarität verbunden, da notwendigerweise historische Sachverhalte in die länderkundlichen Darstellungen von O. Schmieder eingehen.

Bei all diesen Bemühungen um Überwindung des länderkundlichen Schemas erscheinen doch innerhalb der Darstellung der verschiedenen Phasen der Kulturlandschaftsentwicklung die Kategorien des länderkundlichen Schemas wieder auf, und es bleibt als Hauptziel weiterhin bestehen, die individuellen Züge und charakteristischen Merkmale der zahlreichen Erdräume - eben unter Betonung des genetischen Aspektes - darzustellen.

4. H. Lautensach und die Formenwandellehre

Seine Formenwandellehre hat H. Lautensach unabhängig von seinen Länderkunden entwickelt. Sie soll jedoch hier zur länderkundlichen Darstellungsmethodik in Beziehung gesetzt werden.

Literaturhinweise:

H. Lautensach: Der geographische Formenwandel, Colloquium Geographicum, Bd 3, Bonn 1952

H. Lautensach: Korea. Eine Landeskunde auf Grund eigener Reisen und der Literatur, Leipzig 1945

H. Lautensach: Die Iberische Halbinsel, 1. Aufl. München 1964, 2. Aufl. München 1969

H. Lautensach versteht unter "Formenwandel" gesetzmässige Veränderungen auf der Erdoberfläche. Er unterscheidet vier Kategorien dieses Formenwandels.

(1) Der planetarische Formenwandel; er umfasst Veränderungen auf der Erde in nord-südlicher und süd-nördlicher Richtung, wie z.B. die allgemeine Temperaturabnahme mit Annäherung an die Pole oder die allgemeine Temperaturzunahme mit Annäherung an den Äquator.

(2) Der west-östliche Formenwandel; er umfasst Veränderungen auf der Erde in west-östlicher und ost-westlicher Richtung, wie z.B. die allgemeine Abnahme der Niederschläge in Europa von W nach E.

(3) Der hypsometrische Formenwandel; er umfasst Veränderungen auf der Erde mit zunehmender oder abnehmender Höhenlage, wie z.B. die Erscheinung des vertikalen Temperaturgradienten, wonach mit 100 m Höhenzunahme die Temperatur 0,5 bis 1,0° C - je nach Zustand der Luftmasse - abnimmt.

(4) Der zentral-periphere Formenwandel; er umfasst Veränderungen auf der Erde innerhalb eines - begrenzten - Erdraumes von innen nach aussen, wie z.B. den Übergang von Kontinentalität zu Ozeanität vom Innern der Iberischen Halbinsel zu den Küsten.

Wenn wir die Formenwandellehre in bezug setzen zur länderkundlichen Darstellungsmethodik und nach ihrer Bedeutung in diesem Zusammenhang fragen, dann ist ganz anders als bei H. Spethmann oder O. Schmieder eine Überwindung des länderkundlichen Schemas zu erkennen, indem nach den g e s e t z m ä s s i g e n Veränderungen auf der Erde bzw. innerhalb eines begrenzten Erdrau-

1. der planetarische (nord-südliche) Formenwandel

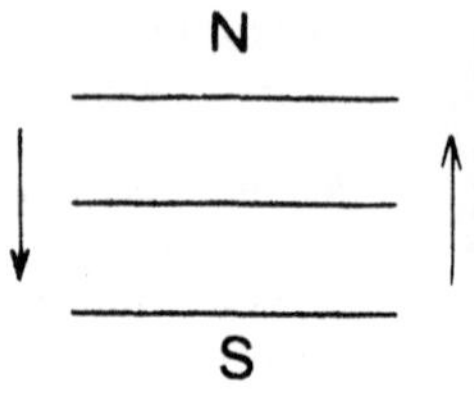

2. der west-östliche Formenwandel

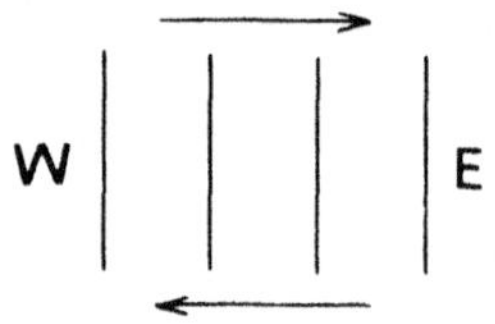

3. der hypsometrische Formenwandel

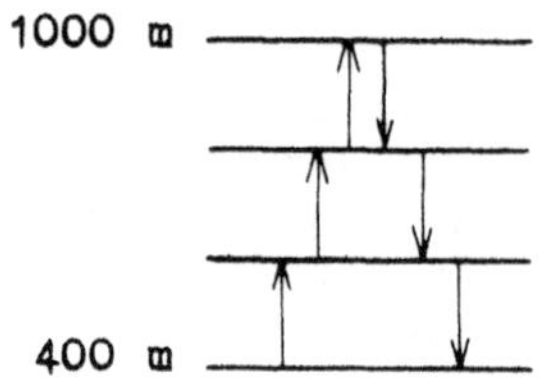

4. der zentral-periphere Formenwandel

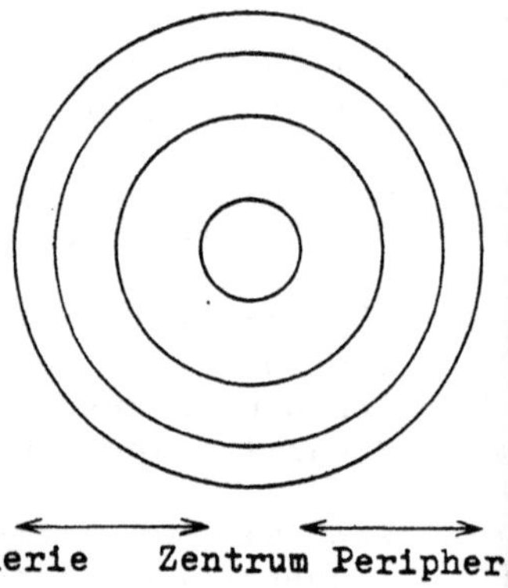

← = Richtung der gesetzmäßigen Veränderung/Abwandlung der Erscheinungen auf der Erdoberfläche

Abb. 1 Schematische Darstellung der Formenwandelkategorien von H. Lautensach mes gefragt wird. Veränderungen sind dabei nicht als Prozess an einem Ort in der Dimension der Zeit zu verstehen - und insofern wird die Statik des länderkundlichen Schemas durch die Formenwandellehre nicht überwunden -, sondern als Abwandlungen über eine Distanz. Der Vorzug dieses Ansatzes im länderkundlichen Zusammenhang liegt in der Frage nach der Gesetzmässigkeit der Veränderungen und damit der Generalisierung.

Im physischen Bereich lassen sich solche gesetzmässigen Abwandlungen unschwer erkennen, und es wurden die Beispiele zur Illustration der vier Formenwandelkategorien auch aus dem physischen Bereich gewählt.

Im Kulturlandschaftlichen ist die Erkenntnis derartiger Gesetzmässigkeiten für H. Lautensach nicht immer möglich gewesen. So lässt sich der Einflussbereich der Araber auf der Iberischen Halbinsel und die Verbreitung der von ihnen geprägten Kulturlandschaft mit keiner der Formenwandelkategorien erfassen oder erklären. Andererseits liefern auch Kulturlandschaften durchaus Belege für die Gültigkeit - zumindest eines Teiles - der Formenwandelkategorien im Humanbereich; dies ist der Fall bei den Intensitätsabstufungen agrarer Nutzungen um ein Zentrum (- das Thünen'sche Modell -) oder die zentralörtlichen Reichweitenunterschiede um eine Stadt (- das Christaller'sche Modell -), die beide zentral-peripher strukturiert sind.

Die Anwendung der H. Lautensach'schen Formenwandellehre in der länderkundlichen Darstellungsmethodik führt - zumindest in der Zielsetzung - weg vom Idiographischen, weg von der Überbetonung der individuellen Züge und charakteristischen Merkmale eines Erdraumes. Allerdings bleiben die weiterführenden Ansätze von H. Spethmann und O. Schmieder, die Erkenntnis der immateriellen wirkenden Kräfte als steuernde Faktoren und die Erkenntnis der Kulturlandschaft als ein Prozess auf der Strecke. Auch führen die Formenwandelkategorien über die Deskription nicht weit hinaus.

Als Zwischenergebnis der methodologischen Überlegungen lässt sich festhalten, dass als Reaktion auf die Darstellungsmethode des länderkundlichen Schemas eine Reihe von Verbesserungen und Überwindungen versucht wurde, aber dass jeder einzelne dieser Wege - so anregend sie auch wirkten - unvollkommen war und die länderkundliche Darstellungsmethode nicht entscheidend verbessert hat.

Dieser Umstand entlud sich in den Äusserungen, besonders von studentischer Seite, auf dem 33. Deutschen Geographentag in Kiel 1969, wo die vollständige Abschaffung der Länderkunde gefordert wurde, weil sie problemlos und gesellschaftsirrelevant sei. Sicherlich waren die nach dem Zweiten Weltkrieg im Sinne des länderkundlichen Schemas konzipierten Länderkunden die tiefere Ursache für die auf dem Kieler Geographentag vorgetragene Auffassung, die Studentenunruhen am Ende der sechziger Jahre nur der äussere Anlass.

Im folgenden soll versucht werden darzulegen, dass eine systemanalytische Länderkunde/Regionale Geographie durchaus ihre Existenzberechtigung hat.

5. (W. Wöhlke) und die systemanalytische Länderkunde

Wenn hier der Name W. Wöhlke in Klammern gesetzt wurde, dann deshalb, weil W. Wöhlke in einem Aufsatz eine Darstellung der Kulturlandschaftsbetrachtung gegeben hat, die prinzipiell wohl der Systemkonzeption entspricht, ohne jedoch von ihr seine Darstellung explizit abzuleiten. So muss ausser dem fachspezifischen Literaturhinweis auf den Aufsatz von W. Wöhlke auch der Begründer der - fachunspezifischen - allgemeinen Systemtheorie genannt werden (- die letztlich auf die Überlegungen der Philosophen J.W.F. Hegel und F.W. von Schelling zurückgeht).

Literaturhinweise:

W. Wöhlke: Die Kulturlandschaft als Funktion von Veränderlichen, in: Geographische Rundschau, Jg. 21, Braunschweig 1969, S. 298-308

L. von Bertalanffy: General System Theory, New York 1968

Im folgenden kann es sich nur um die Kennzeichnung einer Zielvorstellung handeln, da es meines Wissens noch keine systemanalytische Länderkunde/Regionale Geographie gibt. Auch die systemanalytisch konzipierte Darstellung des Orients kann nur als ein erster Versuch gewertet werden.

Der grundlegende Begriff ist hier der des Systems, wobei der Inhalt des Begriffes deutlich abweicht von dem einer blossen Ordnung des Stoffes wie beispielsweise beim periodischen System der Elemente in der Chemie, dem Linné'schen System in der Botanik oder dem länderkundlichen Schema, das ich mit einer blossen Ordnung des Stoffes gleichsetze.

Was ist unter einem "System" zu verstehen, wenn es sich also nicht um eine Klassifikation von Materialien handeln soll? Ein solches System besteht aus einer Anzahl - meist einer sehr grossen Anzahl - von Teilen/Elementen/Komponenten/Gegenständen/Sachverhalten materieller und immaterieller Art (im weitesten Sinne), die - und dies ist das Entscheidende - in einem Beziehungsgefüge, in einem Wechselwirkungszusammenhang, stehen.

Schon bei H. Spethmann und sogar bei A. Hettner ist von "Wechselwirkungen" die Rede; aber systematisch wird an die Erfassung und Darstellung von Wechselwirkungszusammenhängen erst im Rahmen der Systemkonzeption herangegangen. Diese Systemkonzeption ist - bezeichnenderweise - zuerst von einem Biologen, L. von Bertalanffy, entwickelt worden, der erkannte, dass die komplexen Sachverhalte der Biologie mit ihrem über das Mechanische hinausgehenden Kausalitätsprinzip mit den einfachen, linearen Kausalitätsbeziehungen der Physik als Prototyp der traditionellen Naturwissenschaften nicht mehr hinreichend erklärt werden können. Es ergab sich dann, dass diese Systemkonzeption auch auf den gesellschaftlichen Bereich, ja auf alle komplexen Sachverhalte (- wie sie ja auch im rein physikalischen Bereich bestehen -) anwendbar ist und durch das systematische Fragen nach den Arten der Wechselbeziehungen zwischen den Teilen eines Systems zu neuen Erkenntnissen führt. Die allgemeine Systemtheorie befasst sich - losgelöst von den physikalischen, biologischen oder gesellschaftlichen Inhalten - mit den grundsätzlichen Arten der Beziehungen zwischen den Teilen von Systemen, wobei die Arten der Beziehungen und die Teile eines Systems in Gestalt eines Flussdiagrammes oder Netzplanes dargestellt werden können.[¤]

Zur Verdeutlichung der Systemkonzeption sollen zwei Beispiele skizziert werden, je eines aus dem physikalisch-biologischen und dem gesellschaftlichen (oder Human-) Bereich. Ein See als Erdraum nach dem länderkundlichen Schema dargestellt würde die Beschreibung der Merkmale seines Wassers, der Vegetation am Seeufer, der Zuflüsse und Abflüsse, der Fische im See, der Tierwelt an seinen Ufern, der Nutzung seiner Umgebung durch den Menschen enthalten. Bei der Systemkonzeption steht die Frage nach den Beziehungen zwischen den aufgezählten Teilen des Systems See und ihren Veränderungen im Mittelpunkt der Darstellung, also beispielsweise in welcher Weise eine Veränderung in der Qualität des Zuflusswassers eine Veränderung im Fischbestand nach sich zieht, der - bei seiner Verminderung - sich wiederum nachteilig auf die in der Vegetation des Seeufers lebende Vogelwelt durch Verminderung der Ernährungsbasis auswirkt, was wiederum Auswirkungen auf die Zusammensetzung des Fischbestandes haben kann (- ein Rückkoppelungseffekt); usw.

Im gesellschaftlichen oder Humanbereich kann eine Stadt als ein System aufgefasst werden. Eine stadtgeographische Monographie nach dem länderkundlichen Schema würde die Beschreibung ihres Grund und Bodens, ihrer Lufthülle und des Klimas, der Bevölkerungszusammensetzung, des Gebäudebestandes, der Industriebetriebe, Geschäfte und Büros, des Verkehrs usw. enthalten. Bei der Systemkonzeption steht die Frage nach den Beziehungen zwischen den Teilen des Systems Stadt im Mittelpunkt der Darstellung, also beispielsweise welche Wechselbeziehungen zwischen der Entwicklung der Industrie und der der Bevölkerung, ihrer Mobilität, ihrer Zusammensetzung, etwa aus sozialen Schichten, bestehen; und: welche Beziehungen zwischen der Stadt und dem sie umgebenden zentralörtlichen Umland bestehen; und: welchen Einfluss der infrastrukturelle Ausbau der Stadt auf die Industrieansiedlung und die Erweiterung des zentralörtlichen Einzugsgebietes hat; usw.

[¤] Zur Veranschaulichung eines Flussdiagramms: D. Meadows u.a.: Die Grenzen des Wachstums, Bericht des Club of Rome zur Lage der Menschheit, Stuttgart 1972, S. 88/89; das Weltmodell, Darstellung des Globalsystems als Flussdiagramm.

Es stellt sich die Frage nach der Bedeutung der Systemkonzeption für die Darstellungsmethodik der Regionalen Geographie/Länderkunde. Hier kann dem Negativkatalog des länderkundlichen Schemas eine Positivliste gegenübergestellt werden.

(1) Die Erfassung und Darstellung der Beziehungen zwischen den Teilen eines Systems als Zielsetzung zu verfolgen, bedeutet die Überwindung des topographischen Ansatzes des länderkundlichen Schemas. Nicht die Frage nach dem Wo der Gegenstände steht im Mittelpunkt, sondern nach dem Wie der Beziehungen zwischen den Gegenständen. Damit wird die Geographie von einer Verbreitungslehre zu einer Beziehungswissenschaft, zumindest der Zielsetzung nach.

(2) Die Hinwendung nicht nur zu materiellen Gegenständen und Beziehungen, sondern auch immateriellen Sachverhalten bedeutet die Überwindung des wissenschaftsgeschichtlich mit dem länderkundlichen Schema verbundenen physiognomischen Ansatzes. Nicht die dingliche Erfüllung des Erdraumes allein interessiert, sondern die in ihm wirkenden Kräfte und Steuerungen, die zu einem Auswirkungsniederschlag im Erdraum führen, der wiederum in einer Rückkoppelungsbeziehung zu den Regulativen steht. Mit diesem Ansatz ist der H. Spethmann'sche Gedanke der wirkenden Kräfte - wenn auch nicht quellenmässig direkt - in der Systemkonzeption sublimiert.

(3) Die Systemkonzeption hebt den bisherigen - vermeintlichen - Gegensatz zwischen dem physikalisch-biologischen Bereich, dessen sich - traditionell - die Naturwissenschaften annehmen, und dem Humanbereich, dessen sich - traditionell - die Kultur- und Gesellschaftswissenschaften annehmen, auf: Prinzipiell bestehen in beiden Bereichen Systeme. Damit deuten sich Möglichkeiten an, nicht nur die beiden, zuweilen auseinanderklaffenden Zweige des Faches Geographie, die physische und die Kulturgeographie, auf einen systemtheoretischen Nenner zurückzuführen, sondern es deutet sich auch eine Synthese des traditionellen - vermeintlichen - Gegensatzes zwischen Natur- und Geistes- bzw. Gesellschaftswissenschaften an.

(4) Die Frage nach den Arten der Beziehungen zwischen den Teilen eines Systems führt zur Erfassung und Darstellung von Gesetzen und Gesetzmässigkeiten. Mit dieser Zielvorstellung wird der idiographische Ansatz des länderkundlichen Schemas überwunden - ein Ziel, das H. Lautensach mit seiner Formenwandellehre anstrebte. Die Regelhaftigkeiten präsentieren sich in der streng naturgesetzlichen Form bei den Ökosystemen, in Gestalt von Gesetzmässigkeiten bei den Humansystemen, weil bei letzteren rein mechanische Kausalitätsbeziehungen durch menschliche Motivationen ersetzt sind. Ein besonderer Vorzug der Systemkonzeption ist darin zu sehen, dass bei allem Bemühen um Gesetze und Gesetzmässigkeiten die individuellen Züge - eines Erdraumsystems - nicht unterzugehen brauchen: sie erscheinen als eine unter zahlreichen möglichen Abwandlungen und Varianten eines übergeordneten Systems. Dadurch wird der - vermeintliche - Ge-

gensatz zwischen Allgemeiner Geographie, die nach Gesetzen und Gesetzmässigkeiten strebt, und Länderkunde/Regionaler Geographie, die nach Individualitäten strebt, aufgehoben: es sind also Erdraumsysteme, im physischen (physikalischen) Bereich wie im Humanbereich, die den Forschungs- und Darstellungsgegenstand der Geographie (und ihrer Nachbarwissenschaften) ausmachen.

(5) Aus der Frage nach den Beziehungen zwischen den Teilen von Systemen ergibt sich, da sich ja diese Beziehungen über die Zeit hin ändern (können), die Einbeziehung der Dimension der Zeit in die Systemkonzeption. Hier scheint der prozessuale und genetische Aspekt, wie er von O. Schmieder im länderkundlichen Rahmen betont wurde, in der Systemkonzeption in dem Ziel auf, dynamische Systeme, d.h. sich in der Zeit verändernde Systeme, zu erfassen und darzustellen.

(6) Aus der Frage nach den Beziehungen zwischen Sachverhalten, der Grundfrage der Systemkonzeption, ergibt sich, dass nicht nur nach den Beziehungen zwischen den gegebenen Teilen i n n e r h a l b eines Systems gefragt werden kann, sondern dass auch jene Beziehungen ermittelt werden müssen, die von aussen her auf ein gegebenes, begrenztes (Sub-)System einwirken. Hieraus folgt notwendigerweise, dass - wenn man Erdraumsysteme erfassen und darstellen will - nicht an den Grenzen eines Faches Halt gemacht werden kann. Aus der Zielvorstellung der Systemkonzeption leitet sich der fächerübergreifende, integrative und nicht additive und d.h. eben interdisziplinäre Forschungs- und Darstellungsansatz ab.

(7) Der Systemkonzeption kommt auch eine didaktische Bedeutung zu. Während eine regionalgeographische Darstellung nach dem länderkundlichen Schema in degenerierter Form in der Addition der Einzelsachverhalte stehen bleibt, führt eine systemanalytische, regionalgeographische Darstellung gerade zu den Zusammenhängen und bemüht sich, die Einzelsachverhalte in eine logische Abfolge zu stellen.

Nach dieser Positivliste zur Beurteilung der Systemkonzeption im Zusammenhang mit der länderkundlichen Darstellungsmethodik muss auch nach den negativen Seiten gefragt werden. Da es noch keine systemanalytische Länderkunden gibt, müssen mögliche negative Aspekte an Hand anderer Darstellungen/Modelle angedeutet werden. Zwei Gefahren lässt vor allem die erste Wiedergabe von D. Meadows (Die Grenzen des Wachstums, Bericht des Club of Rome zur Lage der Menschheit, Stuttgart 1972, S. 88/89), und zwar des Weltsystems in Modellform, erkennen: Es handelt sich einerseits um einen unangemessenen Reduktionismus; d.h. die die Welt ausmachenden Sachverhalte und Beziehungen werden auf eine unangemessen geringe Zahl vermindert. Zum anderen werden die Qualitäten der Beziehungen zwischen den verschiedenen Systemteilen in einer verkürzt mechanistischen Weise aufgefasst und dargestellt, die insbesondere der Vielschichtigkeit und Komplexität der Beziehungen in den gesellschaftlichen Systembereichen in keiner Weise angemessen ist.

B. Inhaltliche Überlegungen

Das Fach Geographie hat sich - wie wohl auch das Fach Geschichte - in den vergangenen Jahrzehnten durch ein besonderes Defizit an methodologischer Fragestellung ausgezeichnet. In den letzten Jahren bahnte sich jedoch in Nordamerika und in England ein Umschwung an, der nun das Pendel in die andere Richtung ausschlagen lässt und zur Etablierung einer theoretischen und formalen Geographie als universitärer Teildisziplin, zum Teil in Anlehnung an die ähnlich theoretisch orientierten Wirtschaftswissenschaften (Regionalwissenschaft), führte. Man sollte sich jedoch die Erfahrung anderer Fächer, z.B. der Psychologie, zunutze machen und erkennen, dass eine Überwucherung des Methodischen und eine völlige Abstraktion vom Inhaltlichen wohl zu einer intellektuellen Leistung, aber nicht notwendigerweise zur Erklärung der Wirklichkeit führt. Wenn Methodik nicht um ihrer selbst willen betrieben werden soll, sondern um einem Zweck, nämlich der Erfassung, Erklärung und Darstellung der Wirklichkeit zu dienen, dann muss allen methodischen Überlegungen ein angemessen hohes, inhaltliches Ziel gegenübergestellt werden. Darum bemühen sich - im Rahmen einer Definition und Abgrenzung des Begriffes und des Erdraumsystems Orient - die folgenden Ausführungen.

Literaturhinweise zur Definition des Orients:

H. Bobek: Soziale Raumbildungen am Beispiel des Vorderen Orients, in: 27. Deutscher Geographentag, Tagungsbericht und wissenschaftliche Abhandlungen, München 1948; Landshut 1950/1951, S. 193-207

E. Wirth: Gegenwartsprobleme nahöstlicher Entwicklungsländer, in: 38. Deutscher Geographentag, Erlangen-Nürnberg 1971, Tagungsbericht und wissenschaftliche Abhandlungen, Wiesbaden 1972, S. 253-277

Vergleiche:

A. Hettner: Der Orient und die orientalische Kultur, in: Geographische Zeitschrift, 37. Jg., Leipzig und Berlin 1931, S. 193-210, 269-279, 341-350, 401-414

H. v. Wißmann: Stellung und Bedeutungswandel des Orients in den Lebensräumen der Alten Welt, in: Zeitschrift der Gesellschaft für Erdkunde, Berlin 1942, S. 353-368

R. Gradmann: Die Steppen des Morgenlandes in ihrer Bedeutung für die Geschichte der menschlichen Gesittung, Geographische Abhandlungen, III. Reihe, Heft 6, Stuttgart 1934

R. Gradmann: Blüte und Niedergang des Orients in geographischer Betrachtung, in: Geographische Zeitschrift, 53. Jg., Wiesbaden 1965, S. 294-314

1. Der Orient: Rezeptionsraum des weltweiten Industrialisierungsprozesses heute

Wenn man den bewohnten Erdraum als dynamisches System auffasst und zunächst unter Vernachlässigung seiner physischen Bedingungen nach dem Prozess fragt, von dem dieses Humansystem heute geprägt wird, so ist es zweifellos der Industrialisierungsprozess - im Sinne der Herausbildung der Industriegesellschaft als bisher letzter Stufe der Kultur-, Gesellschafts- und Wirtschaftsentfaltung der Menschheit. Dieser Industrialisierungsprozess setzte etwa um die Mitte des 18. Jahrhunderts in England ein und hat sich seitdem in eine Reihe von Erdräumen, nämlich die heute als Industrieländer bezeichneten Staaten, ausgebreitet. Vom systemkonzeptionellen, übergreifenden Gesichtspunkt aus ist es sinnvoll, zahlreiche weitere Erdräume nicht als Entwicklungsländer zu bezeichnen und sie - statistisch - durch eine Reihe von Indikatoren wie geringer Prokopfanteil am Volkseinkommen, schlechter Ernährungszustand der Bewohner, hohe Analphabetenquote oder niedriges Bruttosozialprodukt im Vergleich mit den Industrieländern zu charakterisieren, sondern sie vielmehr - dynamisch - als von den Innovationen der Industrieländer unterschiedlich erreicht und auf einem unterschiedlich weit/wenig weit fortgeschrittenen Weg zur Industriegesellschaft befindlich anzusehen. Bei einer derartigen Betrachtungsweise stehen sich Innovations- und Rezeptionsräume des weltweiten Industrialisierungsprozesses gegenüber.

Zu den wichtigsten Merkmalen eines Innovationsraumes, in dem also der Industrialisierungsprozess weit fortgeschritten ist, gehören - unabhängig vom gesellschaftlichen, kapitalistischen oder sozialistischen "System" (= Wirtschaftsordnung) -, und zwar ausser seinem Innovationen ausstrahlenden Charakter:

- demographisch: Geburten- und Sterberate pendeln sich in ein derartiges Gleichgewicht ein, dass das Bevölkerungswachstum gering ist;

- ökonomisch: Der sekundäre und der tertiäre Sektor weisen beträchtliche und zunehmende, der primäre Sektor abnehmende und geringe Beschäftigtenzahlen und dementsprechende Anteile am Bruttosozialprodukt auf;

- sozialstrukturell: Eine breite, aber differenzierte Mittelschicht mit relativ geringen Einkommensunterschieden entsteht, während die Zahl der Personen mit besonders hohen und besonders niedrigen Einkommen abnimmt;

- gesellschaftlich: Die Gesellschaft ist durch die Herausbildung einer hochgradigen Spezialisierung und Arbeitsteilung, durch die Bereitstellung eines umfassenden Ausbildungswesens, durch zunehmende vertikale (soziale) und horizontale (räumliche) Mobilität und die Institutionalisierung der Freizeit charakterisiert;

- raumstrukturell: Eine weitgehende Spezialisierung entwickelt sich im städtischen und im ländlichen Raum bei regionalem Ungleichgewicht zwischen den entstehenden industriell-städtischen Ballungsräumen und dem "flachen Land", das Rezeptionsraum des Industrialisierungsprozesses innerhalb der Industrieländer bleibt.[a]

Demgegenüber zählen zu den wichtigsten Merkmalen eines Rezeptionsraumes des weltweiten Industrialisierungsprozesses - und zwar ausser seinem Innovationen rezipierenden Charakter:

- demographisch: Geburten- und Sterberate klaffen so weit auseinander, dass das Bevölkerungswachstum ausserordentlich gross ist;

- ökonomisch: Der primäre Sektor ist der dominante Wirtschaftszweig, während der sekundäre und tertiäre Sektor - im Entstehen begriffen - erst geringe Zuwachsraten an Beschäftigten und entsprechend niedrige Anteile am Bruttosozialprodukt aufweisen;

- sozialstrukturell: Eine breite Mittelschicht fehlt (noch); eine geringe Zahl von Personen mit hohen Einkommen steht der grossen Masse der Bevölkerung mit niedrigen Einkommen gegenüber;

- gesellschaftlich: Der Grad der Arbeitsteilung und Spezialisierung ist (noch) gering; ein umfassendes Ausbildungswesen ist erst im Aufbau begriffen; die vertikale (soziale) Mobilität ist wenig ausgeprägt, während die horizontale (räumliche) Mobilität in Gestalt der Stadtwanderung bereits eingesetzt hat; die Institution der Freizeit ist (bis auf einen Teil der Angehörigen der sozialen Oberschicht) noch unbekannt;

- raumstrukturell: Regionale Arbeitsteilung und Spezialisierung sind im ländlichen und städtischen Raum erst gering ausgeprägt; industriell-städtische Ballungsräume fehlen, aber die einsetzende Stadtwanderung führt bereits zur Verstädterung; im ländlichen Raum besteht eine zentralörtliche Siedlungsstruktur, wenn das Niveau der Selbstversorgungslandwirtschaft überschritten wurde und eine marktorientierte Produktion in Gang gekommen ist.

Damit sind die wichtigsten Merkmale auch des Rezeptionsraumes Orient, seine inhaltlichen Qualitäten als dynamischer Humanbereich/Soziosystem heute gekennzeichnet. Mit diesen Eigenschaften stimmt der Erdraum Orient mit manchen anderen "Entwicklungsländern" überein; seine weiteren Merkmale unterscheiden

---

[a] Zur systemorientierten Darstellung eines Industrialisierungsprozesses am Beispiel eines Industrielandes (England): R. Stewig: Industrialisierungsprozesse als Forschungs- und Lehrgegenstand der Hochschul- und Schulgeographie, in: Geographische Rundschau, Beihefte, Nr. 3, Braunschweig 1974, S. 15-23

ihn von anderen "Entwicklungsländern".

2. Der Orient: Innovationsraum der Kultur- und Wirtschaftsstufenentfaltung der Menschheit in der Vergangenheit

Im Kontrast zur heutigen sozioökonomischen Situation, in der der Orient Rezeptionsraum des weltweiten Industrialisierungsprozesses ist, war dieser Erdraum über lange Zeiten und zahlreiche Entfaltungsstufen hinweg Innovationsraum der Gesellschafts- und Wirtschaftsentwicklung der Menschheit. Letztlich auf Wirtschaftsstufentheorien der historischen Schule der Nationalökonomie zurückgehend, vertreten durch Fr. List, W. Roscher, B. Hildebrand, G. Schmoller und K. Bücher, präsentiert sich heute nach der Auffassung von H. Bobek die Gesellschafts- und Wirtschaftsentfaltung der Menschheit in folgenden Stufen:

(1) die Stufe der Wildbeuter,
(2) die Stufe der spezialisierten Sammler, Jäger und Fischer,
(3) die Stufe des Sippenbauerntums mit dem Seitenzweig des Hirtennomadismus,
(4) die Stufe der herrschaftlich organisierten Agrargesellschaft,
(5) die Stufe des älteren Städtewesens und des Rentenkapitalismus,
(6) die Stufe des produktiven Kapitalismus, der industriellen Gesellschaft und des jüngeren Städtewesens.

Literaturhinweis:

H. Bobek: Die Hauptstufen der Gesellschafts- und Wirtschaftsentfaltung in geographischer Sicht, in: Die Erde, 90. Jg., Berlin 1959, S. 259-298

Die historisch-sozioökonomische Situation des Orients ist dadurch gekennzeichnet, dass sich die Stufen drei bis fünf erstmals im Raume des Orients herausbildeten und sich von dort - innovativ - in die übrigen Gebiete, zunächst der Alten Welt, verbreiteten. Der Orient war also jahrhundertelang der führende Raum in der Kulturstufenentwicklung der Menschheit. Erst als sich um die Mitte des 18. Jahrhunderts in England eine neue Gesellschafts- und Wirtschaftsstufe zu entfalten begann, verlor der Orient seine führende Stellung und ist seitdem zum Rezeptionsraum geworden.

Es war also die Sesshaftigkeit, oder zunächst mindestens die Teilsesshaftigkeit, die sich erstmals im Raume des Orients herausbildete. Mit diesem Vorgang verbunden ist einerseits der planmässige Anbau von Nutzpflanzen durch die Sesshaften, sei es in Oasen auf Bewässerungsbasis oder in den von der Lage an der Trockengrenze bestimmten Gebieten der Anbau auf Regenfall, andererseits die Abspaltung der allein Wanderweidewirtschaft betreibenden Nomaden in Räumen ausserhalb der Trockengrenze des

Anbaus auf Regenfall und ausserhalb des Bewässerungsanbaus der Oasen. Damit entstanden - eben am frühesten im Orient - zwei der drei traditionellen Lebensformen/Sozialräume/Traditionalstrukturen/Humanbereiche/Soziosysteme im Orient, die auch heute noch fortbestehen: der Nomadismus und die Landwirtschaft der Sesshaften. Eine dritte Lebensform hat sich - ebenfalls zuerst im Orient - an ihre Seite gesellt: die mit der Ausbildung von Herrschaft innerhalb der Agrargesellschaft der Sesshaften verknüpfte Entstehung des (nach H. Bobek) sogenannten älteren Städtewesens. Der Nomade als Inbegriff der Wanderweidewirtschaft, der unterdrückte Fellache als Inbegriff der Landwirtschaft der Sesshaften und der Städter als Inbegriff eines noch nicht von der Industriegesellschaft bestimmten Städtewesens sind die Symbolgestalten der drei traditionellen Lebensformen im Orient, die auch heute in weiten Teilen des Orients weiterbestehen und die aus ihrer frühen Entstehungszeit heraus ein beträchtliches Beharrungsvermögen zeigen bei der Auseinandersetzung mit den im Zuge der Ausstrahlungen der weltweiten Industrialisierungsprozesse in den Orient eindringenden Innovationen.

3. Der Orient: Kernraum des Islam

Unter den drei grossen Weltreligionen, die auf dem Boden des Orients entstanden sind, die christliche, die jüdische und die islamische, ist der Islam die jüngste, erst zwischen 610 und 632 in Mekka und Medina, also im westlichen Teil Saudi-Arabiens, entstandene Weltreligion. Von den fünf "Säulen" oder Grundpflichten greifen vier - normsetzend - in das tägliche, ökonomische und soziale Leben ein:

(1) das Glaubensbekenntnis ("es gibt keinen Gott ausser Allah und Mohammed ist sein Prophet") - die einzige der fünf Grundpflichten, die überwiegend ideellen Charakter hat;

(2) die Pflicht zum fünfmaligen täglichen Gebet - eine Pflicht, die bei strenger Ausführung besonders mit den Erfordernissen des Arbeitsablaufes moderner, "westlich" orientierter Industrie- und Dienstleistungsbetriebe kollidiert;

(3) die Pflicht, Almosen zu geben, und zwar sowohl in Gestalt von freiwilliger Wohltätigkeit als auch einer Almosensteuer - eine Pflicht, die sich mit der Idee eines "westlich" orientierten Sozialstaates verträgt;

(4) die Pflicht, während eines Monats des Jahres (Ramadan) zu fasten - eine Pflicht, die gut zum sorgsamen Umgang mit den Ressourcen mahnt;

(5) die Pflicht zur Pilgerfahrt nach Mekka - eine Pflicht, die Saudi-Arabien in der Zeit vor der Entdeckung der Erdöllagerstätten eine Einnahmequelle sicherte.

Hinzu kommen noch weitere Verpflichtungen oder Gebote, die das sozioökonomische Leben in islamischen Ländern ebenfalls normsetzend bestimmen; so die Erlaubnis der Polygamie bis zu vier Frauen - eine Erlaubnis, die - entsprechende wirtschaftliche Möglichkeiten vorausgesetzt - von grossem Einfluss auf die Familiengrösse sein kann; die - verglichen mit westlichen Ländern - ungünstige soziale und rechtliche Stellung der Frau im öffentlichen Leben, deren Emanzipation die Religion - bis hin zur Verschleierung - Grenzen setzt; das Verbot, (Wucher-)Zinsen zu erheben, das einen bedeutenden Einfluss auf das Wirtschaftsleben ausübt und das nichtislamischen Minderheiten, darunter vor allem den Juden, den Weg in das Bankgeschäft im Orient erleichtert hat; die von der Religion verlangte Wahrung der Privatheit der Familie.

Der Islam ist in zwei Konfessionen präsent: den Sunniten und den Schiiten. Die Masse der Anhänger des Islam sind Sunniten; sie erkennen die Kalifen - seit Mohammeds, des Religionsstifters Tod, 632, die Nachfolger in der Herrschaft der islamischen Gesamtgemeinde, darunter vor allem die Omaijaden mit Sitz in Damaskus (661-744) und die Abbasiden mit Sitz in Bagdad (349 bis 1258) - als rechtmässige Nachfolger Mohammeds an. Die Schiiten dagegen, die in Iran ihren Schwerpunkt haben, aber in kleineren Gruppen auch im Libanon, im Jemen und im Irak verbreitet sind, erkennen Ali, den Vater und Schwiegersohn Mohammeds, als den rechtmässigen Nachfolger Mohammeds und Leiter der islamischen Gesamtgemeinde an.

Die für das traditionelle Soziosystem Orient grundlegenden Normsetzungen durch die Religion gelten sowohl für die Sunniten als auch für die Schiiten.

Der Islam verbreitete sich sehr schnell von Mekka und Medina, das 622 durch den Auszug Mohammeds aus Mekka ein zweites Zentrum der Religion wurde, nicht nur über die Arabische Halbinsel, sondern darüber hinaus. Um 640 waren in Nordafrika ausser Ägypten die Cyrenaika, in Südwestasien Mesopotamien und Teile des persischen Hochlandes islamisiert worden. Ab 707 war ganz Nordafrika und vom 8. bis 10. Jahrhundert - vorübergehend - sogar die Iberische Halbinsel islamisch. Bis zum Ende des 7. Jahrhunderts hatte sich der Islam im Osten bis an den Indus ausgedehnt. Durch die zunächst noch starke Position des Byzantinischen Reiches wurde die Ausbreitung des Islam in Anatolien aufgehalten; erst 1453, nach dem Fall Konstantinopels, und 1462, nach dem Untergang des griechischen Kaiserreichs Trapezunt an der südöstlichen Schwarzmeerküste, prägte der Islam auch den Kernraum des Osmanischen Reiches vollständig, das danach - vorübergehend - diese Religion über den Balkan und bis an die Tore Wiens (1. Türkenbelagerung: 1529; 2. Türkenbelagerung: 1638) verbreitete.

Darüber hinaus hat sich der Islam in folgende Gebiete hinein verbreitet: in das winterkalte Innerasien, in heute politisch zur Sowjetunion gehörende Gebiete, in den vom Monsun geprägten

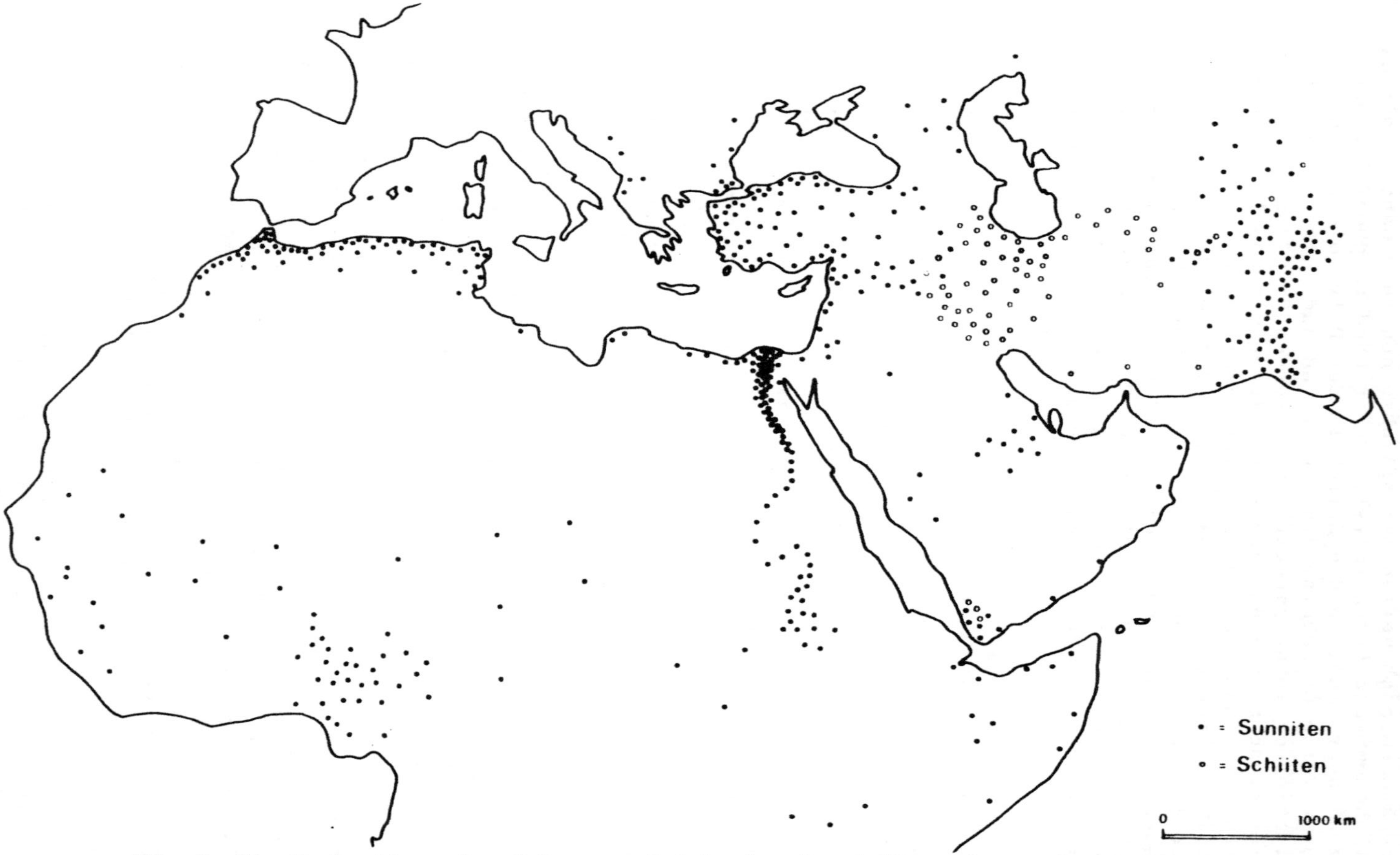

Abb. 2 Die Verbreitung des Islam, zugleich eine Darstellung der ungleichmäßigen Bevölkerungsverteilung im Orient

(nach: Atlas of the Arab World and the Middle East, London 1960, vorderer Innendeckel)

Indischen Subkontinent, insbesondere im Industiefland (Pakistan) und in dem heute politisch selbständigen Gangesmündungsgebiet Bangla Desh, in das volltropische Indonesien und nach Schwarzafrika, südlich des grossen saharischen Trockenraumes. Diese in einer Spätphase der Ausdehnung des Islam erreichten Gebiete können - obwohl heute vom Islam bestimmt - nicht mehr zum Orient im Sinne des hier gebrauchten Begriffsinhaltes gerechnet werden.

4. Der Orient: subtropischer Trockenraum

Temperatur und Niederschlag stellen die zwei wichtigsten Elemente eines jeden Klimas dar. Mit den Bezeichnungen "subtropisch" und "trocken" werden Aussagen über den Inhalt dieser beiden Elemente für das Klima im Orient in kombinierter Weise gemacht.

Wenn man zunächst die Erscheinung der Trockenheit herausgreift, dann ist der Orient als ein arider Raum zu kennzeichnen, wobei man unter Aridität (nach A. Penck 1910/C. Troll 1948) das Überwiegen der Verdunstung - die mit höheren Temperaturen steigt - über den Niederschlag (ohne Berücksichtigung der praktischen Schwierigkeit, die Verdunstung eines Erdraumes zu bestimmen und zu messen) versteht. Die Erscheinung der Aridität besteht im Orient über das ganze Jahr oder grosse Teile des Jahres im Gegensatz zur Humidität Mitteleuropas, wo der Niederschlag über die Verdunstung das ganze Jahr über oder während grosser Teile des Jahres überwiegt. Die Aufgliederung der Erscheinung der Aridität bzw. Humidität über das Jahr (W. Lauer 1952) lässt sich innerhalb des ariden Raumes des Orients verwenden, um die räumliche Verteilung und zeitliche Abgrenzung jener Räume im Orient aufzuzeigen, die Niederschläge erhalten. Der Kernraum der Aridität, in dem bis zu zwölf aride Monate vorherrschen, reicht von dem saharischen Grossraum über die grosse Wüste der Arabischen Halbinsel, über die innerpersischen Wüsten bis weit hinein in das Tiefland Turan und bis zur Wüste Gobi in Inner- bzw. Zentralasien. An diesen Kernraum schliessen sich - auf der Nordseite - also im Küstensaum Nordafrikas, im mittelmeerischen Rand der Arabischen Halbinsel, im Küstensaum der Türkei im Süden, Westen und Norden und - auf der Südseite - im Gebirgsland des Jemen Räume an, die wenigstens während einer geringen Zahl von Monaten im Jahr - auf der Nordseite in den Wintermonaten, auf der Südseite in den Sommermonaten - humid sind, in zwei Ausnahmeräumen am Schwarzen und am Kaspischen Meer sogar fast ganzjährig Niederschläge erhalten.

Jedoch kann nicht der gesamte, mit der Erscheinung der überwiegenden Aridität abgegrenzte und differenzierte Trockengürtel der Alten Welt zum Orient gerechnet werden, sondern nur sein westlicher - nordafrikanischer - und mittlerer - südwestasiatischer - Teil. Zur Aussonderung der nordöstlichen, inner- bzw. zentralasiatischen Region, verhilft die andersartige Ausprägung des Klimaelements Temperatur. Dabei handelt es sich weniger um

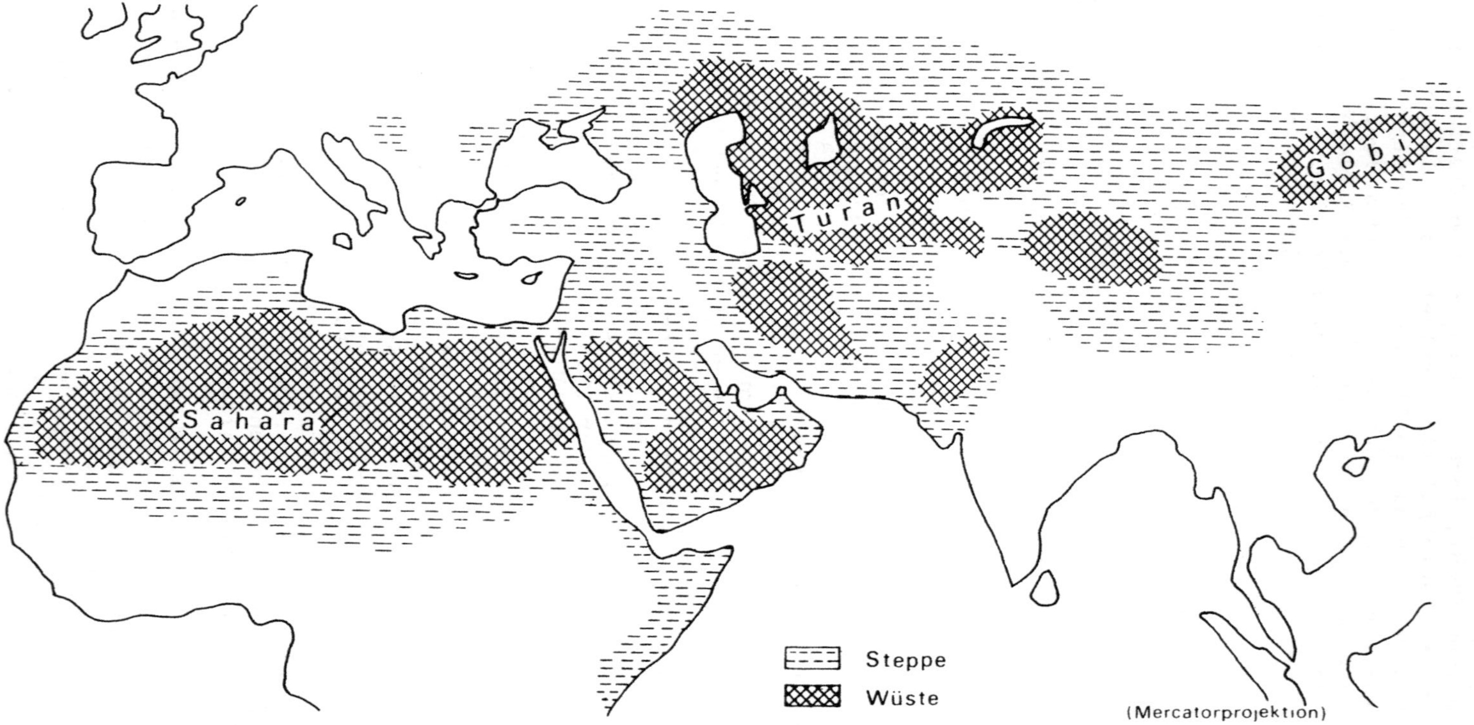

Abb. 3 Der Trockengürtel der Alten Welt
(nach: O. Schmieder, Die Alte Welt, Bd. 1, Wiesbaden 1965, S. 54)

die absolute Höhe der Temperaturen, die in allen Teilen des altweltlichen Trockengürtels extreme Werte erreicht, als vielmehr um die Werte in den Wintermonaten. Der nordöstlichste Teil des Trockengürtels ist - als Folge seiner kontinentalen Lage und seiner höheren Breitenlage - durch besonders niedrige Temperaturen in den Wintermonaten gekennzeichnet, wie sie im saharischen und arabischen Trockenraum nicht, im persischen und anatolischen nur zum Teil - als Folge der grösseren Höhenlage der inneren Hochländer Persiens und Anatoliens - erreicht werden. Mit der Aussonderung des aussertropischen winterkalten, nordöstlichen Teiles des altweltlichen Trockenraumes wird der Orient als subtropischer Trockenraum klimatisch zusammenfassend gekennzeichnet.

5. Abgrenzung des Begriffes und Raumes Orient

Im folgenden soll der Inhalt des Begriffes und Raumes Orient, der in den vorangegangenen Abschnitten umrissen worden ist, in seinem Verhältnis zu den Inhalten ähnlicher oder verwandter Begriffe, von denen es gerade für diesen Erdraum mehrere gibt, bestimmt und abgegrenzt werden.

(1) Der Kulturerdteil Orient deckt sich mit den topographischen Begriffen Nordafrika plus Südwestasien (die Begriffe Südwestasien und Vorderasien werden als synonym angesehen); der Orient besteht topographisch aus einem westlichen - nordafrikanischen - und östlichen - südwestasiatischen - Flügel.

(2) Die verschwommenen Begriffe Vorderer Orient/Naher Osten/ Proche Orient/Near East, Mittlerer Osten/Moyen Orient/Middle East und Ferner Osten/Extrême Orient/Far East sind nicht mit dem in dieser Veröffentlichung gebrauchten Begriff Orient identisch. Die schillernde Qualität dieser Begriffe resultiert aus den wechselnden Standpunkten, von denen aus verschiedene Teilräume innerhalb des Orients benannt wurden. Die Begriffe Vorderer Orient/Naher Osten/Proche Orient/Near East hafteten lange dem zum Osmanischen Reich gehörigen Raum, der ja Nordafrika, Teile der Iberischen Halbinsel, Anatolien und auch Teile der Balkanhalbinsel umfasste, an. Im Laufe des Zweiten Weltkrieges setzte sich die Bezeichnung Middle East für die Kampfräume, Aufmarschgebiete und Nachschubregionen von Nordafrika bis nach Persien und sogar Indien durch, wobei allerdings die Türkei - als im Zweiten Weltkrieg mit Ausnahme des Kriegsendes neutraler Staat - ausgespart blieb. Seitdem gehen die Bezeichnungen Middle East/ Near East besonders für den seit dem Ende des Zweiten Weltkrieges vom arabisch-israelischen Konflikt bestimmten mittleren Teil des Orients durcheinander. Die Bezeichnungen Ferner Osten bzw. Far East haben sich für das - von Europa aus gesehen - fernere Asien (Ostasien) durchgesetzt.

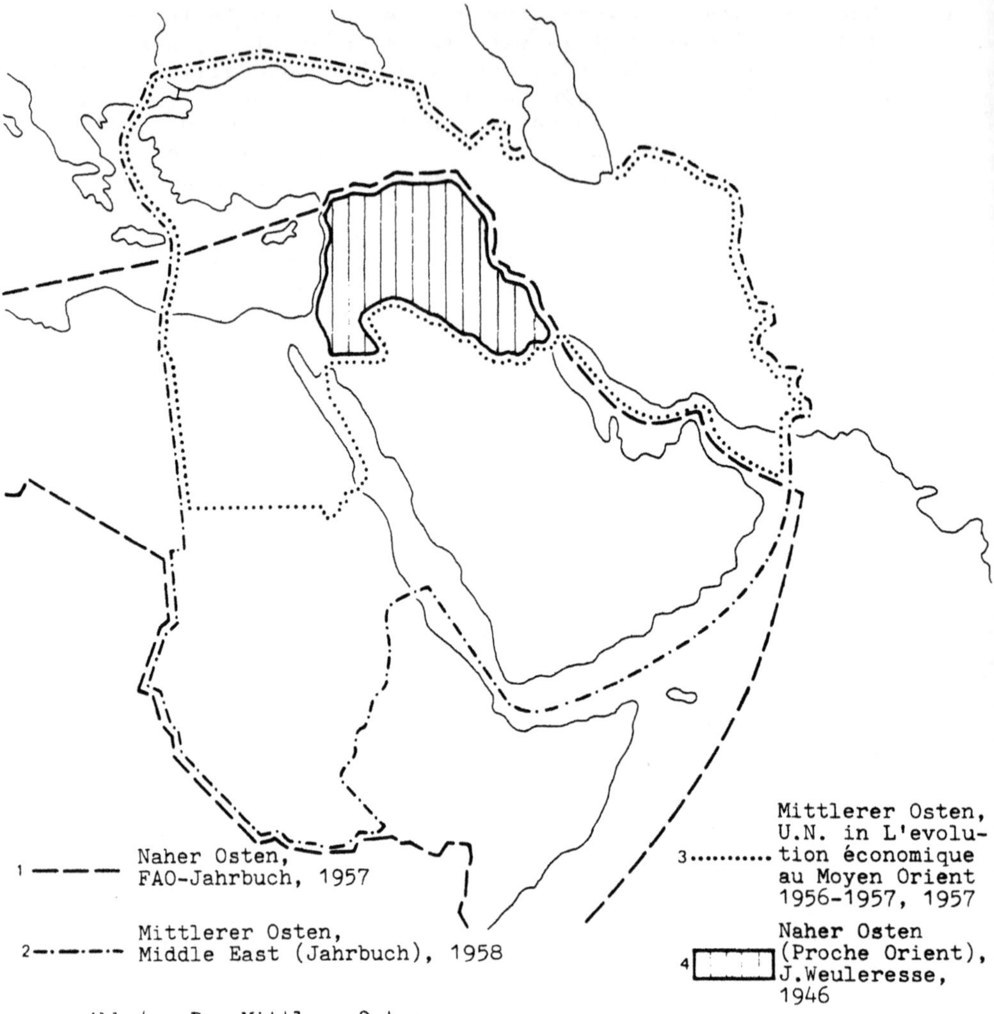

Abb.4 Der Mittlere Osten
(nach: H.Boesch: Der Mittlere Osten, Bern 1959, S.12)

Literaturhinweise:

R. Dehmel: Naher, Mittlerer, Ferner Osten, in: Geographische Rundschau, Jg. 9, Braunschweig 1957, S. 115

H. Boesch: Der Mittlere Osten, Berlin 1959, S. 12

(3) Die Bezeichnung "Arabische Welt" ist ebenfalls nicht mit dem in dieser Veröffentlichung gebrauchten Begriff Orient identisch. Der Begriff des "Arabischen" hat einen sehr weit gefächerten Inhalt, bei dem die rassische Komponente hier aus der Betrachtung ganz ausgespart werden soll. Wenn man den Begriff "Arabische Welt" mit dem Verbreitungsgebiet der arabischen Sprache gleichsetzt, so deckt sich die "Arabische Welt" in

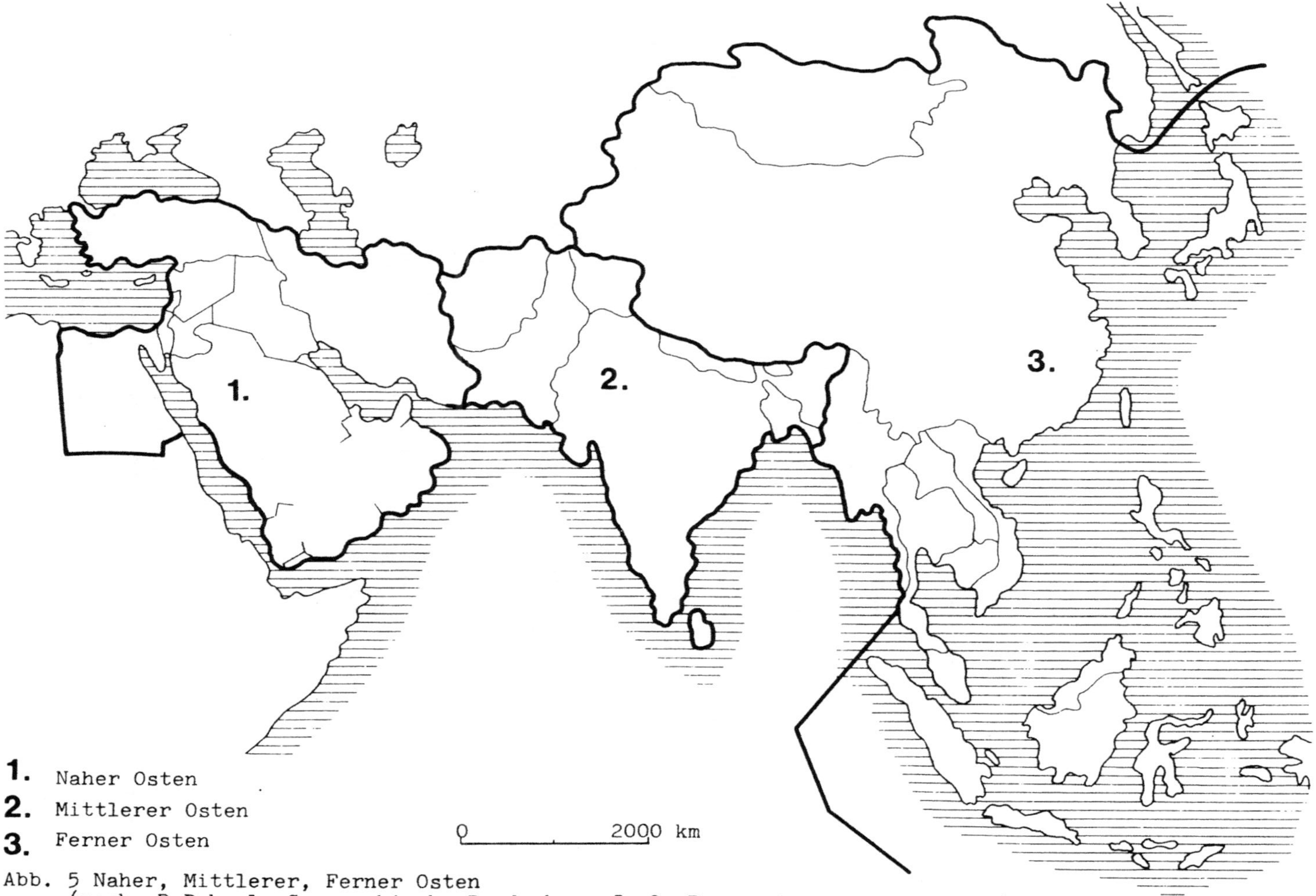

Abb. 5 Naher, Mittlerer, Ferner Osten
(nach: R.Dehmel, Geographische Rundschau, Jg.9, Braunschweig 1957, S.115)

Nordafrika und auf der Arabischen Halbinsel und ihren Randländern mit dem westlichen und mittleren Teil des Orients; in den Bergländern des Orients - Türkei, Iran, Afghanistan - ist die arabische Sprache nicht verbreitet. Wenn man den Begriff "Arabische Welt" mit dem Verbreitungsgebiet der arabischen Schrift gleichsetzt, so ist die arabische Schrift zwar auch in den meisten Bergländern Südwestasiens, nämlich in Persien und Afghanistan, verbreitet und sogar darüber hinaus in Teilen Innerasiens, aber die Türkei, die hier zum Orient gerechnet wird, ist nach dem Willen Atatürks seit 1928 von der arabischen zur lateinischen Schrift übergegangen.

Literaturhinweise:

K. Thorn: Die wichtigsten Schriftformen der Alten Welt, in: Erdkunde, Bd XVII, Bonn 1963, S. 48-58

A. Hottinger: Die Araber, Zürich 1960

(4) Der Begriff "Levante" bezeichnet - von Südeuropa aus gesehen, insbesondere von den oberitalienischen Städterepubliken Venedig, Genua und anderen, die den mittelalterlichen Levantehandel organisierten - den Raum, in dem die Sonne aufgeht, d.h. die östlichen Randländer des Mittelmeeres, also nur einen Teil des mittleren Abschnitts des Orients.

(5) Der Begriff "Morgenland", der ebenfalls - von Europa aus gesehen - den Raum des Sonnenaufgangs bezeichnet, ist so allgemein, dass er - aber ohne scharfe Abgrenzung - synonym mit dem Begriff Orient gebraucht werden kann. Die älteste deutsche wissenschaftliche Vereinigung, die sich dem Orient widmet, bezeichnet sich als "Morgenländische Gesellschaft".

(6) Der Begriff "Fruchtbarer Halbmond" schliesslich - eine deutsche Übersetzung des "fertile crescent" - ist eine zusammenfassende Benennung der Länder zwischen dem östlichen Mittelmeer und dem Persisch-Arabischen Golf, also wiederum nur die Bezeichnung für einen Teilausschnitt dessen, was hier unter Orient verstanden werden soll, und spielt auf die durch höhere Niederschläge und die Stromoase des Euphrat und Tigris bedingten günstigen Anbaumöglichkeiten im Vergleich zu den umgebenden Gebieten des Orients an.

C. Literaturübersicht

Es soll im folgenden nur auf einige wenige Werke zusammenfassenden Charakters verwiesen werden, und zwar zunächst auf zwei Werke, die zwar inhaltlich und methodisch überholt, aber wissenschaftsgeschichtlich interessant sind.

E. Banse: Der Orient, 3 (kleine) Bde, Leipzig 1910;
Bd 1: Die Atlasländer, Bd 2: Der Arabische Orient,
Bd 3: Der arische Orient

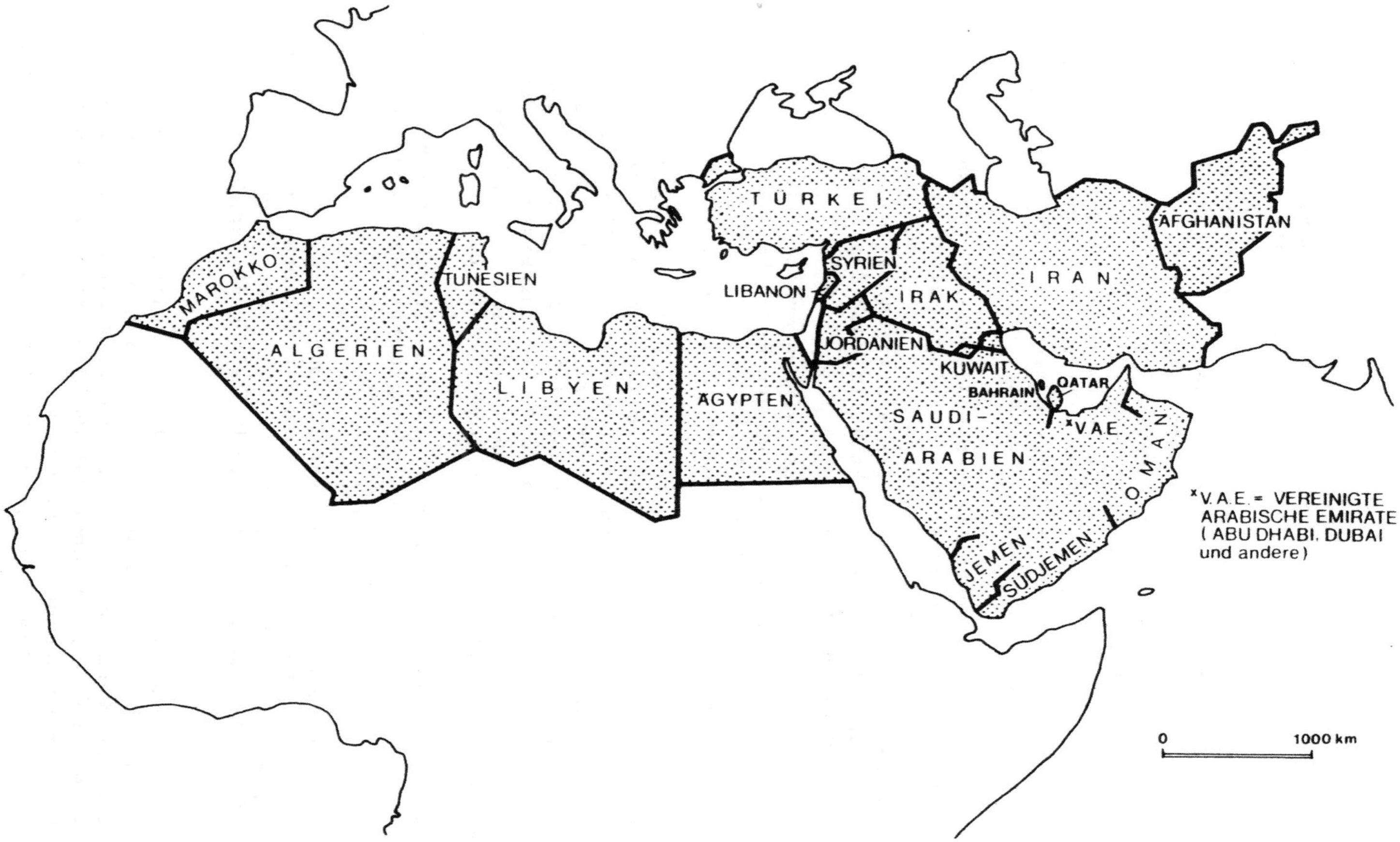

Abb. 6 Der Orient (Die Staaten des Orients)

E. Banse: Das Orientbuch (Der alte und der neue Orient), Leipzig 1914

Ewald Banse, der als Entdecker des Orients als Kulturerdteil gelten darf, hat sich als erster bemüht, den Orient - und zwar etwa den Erdraum, der hier als Orient bezeichnet wird - als eine Einheit zu sehen. Entsprechend der damaligen Darstellungsmethode geschah dies am länderkundlichen Schema orientiert und inhaltlich - entsprechend dem geringen Entwicklungsstand der Kulturgeographie - unter besonderer Berücksichtigung der physisch-geographischen Inhalte, d.h. also des Trockenheitscharakters und des Gebirgs- bzw. Flachlandcharakters des Orients. Bei aller Anerkennung der insbesondere von der Religion geprägten Einheitlichkeit des Raumes im menschlichen Bereich erscheint das menschliche Tun und Handeln von der physischen Raumausstattung - mindestens teilweise - determiniert.

Handbuch der geographischen Wissenschaft, Potsdam 1937;
Band Vorder- und Südasien in Natur, Kultur und Wirtschaft:
U. Frey: Türkei (und Zypern),
O. von Niedermayer: Persien und Afghanistan,
P. Rohrbach: Syrien mit Palästina und das Zweistromland,
H. von Wißmann: Arabien

Handbuch der geographischen Wissenschaft, Potsdam 1930;
Band Afrika in Natur, Kultur und Wirtschaft:
L. Wittschell: Nordwest-Afrika,
A. Kaufmann: Ägypten (und der englisch-ägyptische Sudan)

Die Darstellung des Orients im Handbuch der geographischen Wissenschaft stellt das andere Extrem zu E. Banses Ansatz dar: eine Vielzahl von Bearbeitern ist bemüht, die zahlreichen Teilräume des Orients einzeln zu erfassen. Von dieser Methode kann von vornherein keine Betonung der Einheitlichkeit des Raumes, geschweige von dessen Gesetzen und Gesetzmässigkeiten erwartet werden. Diese Darstellungen sind den individuellen Zügen der verschiedenen Teilräume des Orients verhaftet.

Die übrigen hier aufzuzählenden zusammenfassenden Werke schwanken - was die Darstellungsmethode betrifft - zwischen den beiden skizzierten Extremen.

O. Schmieder: Die Alte Welt, 2 Bde;
Teil I: Der Orient. Die Wüsten und Steppen der Nordhemisphäre mit ihren Randgebieten, Wiesbaden 1965;
Teil II: Anatolien und die Mittelmeerländer Europas, Kiel 1969

Bei O. Schmieder ist die physische Ausstattung des Raumes Orient nicht die den Humanbereich bestimmende Determinante, sondern die Bühne, auf der sich die kulturlandschaftliche Entwicklung abspielt. O. Schmieder sucht einen Kompromiss zwischen einem monothetisch orientierten Ansatz - durch eine kurze Darstellung der allgemeinen Charakteristika der jeweiligen Grossräume - und einem idiographisch orientierten Ansatz - durch seine oft essayhaft - und dadurch zum Wesentlichen führende - Darstellung der individuellen Züge.

G.B. Cressey: Crossroads. Land and Life in Southwest Asia, Chicago 1960

Räumlich gesehen wird hier überwiegend der südwestasiatische Flügel des Orients, mit Einschluss Ägyptens, behandelt. Auf allgemein-geographische Kapitel physisch- und kulturgeographischer Ausrichtung, bei denen aber die sozioökonomischen Verhältnisse zu kurz kommen, folgen die Kapitel über die einzelnen Länder des Orients bzw. Südwestasiens, in denen G.B. Cressey den Humanbereich stärker berücksichtigt.

St.H. Longrigg: The Middle East. A Social Geography, London 1963

Unter den englischsprachigen Werken zusammenfassenden Charakters stellt dieses am stärksten die gesellschaftlichen Verhältnisse in den Mittelpunkt der Darstellung und greift auch Fragen des Entwicklungsrückstandes und seine Ursachen auf. Gleichsam als Zugeständnis an traditionelle Darstellungsmethoden wird auch ein Überblick über die Länder des Orients mit der räumlichen Einschränkung gegeben, dass zu dem zugrundegelegten Begriff des Middle East ausser Ägypten die nordafrikanischen Länder nicht und in Südwestasien nicht Afghanistan, jedoch Zypern und Israel gerechnet werden.

H. Mensching, E. Wirth, H. Schamp: Nordafrika und Vorderasien, Frankfurt 1973 (Fischer-Länderkunde; Taschenbuch)

Die Autoren dieses Werkes behandeln jenen Erdraum in seinem nordafrikanischen und südwestasiatischen Flügel, der auch hier als Orient zusammengefasst wird. Allerdings ist durch die regionale Aufteilung des Gegenstandes auf drei Autoren von vornherein eine Beeinträchtigung zu erwarten, wenn man den Orient als Einheit sehen will. Unter den deutschsprachigen Länderkunden über den Orient werden von den drei Autoren am deutlichsten sozioökonomische Fragestellungen nicht nur der traditionellen Wirtschaft und Gesellschaft, sondern auch des Wandels durch Verwestlichung, Entkolonisierung, Bevölkerungszunahme und Industrialisierung hervorgehoben und damit wird aus den Teilräumen des Orients heraus zu allgemeineren Aspekten und Regelhaftigkeiten hingeführt.

Weitere Hinweise auf zusammenfassende Darstellungen auf Länderebene:

Wissenschaftliche Buchgesellschaft, Darmstadt;
Reihe Wissenschaftliche Länderkunden;
erschienen: H. Mensching: Tunesien, Darmstadt 1968
E. Wirth: Syrien, Darmstadt 1971

Wissenschaftliche Buchgesellschaft, Darmstadt;
Reihe Wissenschaftliche Länderkunden;

geplant: E. Ehlers: Iran
E. Grötzbach: Afghanistan
W.-D. Hütteroth: Türkei
H. Mensching, H. Achenbach, H. Arnold: Algerien
J. Obst: Libyen
H. Schamp: Ägypten

H. Erdmann Verlag, Tübingen;
Reihe Ländermonographien;

erschienen: F.-H. Kochwasser: Kuwait, 2. Aufl. Tübingen und Basel 1975
W. Kraus (Hrsg.): Afghanistan, Tübingen und Basel 1972
W. Kündig-Steiner (Hrsg.): Die Türkei, Tübingen und Basel 1974
U. Gehrke, H. Mehner (Hrsg.): Iran, Tübingen und Basel 1975

geplant: Jemen
Ägypten
Saudi-Arabien
Tunesien

Verlag M. Diesterweg, Frankfurt am Main;
Reihe Themen zur Geographie und Gemeinschaftskunde;

erschienen: H. Bobek: Iran, 3. Aufl. Frankfurt/M. 1967
H. Schamp: Ägypten, 3. Aufl. Frankfurt/M. 1971

Weitere einzelne Länderkunden:

erschienen: H. Mensching: Marokko, Heidelberg 1957
J. Humlum: La géographie de l'Afghanistan, Kopenhagen 1959

Hinweise auf kartographische Gesamtdarstellungen:

erschienen: Oxford Regional Economic Atlas: The Middle East and North Africa, Oxford 1960
Atlas of the Arab World and the Middle East, London 1960
dtv-Perthes Weltatlas, Bd 1. Naher Osten, Darmstadt 1973

geplant: Tübinger Atlas des Vorderen Orients (TAVO)

II. DER ORIENT ALS ÖKOSYSTEM

Die Ökologie, griechisch "Haushaltskunde", ist die Lehre von den Beziehungen der Lebewesen zu ihrer Umwelt. Im folgenden werden unter "Ökosystem" die Beziehungen der wichtigsten physischen Sachverhalte untereinander, nämlich Relief, Klima, Böden und Vegetation, verstanden. Es geht darum, für den Orient als Ökosystem bzw. die bedeutendsten Ökosubsysteme des Orients einerseits die physischen Sachverhalte in ihren spezifischen Qualitäten und ihrer Genese zu kennzeichnen, andererseits das Zusammenspiel dieser Systemelemente aufzuzeigen. Aus den unterschiedlichen Arten des Zusammenspiels ergeben sich typische Erscheinungsformen.

Um nicht die Fülle der topographischen Einzelheiten darlegen zu müssen, werden mehr oder weniger "abstrakte Landschaften" oder "idealtypische Räume" konstruiert. Um aber wenigstens einem Teile der Fülle ihrer Abwandlungen gerecht zu werden, sollen ihre wichtigsten Varianten dargestellt werden.

Die vier Ökosubsysteme des Orients sind umgangssprachlich benannt: Gebirge, Steppe, Wüste und Oase. Unterschiedliche Merkmale werden bei dieser Benennungsweise jeweils betont, so die Reliefenergie beim Gebirge, die schüttere Vegetationsdecke bei der Steppe, die Vegetationslosigkeit bei der Wüste und der Kontrast zwischen Vegetationslosigkeit der Umgebung und Vegetationsfülle bei der Oase. Die vier Ökosubsysteme schliessen sich in ihrer Verbreitung nicht gegenseitig aus. So sind in von starker Reliefenergie geprägten Räumen (Gebirgen) auch Steppen und Wüsten anzutreffen. Auch das Ökosystem Oase ist Gebirgsräumen nicht fremd. Dennoch ist eine Unterscheidung der vier genannten Ökosubsysteme sinnvoll, um das Grundlegende ihrer Merkmale, d.h. ihrer Elemente und Beziehungen, kennenzulernen.

Obwohl - wie bei allen dynamischen Systemen - auch bei den Ökosubsystemen des Orients das Wesentliche im prozesshaften Zusammenspiel ihrer Teilinhalte zu sehen ist, werden die Unterabschnitte über die Ökosubsysteme - wegen der Schwierigkeiten, für die zugrundeliegenden komplexen Prozesse kurze Titel zu finden - nach den Ergebnissen der Prozesse benannt.

A. Das Gebirge

Nach der unterschiedlichen Reliefenergie lässt sich der Raum des Orients grob in den Gebirgsraum, d.h. grosse Teile der Türkei, Irans, Afghanistans, in das westliche Nordafrika, die Levante, den Jemen und Oman einerseits und den Flachlandsraum andererseits, d.h. die grossen Ebenen Nordafrikas, Arabiens, des Fruchtbaren Halbmondes und zum Teil auch des inneren Anatoliens und des persisch-afghanischen Hochlandes, gliedern. Hier sollen zunächst die Gebirge dargestellt werden, während die Flachlandsräume überwiegend von den Steppen, Wüsten und Oasen eingenommen werden.

1. Falten-, Bruchschollen- und Bruchfaltengebirgsreliefstruktur

Die Grenzfläche zwischen dem Erdboden und der Atmosphäre ist das Relief. Nach den bedeutendsten tektonischen Vorgängen, der Faltung, der Bruchtektonik und ihrer Kombination, die alle drei an der Gestaltung der (Gross-)Reliefstruktur im Orient beteiligt waren (und sind), lassen sich drei Hauptvarianten der Reliefstruktur der Gebirge des Orients unterscheiden. Es wird dabei von der vereinfachenden Annahme ausgegangen, dass die (Gross-)Reliefstruktur in den Gebirgen des Orients überwiegend von endogenen (innenbürtigen) Kräften gestaltet ist unter Nichtberücksichtigung der Vielfalt der exogenen Kräfte der Abtragung.

Die Variante I (Faltengebirgsreliefstruktur) tritt am reinsten am Übergang vom innerpersischen Hochland zum mesopotanischen Tiefland auf; aber auch alle anderen Gebirge des Orients, die zum grossen west-ostgestreckten Faltengebirgsgürtel der Alten Welt zu rechnen sind, die nord- und südpersischen, die nordafghanischen Gebirge und das Gebirge von Oman, weisen in mehr oder weniger ausgeprägten Abweichungen die gleiche Reliefstruktur auf: bisweilen fehlt die eine oder die andere Zone oder die Bruchtektonik mischt sich in die Faltungsvorgänge und bringt einen Übergang zur Variante III.

Den Bildungsvorgang hat man sich bei der Entstehung der Variante I so vorzustellen, dass eine Auffaltung gegen innere Widerlager, alte Massive im Inneren des anatolischen, des persisch-afghanischen und des Hochlandes der Schotts in Nordafrika erfolgte. Meistens ist eine Intensitätsabnahme der Faltung in zentral-peripherer Anordnung von innen nach aussen in zahlreichen Modifikationen festzustellen. Als Folge der Wirkung der Abtragung, die von einer Reihe von Faktoren abhängig ist, darunter vor allem dem Klima, der Hangneigung, der Widerständigkeit des Gesteins, stimmen innerer, geologisch-tektonischer Bau und äussere Form nicht immer überein.

Die Variante II (Bruchschollengebirgsreliefstruktur) ist hauptsächlich vertreten in den nord-südgestreckten Gebirgen des Orients, also in der Levante von Nordsyrien bis zum Roten Meer, am Westrande Arabiens am Roten Meer, vor allem im Jemen-Gebirge, und am Südrand Arabiens.

Der Vorgang, der zur Bildung dieser Reliefstruktur führte, geht auf die Entstehung des grossen Grabenbruches der Alten Welt zurück, der sich vom Südende des Roten Meeres in nord-westlicher, erythräischer Richtung über den Golf von Eilat und seine nördliche, überwiegend landfeste Fortsetzung über den Grabenbruch des Toten Meeres und die Hochebene der Bekaa (zwischen dem Libanon- und dem Antilibanongebirge) erstreckt; auch der Gebirgsrand Südarabiens wird von einer Bruchstruktur, und zwar in nordöstlicher, somalischer Richtung geprägt.

Diese Variante II tritt als relativ einfache Staffelbruchreliefstruktur im Jemen-Gebirge auf, dagegen in Gestalt zweier paralleler Horstgebirge mit dazwischenliegendem Grabenbruch in der Levante. Als Folge der Wirkung der Abtragung stimmen innerer Bau und äussere Form nicht immer überein.

Die Variante III (Bruchfaltengebirgsreliefstruktur) ist im Orient besonders in den an die abgesunkenen Schollen des östlichen Mittelmeeres und des Schwarzen Meeres angrenzenden Gebirgen, also im nord- und südanatolischen Randgebirge, vertreten, weiter landeinwärts dort, wo eine abyssische Strukturlinie, die Nahtstelle zum alten, geologischen Südkontinent (Gondwanaland) auftritt. Das ist auf der erdbebengefährdeten Linie markanter Bruchtektonik von Istanbul über das nördliche Inneranatolien und Innerpersien bis nach Afghanistan der Fall.

Bei allen drei typischen Reliefstrukturen der Gebirge des Orients gibt es einerseits langgestreckte Täler oder Ebenen, die von Gebirgsketten oder Bruchstufen begleitet werden. Soweit sich von den klimatischen Gegebenheiten her ein Flussystem entwickeln konnte, sind zwischen den Gebirgsketten langgestreckte Flussläufe typisch, während quer zu den Gebirgsketten und Bruchstufenzonen kurze Durchbruchstäler bzw. -flussläufe auftreten. Dieser Wechsel von langgestreckten Fluss- und kurzen Durchbruchstälern kann im Verlauf eines Flusses bis zu seiner Mündung in mehrfachem Wechsel und höhenabgestuft erfolgen.

An der Ägäisküste Anatoliens ist die Reliefstruktur durch eine Abfolge von west-östlich sich erstreckenden Grabenbrüchen, also quer zur Küste und zum Meer hin sich öffnend, bestimmt, während in den Gebirgen der Levante die Anordnung von Küstenebene, Horstgebirge, Grabenbruch und wieder Horstgebirge mit Abfall zu der Ebene des Inneren küstenparallel erfolgt.

2. Humide, semiaride und aride Gebirgsklimate

Im folgenden sollen die beiden wichtigsten Klimaelemente, die Temperatur und der Niederschlag, jeweils nach ihrer räumlichen Verteilung und zeitlichen Differenzierung in den Gebirgen des Orients und den sich ergebenden Auswirkungen des Zusammenspiels dargestellt werden.

Die räumliche Verteilung der Temperaturen im Gebirge steht in engem Zusammenhang mit der Höhenabstufung. Mit zunehmender Höhe nimmt die Temperatur einer Luftmasse ab, und zwar um 0,5 bis 1,0 °C. auf 100 m. Die Grösse der Temperaturabnahme ist abhängig vom feuchten oder trockenen Zustand der Luft: in feuchter Luft ist die Temperaturabnahme mit zunehmender Höhe geringer als in trockener, weil durch die Kondensation von Wasserdampf Wärme frei wird. Daraus ergeben sich für die Temperaturabnahme

Variante I: Typische Faltengebirgsreliefstruktur

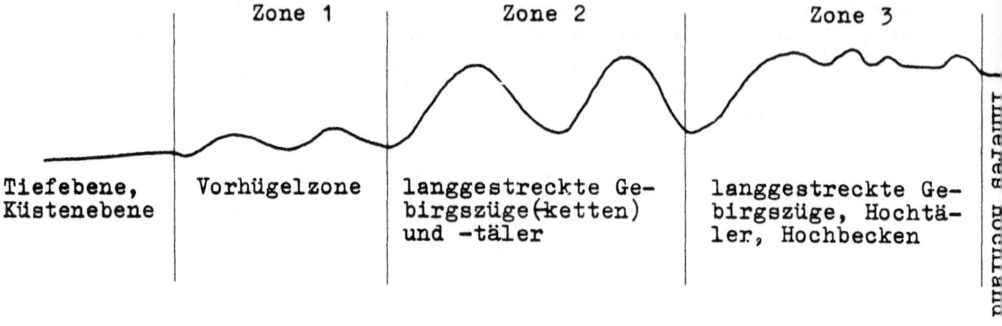

Vorgang:	Vorgang:	Vorgang:
ausklingende Faltung	Faltung	intensive Faltung

Hinweis: als Folge der Wirkung der Abtragung, die hier nicht berücksich tigt wurde, stimmen geologisch-tektonischer Bau und äußere Form nicht immer überein.

Varinate II: Typische Bruchschollengebirgsreliefstruktur

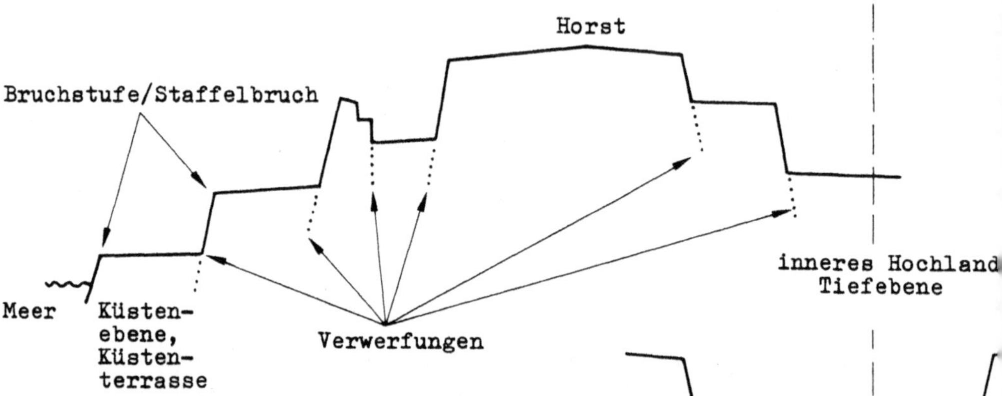

Vorgänge: Absinken und Herausheben einzelner Schollen an Verwerfungen

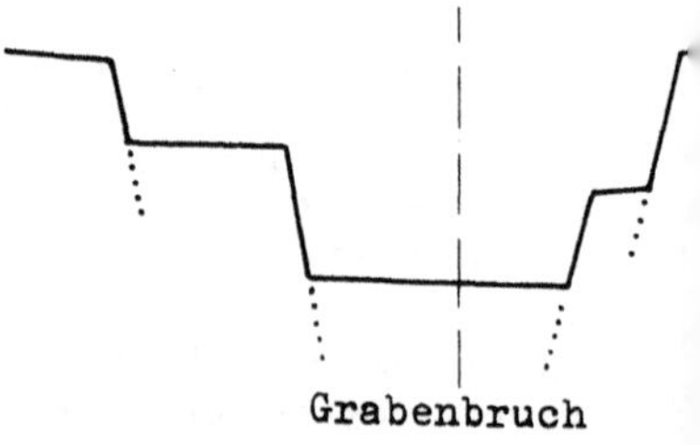

Hinweis: als Folge der Wirkung der Abtragung, die hier nicht berücksich tigt wurde, stimmen geologisch-tektonischer Bau und äußere Form nicht immer überein.

Variante III: Typische Bruchfaltengebirgsreliefstruktur

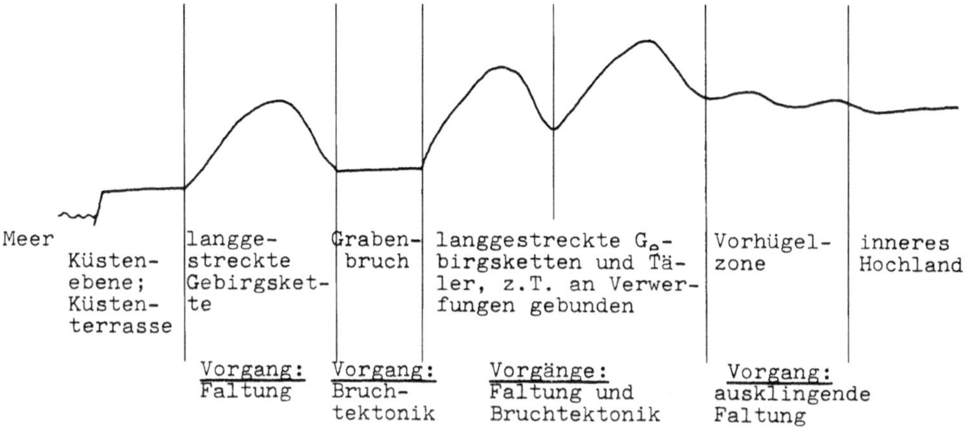

Hinweis: als Folge der Wirkung der Abtragung, die hier nicht berücksichtig wurde, stimmen geologisch-tektonischer Bau und äußere Form nicht immer überein.

Abb. 7 Varianten der Reliefstruktur in den Gebirgen des Orients (schematisch)

bedeutende Unterschiede zwischen beregneten und trockenen Gebirgen bzw. Gebirgsflanken im Orient.

Eine weitere Differenzierung der Temperatur in den Gebirgen des Orients wird von der unterschiedlich starken Sonneneinstrahlung verursacht; dabei lassen sich grossräumliche und kleinräumliche Auswirkungen feststellen. In Abhängigkeit von der Breitenlage erhalten die südlichen Gebirge des Orients, also z.B. das Jemen-Gebirge, infolge des im allgemeinen höheren Sonnenstandes als in den nördlichen Gebirgen, wie z.B. dem nordanatolischen Randgebirge, eine stärkere Sonneneinstrahlung. Bei gleicher Höhe über dem Meeresspiegel liegen die Temperaturen der südlichen Gebirge des Orients im allgemeinen höher als in den nördlichen.

Kleinräumlich wird eine bedeutende Differenzierung der Sonneneinstrahlung in den Gebirgen des Orients durch die Exposition, d.h. die Zuwendung eines Hanges oder einer Gebirgsflanke z u r oder die Abwendung v o n der Sonneneinstrahlung, bewirkt. Je kleiner der Einfallswinkel der Sonnenstrahlen zur Erdoberfläche ist, auf eine desto grössere Fläche verteilt sich die Wärmeeinstrahlung, die dann entsprechend geringer zur Erwärmung der Erdoberfläche beiträgt. Gerade in den so zahlreichen Faltengebirgen des Orients mit west-östlicher Erstreckung, aber natürlich auch auf den nach Norden bzw. Süden exponierten Hängen der Bruchschollengebirge des Orients mit nord-südlicher Erstrekkung, ist das Phänomen der Exposition - bei gleicher Höhenlage - von tiefgreifend differenzierendem Einfluss auf die für den

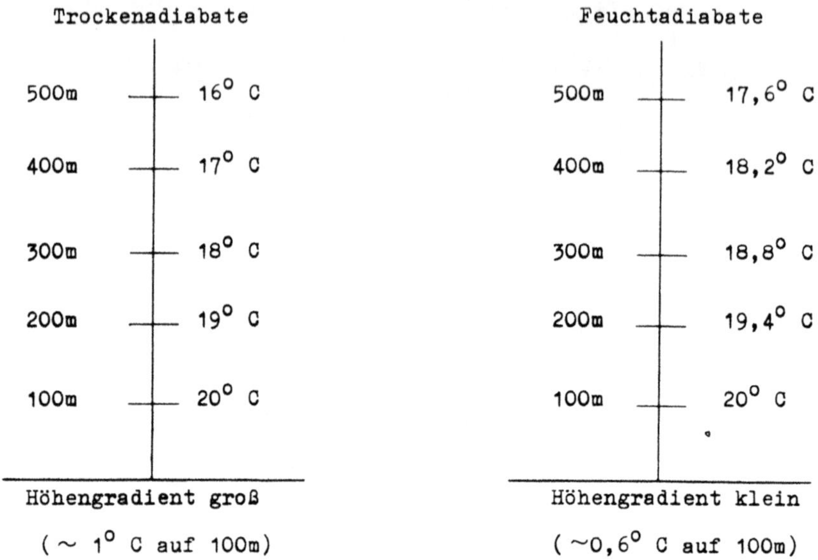

Abb. 8 Der vertikale Temperaturgradient in den Gebirgen des Orients (schematisch)

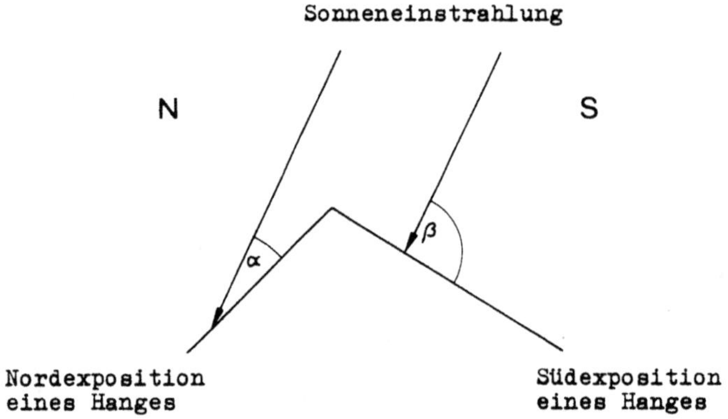

α = Einfallswinkel klein: schwache Erwärmung

β = " groß: starke "

Abb. 9 Die Erwärmung der Erdoberfläche durch Sonneneinstrahlung in Abhängigkeit vom Einfallswinkel in den Gebirgen des Orients (schematisch)

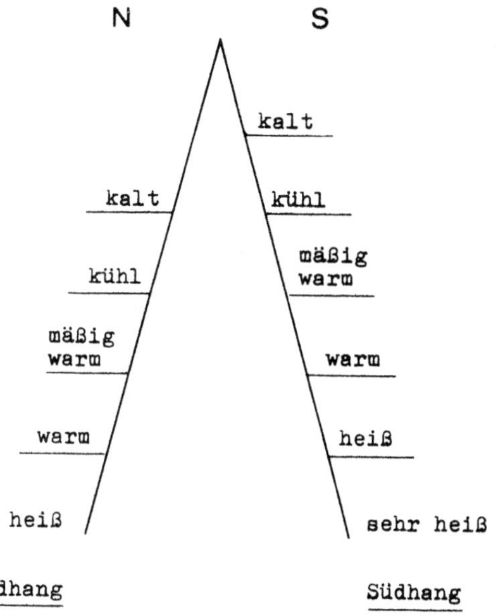

Abb. 10 Schema der Wärmeabstufung in den Gebirgen des Orients in Abhängigkeit von Höhenlage und Exposition

Pflanzenwuchs so bedeutsame Wärmeabstufung im Gebirge.

Der räumlichen Verteilung der Temperaturen und Wärmemengen in den Gebirgen des Orients steht die zeitliche gegenüber. Hier lässt sich grundsätzlich nach Jahresgang und Tagesgang der Temperatur unterscheiden. In den südlichen Gebirgen des Orients - an der Grenze zu den inneren Tropen - sind nur geringe Unterschiede in der Höhe der Temperaturen in den einzelnen Monaten über das Jahr hin festzustellen; dagegen ist der Tagesgang der Temperatur - also der Unterschied im Temperaturstand zwischen Tag und Nacht - ganz beträchtlich; dieser Tagesgang ist die Folge der starken Tageserwärmung und der - durch die meist fehlende Wolkendecke - nächtlichen Ausstrahlung und damit Abkühlung in der Nacht.

In den nördlichen Gebirgen des Orients kommt zu dem dort ebenfalls vorhandenen Tagesgang der Temperatur ein Jahresgang der Temperatur hinzu - eine Folge der dort, in höheren Breiten, auch j a h r e s z e i t l i c h unterschiedlich starken Sonneneinstrahlung.

Soweit die Gebirge des Orients unmittelbar am Meer liegen - die nordafrikanischen, die anatolischen, die Gebirge der Levante, die Randgebirge der arabischen Halbinsel und Südpersiens - kommt zum Teil auch der Einfluss der Ozeanität in Form einer verzögerten Erwärmung im Sommer bzw. einer verzögerten Abkühlung im Winter zum Tragen. Aber ein derartiger Einfluss kann nur dort auftreten, wo ein Jahresgang der Temperatur (d.h. eine jahreszeitliche Abkühlung) - also in den nördlichen Gebirgen - festzustellen ist; überdies erstreckt sich der ozeanische Einfluss auf nur geringe Höhenlagen in den nördlichen Gebirgen. In den binnenwärts gelegenen nördlichen Gebirgen des Orients verschärft die Kontinentalität den Jahresgang der Temperatur.

Innerhalb des ariden, zum Teil extrem ariden Grossraumes Orient erhalten die Gebirge wenigstens teilweise Niederschläge. Allein diese Tatsache unterscheidet sie von den vollariden Räumen des Orients so stark, dass die (feuchten) Gebirge im Orient eine andere Bewertung durch den Menschen erfahren als etwa in Mitteleuropa, nämlich als Gunsträume, allein schon wegen ihres relativen Vegetationsreichtums.

Räumliche Verteilung und zeitliche Differenzierung der Niederschläge gehen in den Gebirgen des Orients Hand in Hand. Was die zeitliche Differenzierung betrifft, so sind zwei grundsätzliche Varianten zu unterscheiden: die nördlichen Gebirge erhalten Winterregen, die südlichen Gebirge Sommerregen; diese beiden Typenräume der jahreszeitlichen Niederschlagsverteilung sind durch den vollariden Teil des inneren Trockengürtels der Alten Welt voneinander getrennt. Im Winter verlagert sich die zyklonen- und niederschlagsreiche Westwindzone der mittleren Breiten nach Süden und bringt die sommertrockenen, nördlichen Gebirge des Orients in den Genuss von Niederschlägen. Die Sommerniederschläge in den südlichen Gebirgen des Orients - praktisch nur im Jemen - sind auf die Nordverlagerung der innertropischen, konvektiven Zenitalregen entsprechend dem jahreszeitlichen Gang der Sonne zurückzuführen.

Kleinräumlich betrachtet lassen sich in den nördlichen Gebirgen des Orients deutliche Unterschiede in der Verteilung der Winterregen erkennen. Diese Verteilung ist auf den Verlauf der Zyklonenstrassen im Verhältnis zu den Gebirgen zurückzuführen.

Die Zyklonen auf der mittelmeerischen Zugstrasse bringen den Nordflanken der nordafrikanischen und den Westflanken der Levante-Gebirge Winterregen. Die Zyklonen auf der Zugstrasse Vd spalten sich über der Ägäis in einen nördlichen Zweig (Vd_1) und in einen südlichen Zweig (Vd_2) auf. Der nördliche Zweig bringt den Nordflanken der nordanatolischen und zum Teil auch nordpersischen Randgebirge, der südliche Zweig den Südflanken des südanatolischen und zum Teil auch südpersischen Randgebirges Niederschläge. Die Zyklonen dringen über das Gebiet des fruchtbaren Halbmondes weit nach Südwestasien ein, verlieren aber in östlicher Richtung zunehmend an Niederschlagsintensität, indem sie sich abregnen.

An dieser Stelle lassen sich aus dem Zusammenspiel der Ökosystemelemente Relief, Temperatur, Exposition und Verteilung der Niederschläge Typenräume der Gebirge des Orients konstruieren. Das gilt insbesondere für die west-östlich langgestreckten Faltengebirge Nordafrikas und Südwestasiens innerhalb des Orients.

Es kommt nämlich zu Effekten, die die vom Wärmehaushalt oder von der Niederschlagsverteilung her bestehenden Gegensätze zwischen nach Süden bzw. Norden exponierten Hängen verstärken bzw. abschwächen.

Variante I: Nordflanken der Gebirge, die Niederschläge erhalten (Meeresseite der Gebirge in Nordafrika - Tell-Atlas -, Nordanatolien, Nordpersien): Die von der Niederschlagsmenge gegebene Humidität der Nordflanke wird durch verminderte Sonneneinstrahlung auf der Nordseite (Nordexposition) noch verstärkt.

Variante II: Südflanken der Gebirge, die kaum Niederschläge erhalten (Binnenseite der meernahen Gebirge in Nordafrika - Tell-Atlas -, Nordanatolien, Nordpersien, aber auch die Sahara-Seite des Sahara-Atlasgebirges in Nordafrika): Die von der Niederschlagsmenge gegebene Aridität der Südflanken wird durch die Südexposition noch verstärkt.

Variante III: Nordflanken der Gebirge, die kaum Niederschläge erhalten (Nordseite der meerfernen Gebirge in Nordafrika - Sahara - Atlas -, der meernahen Gebirge in Südanatolien, Südpersien): Die von der Niederschlagsmenge gegebene Aridität der Nordflanken wird durch die Nordexposition gemildert.

Variante IV: Südflanken der Gebirge, die Niederschläge erhalten (Meeresseite der Gebirge in Südanatolien, Südpersien): Die von der Niederschlagsmenge gegebene Humidität der Südflanke wird durch die Südexposition aufgehoben.

Zwei Ausnahmegebirgsräume im Orient, die durch fast ganzjährige Humidität gekennzeichnet sind, müssen noch erwähnt werden. Es sind dies das nordanatolische und das nordpersische Randgebirge auf der Seite am Schwarzen bzw. Kaspischen Meer. Diese Räume erhalten auch in den Sommermonaten reichlich Niederschläge als Folge einer nach Süden gerichteten, von tiefem Druck über den inneren Hochländern Anatoliens und Persiens ausgelösten Bewegung feuchter Luftmassen, die sich beim Aufsteigen im Gebirge abregnen. Es sind die einzigen Räume innerhalb des Orients - nicht nur der Gebirge des Orients -, in denen die Humidität ganzjährig ausgebildet ist.

3. Braune bis rötliche Waldböden; terra rossa-Böden und Karst

Man unterscheidet "Bodenarten" und "Bodentypen". Unter Bodenart versteht man die physikalische Beschaffenheit des Bodens nach seiner - höheren oder geringeren - Korngrösse. Die Bodentypen sind das Produkt der bodenbildenden Prozesse, das Produkt des Zusammenwirkens von bodenbildendem Ausgangsgestein und den klimatischen und hydrographischen Gegebenheiten.

Nach der Schichtung gliedert sich der Boden in Mitteleuropa in drei Horizonte: den A-Horizont, d.h. den - bei Pflanzenbedekkung humusreichen - Oberboden; den B-Horizont, d.h. einen Über-

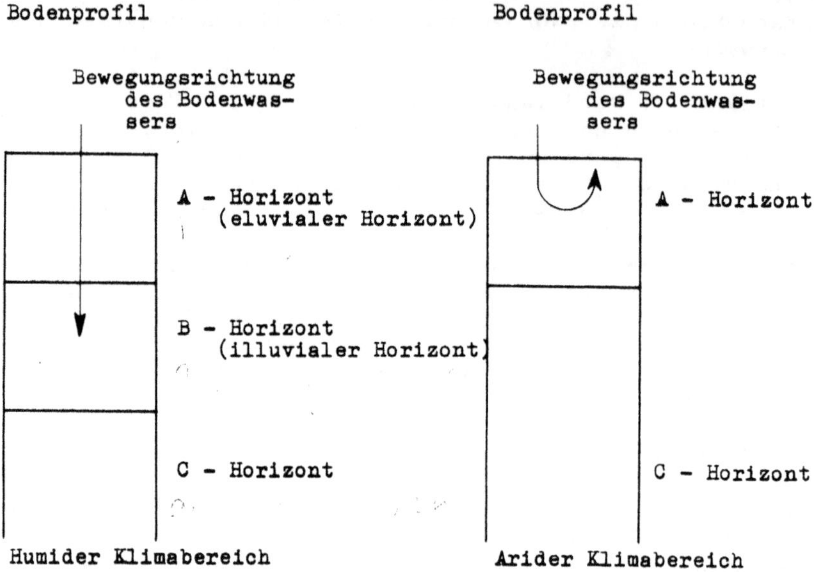

Abb. 11 Schema der Bewegungsrichtung des Bodenwassers im humiden und im ariden Klimabereich des Orients

gangshorizont; und den C-Horizont, d.h. das anstehende Gestein bzw. das bodenbildende Ausgangsmaterial.

Für den Ablauf der bodenbildenden Prozesse zur "Herstellung" der Bodentypen ist das Wasser im Boden von grosser Bedeutung, und zwar als Transportmittel und durch seine chemischen Eigenschaften.

In humiden Klimagebieten, wie z.B. Mitteleuropa, ist die Bewegung des Bodenwassers nach unten gerichtet, wenn man von dem Sonderfall aufsteigenden Grundwassers absieht. In ariden Klimagebieten, wo also die Verdunstung grösser ist als der Niederschlag, besteht als Folge des Dampfdruckgefälles eine Saugwirkung in der bodennächsten Luftschicht, die zu einem Aufstieg, also zu einer Umkehr der Bewegungsrichtung in den Boden eingedrungenen Wassers führt. Da ja die Gebirge des Orients zum Teil als humid, zum Teil als semiarid bis arid gekennzeichnet wurden, wird also in den humiden Gebirgsregionen des Orients die Bodenwasserbewegung fast ganzjährig nach unten, in den semiariden bis ariden Gebirgsregionen des Orients in unterschiedlich langen Zeiten des Jahres zum Teil nach unten, zum Teil nach oben gerichtet sein. Allein als Folge der unterschiedlich langen Dauer der nach unten gerichteten Bewegung des Bodenwassers wird die Intensität der bodenbildenden Prozesse stark beeinflusst. Auf die geringe Dauer der nach unten gerichteten Bodenwasserbewegung in den vollariden Räumen des Orients ist es zurückzuführen, dass es zum Teil überhaupt nicht zur Ausprägung eines B-Horizontes kommt, zum Teil noch nicht einmal zur Ausbildung eines A-Horizontes, also das nackte Gestein ansteht. Eine längere Dauer der nach unten gerichteten Bewegung des Bodenwassers führt in den entsprechenden Gebirgsregionen des Orients zu bodenbildenden Prozessen, die sich auch in Mitteleuropa abspielen, also zur Entstehung von braunen Waldböden mit einer durch die mehr oder weniger gleichmässige Verteilung von Eisenverbindungen bedingten bräunlichen bis rötlichen Färbung. Bei stark nach unten gerichteter Bewegung des Bodenwassers kann es in den humiden Gebirgsräumen des Orients auch zur Auswaschung von Eisenverbindungen im Oberboden und zu deren Anreichung, zum Teil als Kruste, im Unterboden, also zur Erscheinung der Podsolierung, kommen.

Die in Teilen der Gebirge des Orients ausgeprägte Semiaridität, wie die Sommertrockenheit in den nördlichen mediterranen Gebirgen, führt zur Entstehung von terra rossa-Böden mit einem A- und einem C-Horizont bei noch bedeutendem Humusanteil - als Folge der Vegetationsverbreitung - im Oberboden. In anderen Gebirgsregionen des Orients hat nicht nur die Steilheit der Hänge zur Abspülung der Bodenkrume geführt, sondern auch die jahrtausendelange, vor allem waldzerstörende Einwirkung des Menschen, der ja im Orient als Folge der frühen Kulturstufenentfaltung besonders lange den Wald durch Holzeinschlag ausgebeutet hat, jenen Wald, der vor allem in den feuchteren Gebirgen ehemals bestanden hat. Insbesondere durch die Einflussnahme des Menschen ist heute in vielen Gebirgen des Orients die Bodenkrume abgespült, steht das nackte Kalkgestein, das in fast allen Gebirgen des Orients vorherrscht, zur Verkarstung an.

4. Kälteempfindliche bis winterharte Feucht- und Trockenwaldvegetation

In besonderem Masse bringt die Vegetationsverbreitung in den Gebirgen des Orients das Zusammenspiel der bisher behandelten Ökosystemelemente zum Ausdruck. Zur Darstellung dieses Zusammenspiels bedarf es zuvor einer begrifflichen Klärung. Nach H. Louis 1939 wird hier unterschieden (und vom Beispiel Anatolien verallgemeinert):

- der kälteempfindliche Trockenwald (mediterrane Vegetationsformation),
- der mässig winterharte Trockenwald,
- der winterharte Trockenwald,
- der kältempfindliche Feuchtwald,
- der mässig kälteempfindliche Feuchtwald,
- der winterharte Feuchtwald.

Literaturhinweise:

H. Louis: Das natürliche Pflanzenkleid Anatoliens geographisch gesehen, Geographische Abhandlungen, Dritte Reihe, Heft 12, Stuttgart 1939

H. Bobek: Die natürlichen Wälder und Gehölzfluren Irans, Bonner Geographische Abhandlungen, Heft 8, Bonn 1959

Weiterführender Literaturhinweis:

M. Zoharty: Geobotanical Foundations of the Middle East, 2 Bde, Stuttgart 1973

Die Klassifikation von H. Louis verknüpft die unterschiedlichen Temperatur- und Niederschlagsverhältnisse in den Gebirgen des Orients mit der Vegetation, ohne auf die variierenden Zusammensetzungen der Pflanzengesellschaften einzugehen. Feuchtwald und Trockenwald - je nach den Niederschlagsverhältnissen - sind in ihrer hypsometrischen Abwandlung von den Höhenstufen der Temperatur (und der Exposition) bestimmt.

Was die Verbreitung der Vegetation in den Gebirgen des Orients betrifft, so handelt es sich um die potentielle natürliche Vegetation. Darunter wird jene Vegetation verstanden, die tatsächlich im Gelände anzutreffen wäre, wenn der Einfluss des Menschen nicht zu ihrer Zerstörung geführt hätte.

Die Konstruktion der Verbreitung der potentiellen natürlichen Vegetation in den Gebirgen des Orients, die hier vorgenommen wird, berücksichtigt nicht, dass von der zu erwartenden Vegetation tatsächlich nur noch wenig, und dies auch nur insbesondere in den unzugänglichen Teilen der Gebirge, vorhanden ist.

Ausser der Höhenabstufung der Temperatur und der Niederschlagsverteilung entscheiden vor allem Relief, Exposition und damit Sonneneinstrahlung über die Verbreitung der potentiellen natürlichen Vegetation in den Gebirgen des Orients.

An der meerwärtigen Nordflanke von ganzjährig oder jahreszeitlich beregneten Gebirgen des Orients erlaubt die für den Pflanzenwuchs günstige Nordexposition die Ausbildung des Feuchtwaldes in seiner von der Höhenstufung der Temperatur bestimmten Differenzierung (Variante I); dies ist besonders im ganzjährig beregneten Teil der nordanatolischen und nordpersischen Randgebirge, weniger an der Nordflanke der Küstengebirge Nordafrikas der Fall.

An der binnenwärtigen und kaum beregneten Südflanke dieser Gebirge im Orient (Nordafrika, Nordanatolien, Nordpersien) verstärkt die Südexposition die Aridität und verhindert die Verbreitung des Feuchtwaldes; je nach der Höhenlage (insbesondere bei den inneren Hochländern) beschränkt sich die natürliche Vegetation auf den wenig kälteempfindlichen Trockenwald bzw. die wintermilde bis winterharte Steppe (Variante II).

Auf der binnenwärtigen, nicht beregneten Nordflanke anderer Gebirge im Orient (Tell-Atlas, Südanatolien, Südpersien) vermag die die Sonneneinstrahlung herabsetzende Nordexposition dem Feuchtwald nicht zur Existenz zu verhelfen; wegen der geringen Sonnenein-

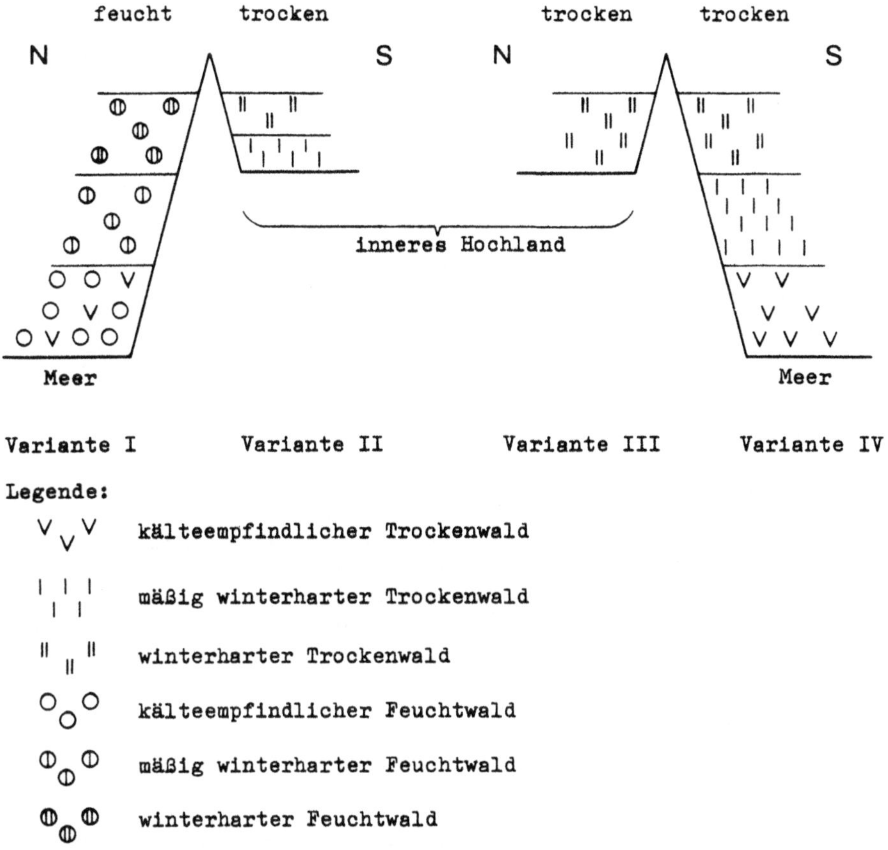

Abb. 12 Varianten der Verbreitung der potentiellen natürlichen Vegetation in den Gebirgen des Orients (schematisch) (in Anlehnung an H. Louis 1939 und unter Übernahme seiner Klassifikation und Symbole)

strahlung und den meist grösseren Höhenlagen (oberhalb der inneren Hochländer) ist der winterharte Trockenwald verbreitet (Variante III).

Auf der meerwärtigen Südflanke der jahreszeitlich beregneten Gebirge im Orient (Südanatolien, Südpersien) verhindert die Südexposition das Aufkommen des Feuchtwaldes; der Trockenwald ist nach der Temperatur über einer höhenmässig weit hinaufreichenden Mediterranstufe differenziert (Variante IV).

B. Die Steppe

Nicht die Reliefenergie, wie bei den Gebirgen, ist das prägende und strukturierende Element - es handelt sich bei den Steppen im allgemeinen um ein Flachrelief -, sondern die schüttere Vegetationsdecke, die durch Waldlosigkeit - was nicht Baumlosigkeit bedeuten muss - bestimmt ist. Die Spärlichkeit der Vegetation ist nicht unbedingt auf Eigenschaften der Böden zurückzuführen; vielmehr würden die Böden vielfach eine üppigere Vegetation erlauben; es ist im allgemeinen der Mangel an Niederschlägen, der für die schüttere Ausbildung der Vegetationsdecke verantwortlich gemacht werden muss. Danach kann der Bereich der Steppen im Orient sehr grob nach der Höhe der Niederschläge abgegrenzt werden, und zwar zwischen 400 und 200 mm im Jahr. Die agronomische Trockengrenze, d.h. die Grenze des Feldbaus basierend auf natürlichem Regenfall, liegt innerhalb des mit 400 bis 200 mm abgegrenzten Bereiches.

Ein ähnliches Vegetationsbild, also hohe bis kurze Gräser und weitständige Einzelbäume oder kleine Baumgruppen, findet sich in den Savannen, beispielsweise südlich der Sahara. Im folgenden wird der Begriff Savanne nicht gebraucht, weil es sich bei den Steppen des Orients um Bereiche ausserhalb der inneren Tropen handelt; der Begriff Savanne wird für die tropischen Steppen reserviert.

Weiterführende Literaturhinweise:

M. Zoharty: Geobotanical Foundations of the Middle East, 2 Bde, Stuttgart 1973

R. Gradmann: Die Steppen des Morgenlandes in ihrer Bedeutung für die Geschichte der menschlichen Gesittung, Geographische Abhandlungen, III. Reihe, Heft 6, Stuttgart 1934

1. Flach- und Ovareliefstruktur

Da die Reliefenergie als strukturierendes Element in den Steppen des Orients - wie auch in den übrigen Steppen der Alten und Neuen Welt, so in Südrussland, der Prärie, der Pampa - zurücktritt, wäre es sinnvoll, mit den Niederschlägen als bestimmendem Merkmal zu beginnen. Aber analog zu dem bisher eingeschlagenen Weg werden hier zunächst Varianten der Reliefstruktur in den Steppen des Orients dargestellt.

Trotz der allgemein geringen Reliefenergie lassen sich nach den genetischen Prozessen einige Varianten unterscheiden. Grundsätzlich ist bei den Steppen des Orients nach der Höhenlage zu differenzieren - die ja über die Höhenstufung der Temperatur für den Pflanzenwuchs von grosser Wichtigkeit ist - zwischen Steppen in geringer und Steppen in grösserer (800-1600 m) Höhenlage über dem Meer. Die grössere Höhenlage weisen Steppen auf, die Teile der inneren Hochländer von Anatolien und Persien sind.

Variante I - Steppen fast ohne Reliefenergie, also ausgedehnte Ebenheiten - stellen die nicht gebirgigen Teile Nordafrikas in einem schmalen Saum am Mittelmeer und die grossen Ebenen des Fruchtbaren Halbmondes zwischen den südanatolisch-südpersischen Gebirgen und der nördlichen Arabischen Wüste dar. Tektonische Ruhe über lange geologische Zeiten hat die Schichttafeln in ungestörter Lagerung erhalten.

Variante II sind Steppen des Orients mit einem flachwelligen Relief. Es handelt sich dabei um ausklingende Faltung, die zu dieser Reliefstruktur geführt hat. Diese Variante tritt besonders am Südrand der südpersischen und südanatolischen Gebirge auf und ist - als Vorhügelzone - der Übergang zu dem Ökosystem Gebirge, so wie vielfach die Steppen des Orients die stärker beregneten Gebirge des Orients als Übergangssaum zu den arideren Wüsten begleiten.

Variante III bilden die Steppen mit mehr oder weniger einseitig geneigtem, flachem Relief. Der genetische Prozess, der zu diesem Strukturtyp geführt hat, ist die Aufschotterung und Ablagerung riesiger Schwemmfächer, insbesondere am Gebirgsrand, und zwar sowohl auf der Innen- wie der Aussenseite der anatolischen und persisch-afghanischen Randgebirge. Variante II und Variante III schliessen sich in ihrer räumlichen Verbreitung nicht gegenseitig aus, sondern können miteinander verzahnt auftreten. Im östlichen Teil des Orients, also im persisch-afghanisch-belutschistanischen Raum, setzen sich am Aussen- und Innengebirgsrand diese zwei Varianten der Reliefstruktur fort, aber die Niederschläge liegen meist unter der 200 mm Grenze, so dass deshalb die Voraussetzungen für eine Steppenvegetation dort kaum noch gegeben sind und die Wüste - bei gleicher Reliefstruktur - an die Stelle tritt.

Variante IV - die Ovareliefstruktur - scheint vor allem im inneranatolischen Hochland verbreitet zu sein, aber auch im innerpersischen Hochland und im Hochland der Schotts in Nordafrika. Unter "Ova" wird im Türkischen eine begrenzte Ebenheit verstanden, also eine mehr oder weniger ausgedehnte ebene Fläche, die von höheren oder niedrigen Gebirgszügen umrahmt ist. Geomorphologisch kann es sich dabei um eine Küstenterrasse, einen Schwemmfächer oder einen Teil eines Grabenbruches handeln; im wissenschaftlichen Sprachgebrauch wird der Begriff "Ovastruktur" für die durch Zuschüttung in der jüngeren geologischen Vergangenheit entstandenen Ebenen Inneranatoliens benutzt, aus denen die begrenzenden Randgebirge herausragen.

2. Semiaride bis aride Tief- und Hochlandsklimate

Hier soll analog zu dem Vorgehen im Abschnitt über die Gebirge die räumliche und zeitliche Differenzierung der Hauptklimaelemente Niederschlag und Temperatur dargestellt werden. Wenn die Niederschlagsmenge in den Steppen des Orients sehr grob mit 400 bis 200 mm im Jahr angegeben wird, dann ergibt sich aus der Tatsache des vorherrschenden Flachreliefs eine deutliche Zonierung in - grob - Gebiete mit 400 bis 300 und Gebiete mit 300 bis 200 mm Niederschlag im Jahr (bzw. eine noch weitergehende Unterzonierung). Zum Wesen von semiariden und ariden Gebieten gehört es, dass die spärlichen Niederschläge, die fallen, von Jahr zu Jahr bzw. von einer Reihe von sogenannten Trockenjahren zu einer Reihe von sogenannten Feuchtjahren in unterschiedlichem Umfang fallen, so dass erst durch sehr langjährige Messungen - wie sie im Orient wenig vorliegen - Durchschnittswerte gewonnen werden können. Zum Wesen von an der Trockengrenze liegenden Gebieten gehört es weiter, dass mit der jährlich unter Umständen stark schwankenden Niederschlagsmenge die Gebiete, die 400 bis 200 mm Niederschlag im Jahr erhalten, nicht ein für allemal festliegen, sondern entsprechend stark in ihrer Lage variieren. Der Raum Steppe hat also, wenn man ihn an eine bestimmte Niederschlagsmenge bindet, eine Lageinkonstanz aufzuweisen.

Nach der Lage der Zonen mit 400-300 bzw. 300-200 mm Niederschlag zueinander lassen sich drei Varianten der Zonierung der Steppen im Orient unterscheiden: die Variante I mit nord-südlicher, die Variante II mit west-östlicher und die Variante III mit zentral-peripherer Abfolge.

Für die Variante I sind der mittlere Teil des Fruchtbaren Halbmondes, aber auch die Steppen an der Küste des Mittelmeeres, für die Variante II die westlichen Teile des Fruchtbaren Halbmondes und für die Variante III Inneranatolien und der westliche Teil des persischen Hochlandes markante Beispiele.

Was die zeitliche Differenzierung der Niederschläge in den Steppen des Orients betrifft, so ordnen sie sich in das bereits aufgezeigte Schema ein: die nördlichen Steppen (d.h. die nördlich des vollariden Kernraumes gelegenen Steppen) erhalten in Nordafrika und im Fruchtbaren Halbmond Winterregen als Folge der Südverlagerung der zyklonalen Westwindzone der mittleren Breiten in den Wintermonaten. Für die Winterregen lässt sich noch eine, für das Pflanzenwachstum wichtige, weitergehende zeitliche Differenzierung angeben. Schon in der Bibel werden die "frühen Regen" von den "späten Regen" unterschieden, d.h. was pauschal als Winterniederschlag bezeichnet wurde, gliedert sich in eine zweigipfelige Erhöhung der Niederschläge (bei gleichzeitiger Herabsetzung der Verdunstung durch niedrigere Temperaturen) einerseits im November/Dezember, andererseits etwa im März. In den hochgelegenen Steppen des Orients, also in Inneranatolien und am westlichen Innenrand des persischen Hochlandes, verringert sich die Niederschlagszeit auf e i n e n Gipfel im Frühjahr.

Den nördlichen Steppen des Orients - die bei weitem den grössten Teil der Fläche einnehmen - stehen die südlichen Steppen

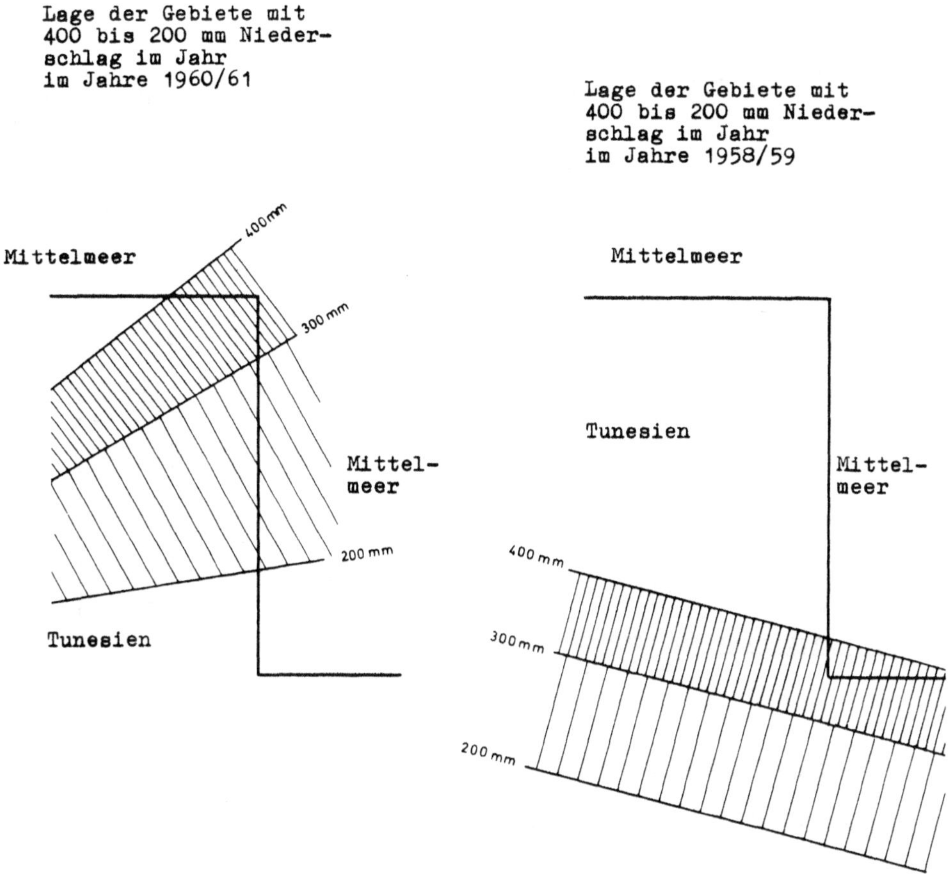

Abb. 13 **Lageinkonstanz der Gebiete mit 400 bis 200 mm Niederschlag im Jahr in Tunesien (schematisch)**
(nach: H. Mensching 1968, **Karten 3 und 4**)

gegenüber. Im Regenschatten des Jemen-Gebirges und des südarabischen Randgebirges gibt es einen schmalen Bereich von Steppen, der infolge ihrer Lage südlich des vollariden Kernraumes des Orients von Sommerniederschlägen erreicht wird. Im randlichen Wirkungsbereich der inneren Tropen gelegen liesse sich für sie die Bezeichnung Savannen prinzipiell rechtfertigen.

Die räumliche und zeitliche Differenzierung der Temperatur in den Steppen des Orients wird vor allem durch deren unterschiedliche Höhen- und Breitenlage bewirkt. Die überwiegend nördliche Lage der Steppen des Orients hat zur Folge, dass nicht nur ein Tagesgang der Temperatur wie in den angrenzenden vollariden Gebieten auftritt, sondern auch ein Jahresgang festzustellen ist.

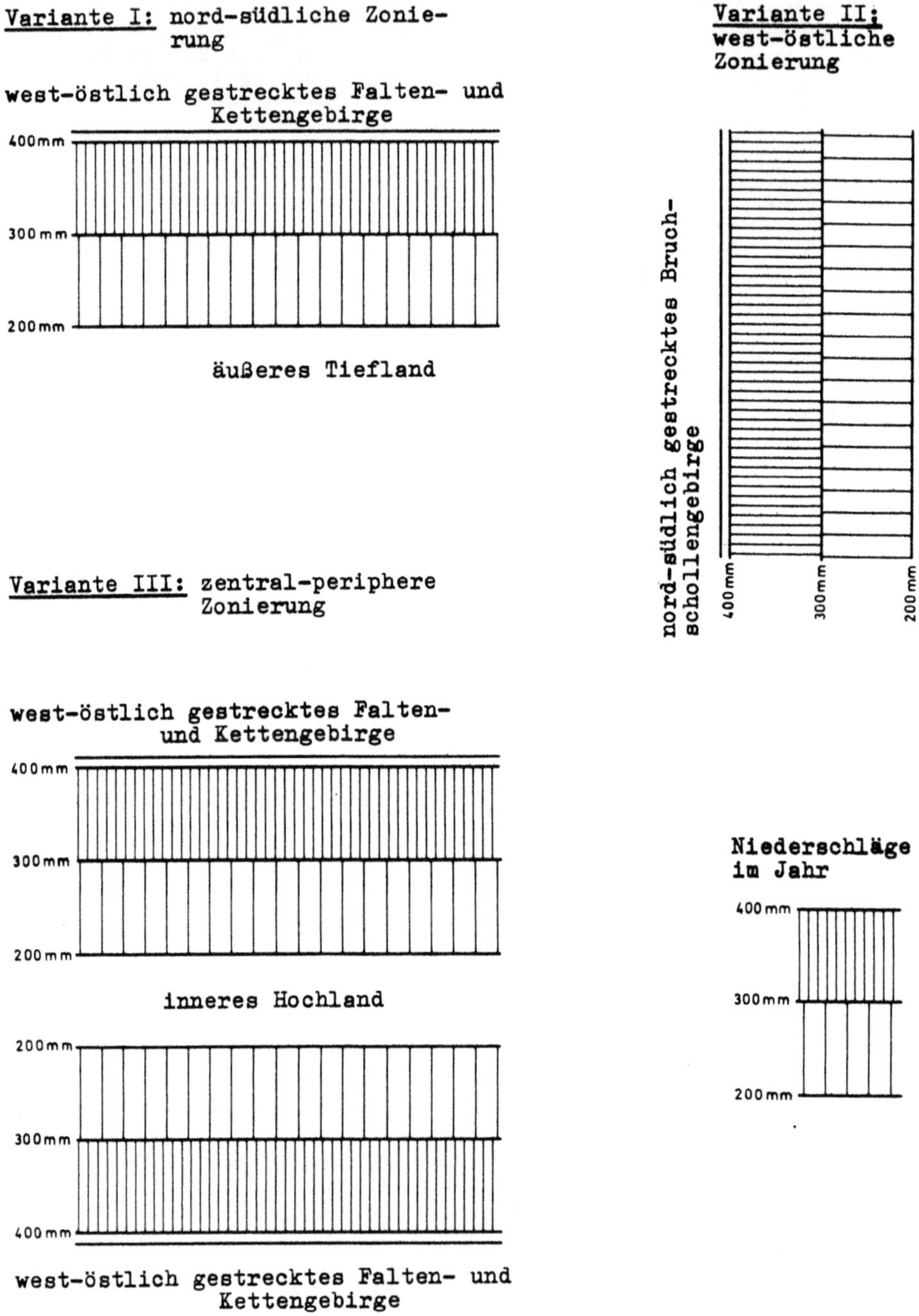

Abb. 14 Varianten der räumlichen Verteilung der Niederschläge in den Steppen des Orients (schematisch)

Dieser Jahresgang der Temperatur wird vor allem durch die unterschiedliche Höhenlage noch verschärft und hat bedeutende Auswirkungen auf den Pflanzenwuchs (und zwar der Natur- wie der Kulturpflanzen und damit auch auf das landwirtschaftliche Jahr). In den tiefgelegenen Steppen Nordafrikas und des Fruchtbaren Halbmondes bewirken die hohen Sommertemperaturen und die gleichzeitige Sommertrockenheit eine Trockenstarre, d.h. einen Stillstand für das Pflanzenwachstum im Sommer (im Gegensatz zu den Verhältnissen in Mitteleuropa, wo gerade der Sommer die Zeit des Pflanzenwachstums ist, der Winter die Zeit der Kältestarre). Das Pflanzenwachstum erfolgt also vor allem in den regenreichen und milden Wintern in den tiefgelegenen Steppen des Orients.

In den hochgelegenen Steppen des Orients dagegen, also in Inneranatolien und im westlichen Persien, liegen die Wintertemperaturen als Folge der Höhenlage unterhalb des für das Pflanzenwachstum nötigen Masses. Hier kommt also zu der Trockenstarre des Sommers noch die Zeit der Kältestarre hinzu; dadurch wird die Zeit des Pflanzenwachstums auf das Frühjahr und den Frühsommer zusammengedrängt.

3. Braune bis graue Steppenböden

Es sind vor allem drei Faktoren, die den Ablauf der bodenbildenden Prozesse in den Steppen des Orients steuern: die geringen Niederschläge, das Vorhandensein einer schütteren Vegetationsdecke, die unterschiedliche Wärmemenge je nach Höhenlage der Steppen.

In einem kurzen Teil des Jahres mit verminderter Verdunstung lassen die Niederschläge wenigstens in dieser Zeit eine nach unten gerichtete Bewegung des Bodenwassers zu.

Die ausgeprägte Aridität im übrigen Teil des Jahres mit gleichzeitigen hohen Temperaturen und hoher Verdunstung bewirkt eine aufwärts gerichtete Bewegung des Bodenwassers und Verdunstung an der Oberfläche. Der Wirkung des Wassers im Boden als Agens der bodenbildenden Prozesse sind in den Steppen des Orients deutliche Grenzen im Zeitlichen gesetzt. Damit sind auch dem Prozess der Bodenbildung Grenzen gesetzt, so dass die Steppenböden sich im allgemeinen ohne den B-Horizont (Übergangshorizont) präsentieren.

Doch erlaubt die Niederschlagsmenge in den Steppen - in zonaler Differenzierung - eine schüttere Vegetationsdecke. Es kommt also in den Steppen zur - begrenzten - Humusanreicherung im Oberboden in zonal unterschiedlichem Ausmass. Das von der unterschiedlichen Niederschlagsmenge bestimmte Ausmass der Vegetationsdecke und ihre Auswirkung auf die Humusanreicherung im Oberboden wird in ihrer Wirkung auf die Bodenbildung in den Steppen des Orients auch noch von der Höhenlage, d.h. den Temperaturen, geprägt. Die Temperaturverhältnisse im Winter in den hochgelegenen Steppen des Orients vermindern den Abbau stickstoffreicher Huminsäuren im Boden, so dass ein grösserer Nährstoffreichtum im Boden für den Pflanzenwuchs in den höhergelegenen Steppen bereitsteht. Die geringe Menge der Niederschläge und ihre zeitliche Zusammendrängung auf das Frühjahr in den hochgelegenen Steppen wird also für den Pflanzenwuchs durch höhere Bodenqualität ausgeglichen.

Als Ergebnis der bodenbildenden Prozesse finden sich in den Steppen des Orients braune bis graue Steppenböden, aber nur in räumlich begrenzten Ausnahmefällen der schwarze, besonders fruchtbare Steppenboden mit hohem Humusgehalt (Tschernosem), wie er in den südrussischen Steppen verbreitet anzutreffen ist.

4. Kurzgras-, Langgras- und Krautsteppenvegetation

Die zeitliche Differenzierung des Pflanzenwuchses in den Steppen des Orients, also die Zeit der Trockenstarre in den heissen und trockenen Sommermonaten in den tiefgelegenen Steppen und der Kälte- und Trockenstarre in den hochgelegenen sommerheissen, trockenen und winterkalten Steppen des Orients, ist bereits im Zusammenhang mit den klimatischen Gegebenheiten dargestellt worden.

Die räumliche Differenzierung der potentiellen natürlichen Vegetation ergibt sich aus der Abhängigkeit von den unterschiedlichen Niederschlägen. Die Unterzone der höheren Niederschläge (400-300 mm im Jahr) lässt einen ausgeprägten Pflanzenwuchs - grob: eine Langgrasvegetation - zu; die Unterzone der geringeren Niederschläge (300-200 mm im Jahr) lässt einen weniger ausgeprägten Pflanzenwuchs - grob: eine Kurzgrasvegetation - zu.

Gerade in den Steppen des Orients, in denen sich erstmals eine Differenzierung von sesshaftem und schweifendem Bauerntum vollzog, ist durch eine überaus lang anhaltende Einwirkung des Menschen auf die natürliche Vegetation, sei es durch Ackerbau, sei es durch Beweidung, kaum noch die natürliche Vegetationsdecke anzutreffen. Insbesondere unter dem Einfluss der Beweidung hat sich in manchen Steppen des Orients die ursprüngliche Grassteppenvegetation in eine Krautsteppenvegetation umgewandelt.

Damit ist die nach der nord-südlichen, west-östlichen und zentral-peripheren Zonierung der Niederschläge in den Steppen des Orients zu erwartende, entsprechende Anordnung der natürlichen Vegetation tatsächlich nicht mehr anzutreffen und durch eine von den mehr oder weniger starken Einflüssen des Menschen bestimmte abgelöst.

Es stellt sich die Frage (- das Steppenproblem -), ob die Steppe, also ihre heutige Waldlosigkeit, nicht überhaupt anthropogen, d.h. vom Menschen, verursacht worden ist. Diese Frage ist für die Pampa Südamerikas als Pampaproblem, für die Prärie Nordamerikas als Prärieproblem und für die Steppen Inneranatoliens untersucht worden. Wer die Auffassung vertritt, dass die Steppe ursprünglich eine Waldvegetation aufzuweisen hatte, der muss den Nachweis der Zerstörung des Waldes durch den Menschen erbringen. Dies ist im Orient - bei der ungünstigen historischen Quellenlage - besonders schwierig und deshalb hat die Untersuchung von S. Uslu 1960 über den anthropogenen Charakter der zentralanatolischen Steppen kaum in die historische Beweisführung eintreten können. Andererseits liegt es nahe, die lang andauernde Ausbreitung der Nomaden für die Waldzerstörung verantwortlich zu machen. Jedoch haben neuere Untersuchungen von X. de Planhol 1965 gerade für Inneranatolien ergeben, dass es nicht die Nomaden waren und deren Ausbreitung seit dem Untergang des Byzantinischen Reiches, die zur Vernichtung des Waldes geführt haben. So scheinen die Ausführungen von H. Louis 1939 bestätigt, dass die Verbreitung der Steppe vor allem in Inneranatolien auf die klimatischen Gegebenheiten des Raumes zurückzuführen ist.

Wahrscheinlich ist davon auszugehen, dass in Inneranatolien die Ovaböden immer schon von der Steppe eingenommen waren, die angrenzenden Gebirge - schon aufgrund der etwas höheren Niederschläge - aber ehemals ein lichtes Waldkleid getragen haben dürften, das vom Menschen - mehr von den Sesshaften als den Nomaden - vernichtet worden sein dürfte.

Literaturhinweise:

H. Louis: Das natürliche Pflanzenkleid Anatoliens geographisch gesehen, Geographische Abhandlungen, Dritte Reihe, Heft 12, Stuttgart 1939

H. Walter: Das Problem der zentralanatolischen Steppe, in: Die Naturwissenschaften, 43. Jg., Berlin 1956, S. 97-102

S. Uslu: Untersuchungen zum anthropogenen Charakter der zentralanatolischen Steppe, Giessener Geographische Abhandlungen zur Agrar- und Wirtschaftsforschung des europäischen Ostens, Bd 12, Giessen 1960

X. de Planhol: Les Nomades, la steppe et la forêt en Anatolie, in: Geographische Zeitschrift, 53. Jg., Wiesbaden 1965, S. 101-116

C. Die Wüste

Wenn man die Steppen des Orients mit dem Bereich von 400-200 mm Niederschlag im Jahr abgegrenzt hat, dann bietet es sich an, die Wüsten des Orients als mit der 200 mm Niederschlagsisohyete umgrenzt zu sehen. Dadurch kommt einerseits der fliessende Übergang von der Wüstensteppe zur Wüste in den Gebieten mit nur wenig unter 200 mm Niederschlag im Jahr zum Ausdruck, andererseits sind die Wüsten der Kernraum des Orients, wenn man als Hauptmerkmal des Orients im Physischen die Aridität betont; so gesehen erscheinen die Steppen und Gebirge des Orients als

Randsäume der Gebiete mit der ausgeprägtesten Aridität bzw. die Oasen als Sonderfälle des Orients.

Literaturhinweise:

A. Gabriel: Die Wüsten der Erde und ihre Erforschung, Berlin 1961

H. Schiffers (Hrsg.): Die Sahara und ihre Randgebiete, 3 Bde, München 1971-73

A. Starker Leopold: Die Wüste, Reinbek 1975

1. Flach-, Schichtstufen- und Dünenreliefstruktur

Bei der Darstellung der Reliefs in den Wüsten des Orients ist es sinnvoll, zwischen einem grossräumlichen (Makro-) und einem kleinräumlichen (Mikro-)Aspekt zu unterscheiden, auch wenn sich beide Aspekte nicht immer deutlich voneinander trennen lassen.

Als Variante I der Reliefstruktur ist wiederum, wie bereits in den Steppen des Orients, die ausgedehnte Ebenheit zu nennen, die auf horizontal lagernde Schichten zurückgeht, die sich seit langem im Zustand der ungestörten Lagerung befinden. Es sind Tafeln und Schollen, die im nordafrikanischen Flügel des Orients an die nordwestlichen Gebirge und an die Küsten des Mittelmeeres, im südwestasiatischen Flügel an das Gebiet des Fruchtbaren Halbmondes südlich anschliessen.

Diesem Relieftyp steht mit der Variante II ein anderer gegenüber, der sich für den Menschen in der Landschaft zwar meist auch als ausgedehnte Ebenheit präsentiert, hinter dem aber - grossräumlich - ein anderer genetischer Prozess steht: es ist die Schichtstufenreliefstruktur. Auf den meist nur schwach geneigten Landterrassen der Schichtstufenlandschaft in den Wüsten des Orients dominiert zwar der Eindruck der ausgedehnten Ebenen, aber diese Ebenen weisen doch in gewissen Abständen - in den Stufen, die sich als Steilabfälle oder Randgebirgszüge präsentieren - deutliche Begrenzungen auf. In der Regel lagert ein Paket von - gegenüber der Abtragung - unterschiedlich widerständigen Schichten riesenhafter Ausdehnung einseitig auf einem Falten- oder Bruchschollengebirge auf, so dass das Schichtpaket einseitig flach einfällt. Ob man nun im Sinne von H. Schmitthenner 1923 die Entstehung des Schichtstufenreliefs als Folge der Abtragung und Zurückverlegung der Stufen oder im Sinne von H. Mortensen 1949 als Folge einer alternierenden Abtragung der Landterrassen und Stufen oder als das Ergebnis des komplexen Zusammenspiels einer Vielzahl von Abtragungsprozessen ansieht, immer setzt ihre Bildung ein wesentlich feuchteres Klima als es heute in den vollariden Kernräumen des Orients herrscht, also ein humides Klima, voraus. Das Schichtstufenrelief in den Wüsten des Orients kann nur in geologischen Zeiten entstanden sein, als die Niederschläge in den heutigen Wüstenräumen des Orients wesentlich höher lagen. Gerade auch die Tatsache, dass

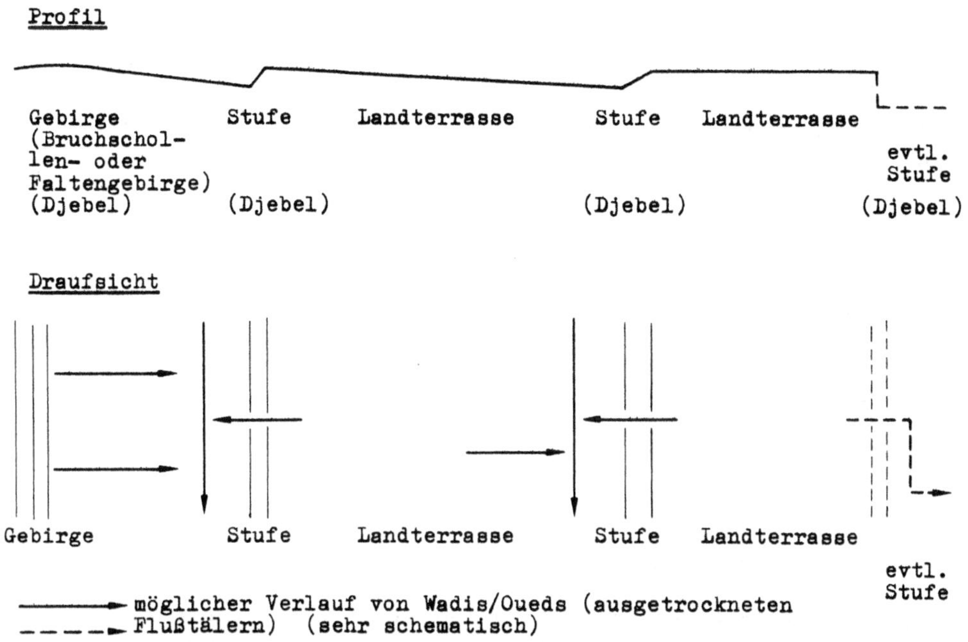

Abb. 15 Schematisches Profil einer Schichtstufenlandschaft in den Wüsten des Orients

sich - kleinräumlich - innerhalb der Grossreliefstruktur der Schichtstufenlandschaften in den Wüsten des Orients Wadis/Oueds finden - also ausgetrocknete Flusstäler, d.h. Hohlformen, die nur durch fluviatile Abtragung in einem wesentlich feuchteren Klima entstanden sein können -, stützt die Auffassung von dem ehemals - in geologischer Vergangenheit - feuchteren Klima in den heutigen Wüsten des Orients.

Eine derartige Gross- und Kleinreliefstruktur findet sich sowohl im nordafrikanischen Trockenraum des Orients, wo die Schichtpakete einseitig auf den - herausgehobenen - zentralsaharischen Gebirgen (Hoggar/Tibesti) aufliegen und nach Norden flach einfallen, dort auch zum Teil mit einer Stufe zum Mittelmeer hin abfallen, als auch im arabischen Trockenraum des Orients, wo die Schichtpakete einseitig auf dem - im Zuge der Grabenbruchbildung des Roten Meeres herausgehobenen - Bruchschollenrandgebirge aufliegen und nach Osten, zum persisch-arabischen Golf hin, flach einfallen.

Variante III - das Dünenrelief - tritt grossräumlich durch die vielfache Wiederholung des einzelnen Elementes Düne und kleinräumlich in Gestalt von Einzeldünen auf. Da Dünen aus Lockermaterial aufgebaut sind, handelt es sich oft nicht um stationäre Gebilde, sondern um Vollformen, die zwar ihre Reliefstruktur beibehalten, aber als Ganzes wandern können. So ist es auch möglich, dass Dünen innerhalb des Verbreitungsbereiches der Reliefstrukturvarianten I und II auftreten. Dünen weisen meist einen steilen Luvhang (- zur Windrichtung hin) und flachen Leehang (- von der Windrichtung abgewandt) auf. Sie können vielfach aneinandergereiht eine riesige, langgestreckte Dünenkette - bisweilen in mehreren Staffeln - bilden, deren Entstehung - als Longitudinal- bzw. Transversaldünenkette m i t der bzw. q u e r zur Hauptwindrichtung (- der NE-Passat in den meisten Wüsten des Orients -) noch nicht voll geklärt ist. Als Einzeldünen nehmen sie - so im persischen Hochland - bisweilen die Gestalt von Barchanen an, d.h. in der Draufsicht sichelförmig gestalteten Dünen (- im Grundriss -) mit zur Hauptwindrichtung hin offener Sichel.

Bei Verfolgung des kleinräumlichen Betrachtungsaspektes ist der Übergang zu weiteren Reliefstrukturvarianten fliessend; so könnten auch die Fels-, Stein-, Schutt- und Kieswüsten ("hamada" bis "erg") als Varianten des Mikroreliefs angesehen werden, sollen aber im Zusammenhang mit der Bodenbildung dargestellt werden.

2. Vollarides Trockenklima

Das wesentliche Merkmal des Wüstenklimas ist seine ausgeprägte Aridität, die sich in den Kernräumen über zwölf Monate im Jahr ausdehnt. Aber selbst die Kernräume der Wüsten des Orients sind nicht völlig niederschlagslos; die Niederschlagsmenge der sehr selten fallenden Niederschläge ist schwer messbar, was nicht zuletzt darauf zurückzuführen ist, dass die Wüsten ausserhalb der Ökumene, d.h. ausserhalb des vom Menschen wirtschaftlich genutzten, und deshalb kaum mit Klimastationen versehenen Raumes liegen.

Mit der fast ganzjährigen Aridität entfällt die jahreszeitliche Differenzierung der Niederschläge, wenn auch von den Kernräumen der Trockenheit nach Norden zu die Wahrscheinlichkeit der Winterniederschläge, nach Süden zu die der Sommerniederschläge nach der Breitenlage der Gebiete, der Wanderung des Standes der Sonne und der entsprechenden jahreszeitlichen Verlagerung der Niederschlagszonen zunimmt.

Eine jahreszeitliche Differenzierung beim Gang der Temperaturen ist in den Wüsten des Orients mit geringer Höhenlage - und dies ist in Nordafrika und auf der Arabischen Halbinsel der Fall - in geringem Umfang ausgeprägt. Deutlicher ist ein Tagesgang der Temperatur vorhanden, der sich in extremen Temperaturschwankungen zwischen den sehr heissen Mittagsstunden des Tages und den teilweise unter den Gefrierpunkt sinkenden Temperaturen in der Nacht - als Folge der durch den wolkenlosen Himmel sehr starken Ausstrahlung - präsentiert.

Diese gewaltigen Temperaturunterschiede sind die Voraussetzung für die mechanische Verwitterung in der Wüste.

In den hochgelegenen Wüsten, wie im persisch-afghanischen Hochland (- in Inneranatolien gibt es keine Wüsten -), kommt zum ausgeprägten Tagesgang der Temperaturen noch ein ausgeprägter und durch die Kontinentalität verschärfter Jahresgang hinzu.

Trotz der extremen Aridität in den Wüsten des Orients darf man sich die Luft nicht bar jeden Wasserdampfes vorstellen. Im allgemeinen sinkt die relative Luftfeuchtigkeit nicht unter 30 %; d.h. angesichts der starken nächtlichen Abkühlung besteht die Möglichkeit, dass der Wasserdampf der Luft sich als Tau - auf dem Gestein oder für Pflanzenwuchs verwendbar auf dem Boden - niederschlägt. In dieser Erscheinung ist die Voraussetzung für die chemische Verwitterung in der Wüste zu sehen.

Die episodischen und sporadischen Niederschläge können zur Abspülung, zum Abtransport (über kurze Strecken) und zur Ablagerung/Aufschüttung des durch mechanische und chemische Verwitterung aufbereiteten Materials führen.

Da der Trockenheitscharakter des Orients aus seinem Kernraum, den Wüsten heraus, gestaltet und gesteuert wird, bietet es sich hier an, die tieferen Ursachen des Wüstenklimas in diesem Teil der Erde darzulegen. Nach der Lehrmeinung der zweiten Hälfte des 19. Jahrhunderts (W. Ferrel, 1856/1882), als sich die Klimatologen noch nicht auf Wetterbeobachtungen in grösseren Höhen stützen konnten, war die Erscheinung des Trockengürtels der Alten Welt (auf der Nordhalbkugel) auf eine durch die starke Erwärmung am Äquator gesteuerte, geschlossene Passatzirkulation zurückzuführen. Die hohen Temperaturen in den äquatorialen Gebieten (- als Folge der direkteren Sonneneinstrahlung -) führen nach dieser älteren Lehrmeinung zu einer aufsteigenden Bewegung der Luftmassen, die - so wurde geschlossen - als Antipassat in einer angenommenen Höhenströmung nach Norden weiterfliessen, wo die Luftmassen in der Höhe der Rossbreiten zum Teil wieder absteigen, um danach als NE-Passat über dem Erdboden (- durch die Reibung aus der Nordsüdrichtung abgelenkt -) in äquatorialer Richtung zurückzuströmen.

Allein die Tatsache der Verkleinerung des Luftraumes in polarer Richtung (- der Linie des Äquators steht der Nordpol als Punkt gegenüber -) spricht gegen die Möglichkeit einer bis in die mittleren Breiten reichenden, geschlossenen Passatzirkulation. Hinzu kamen seit dem Zweiten Weltkrieg durch Luftverkehr und Sondenaufstiege zunehmende Höhenbeobachtungen, die die angenommene Antipassatströmung als nichtexistent erwiesen. Danach ist insbesondere von H. Flohn ein neues Modell der globalen Luftzirkulation entwickelt worden.

Literaturhinweise:

H. Flohn: Neue Anschauungen über die allgemeine Zirkulation der Atmosphäre und ihre klimatische Bedeutung, in: Erdkunde, Archiv für wissenschaftliche Geographie, Bd 4, Bonn 1950, S. 141-162

H. Flohn: Zur Didaktik der allgemeinen Zirkulation der Atmosphäre, in: Geographische Rundschau, Jg. 5, Braunschweig 1953, S. 41-56

H. Flohn: Zur Didaktik der allgemeinen Zirkulation der Atmosphäre, in: Geographische Rundschau, Jg. 12, Braunschweig 1960, S. 129-142, 189-195

H. Voigts: Zur Behandlung der neuen Theorie über die atmosphärische Zirkulation im Mittel- und Oberstufenunterricht, in: Geographische Rundschau, Jg. 6, Braunschweig 1954, S. 88-95

Die neuere Auffassung der atmosphärischen Zirkulation geht aus vom aerologischen Grundgesetz, wonach bei gleichem Druck am Boden in der Höhe über warmer Luft hoher, über kalter Luft tiefer Druck herrscht. In den mittleren Breiten besteht in der Höhe ein ausgeprägtes Druckgefälle (Frontalzone). Auf der Nordhalbkugel ist das Druckgefälle in der Höhe vom Äquator zum Pol hin gerichtet. Die nicht von der Bodenreibung in ihrer Fliessrichtung beeinflussten Höhenwinde erscheinen auf der Nordhalbkugel (- aber auch auf der Südhalbkugel -) als geostrophische Westwinde, die im Bereich der Frontalzone als jet-stream besonders hohe Windgeschwindigkeiten aufweisen. Nach rein physikalischen Gesetzen (- verallgemeinerte Divergenztheorie von Ryd-Scherhag -) kommt es zur Aussonderung von dynamischen, zum Teil quasistationären Druckgebilden, und zwar Zyklonen ("Tiefs") und Antizyklonen ("Hochs") auf der Nord- bzw. Südseite der Westwindströ-

a) nach der alten Auffassung

Profil Äquator-Pol auf der Nordhalbkugel

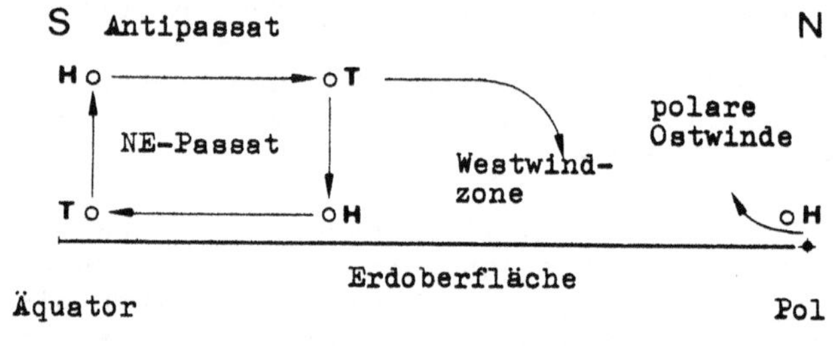

Draufsicht Äquator-Pol auf der Nordhalbkugel

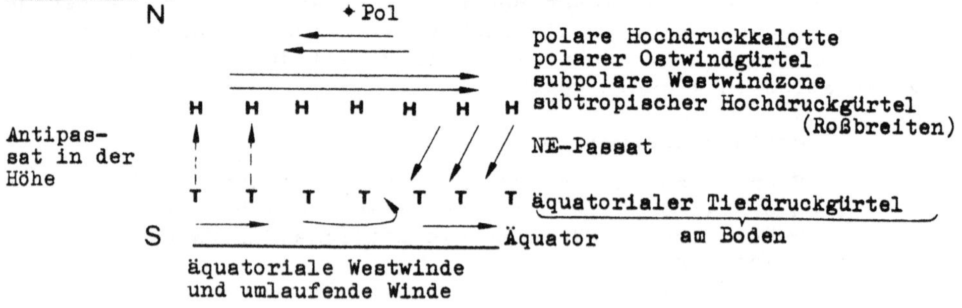

b) nach der neuen Auffassung (nach: H.Flohn 1953, 1960/H. Voigts 1954)

Profil Äquator-Pol auf der Nordhalbkugel: zur Veranschaulichung des aerologischen Grundgesetzes

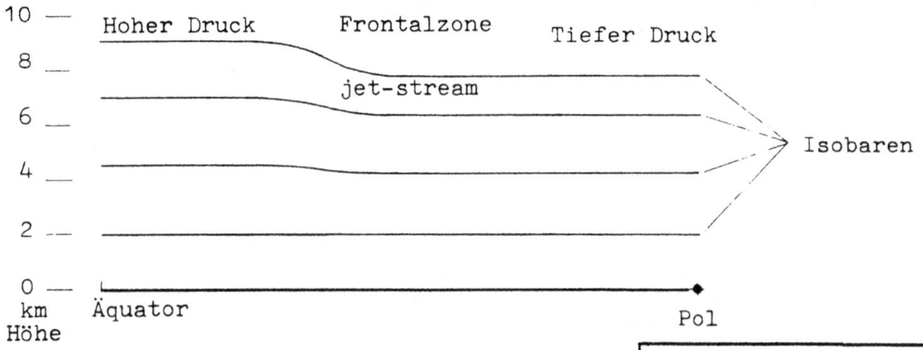

Draufsicht Äquator-Pol auf der Nordhalbkugel

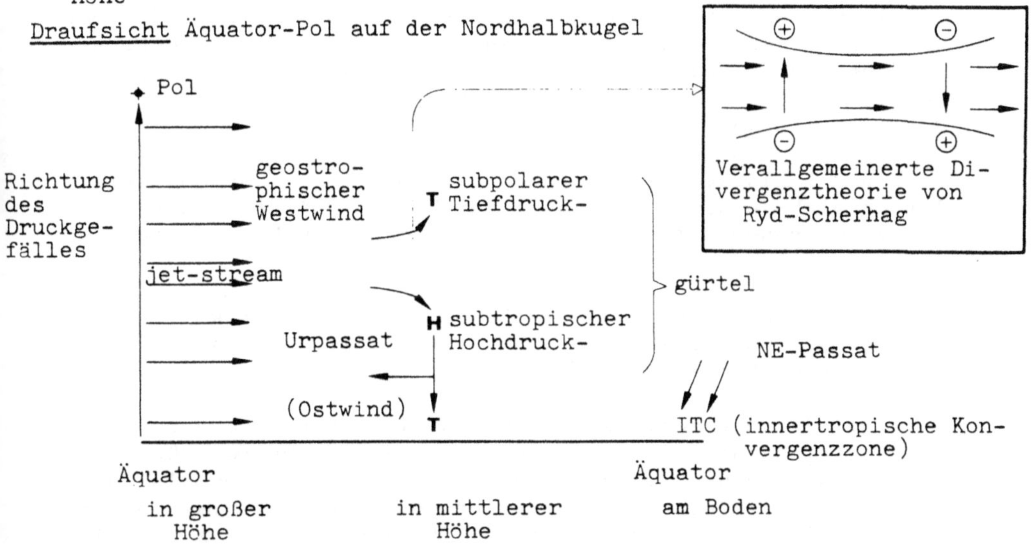

Profil Äquator-Pol auf der Nordhalbkugel

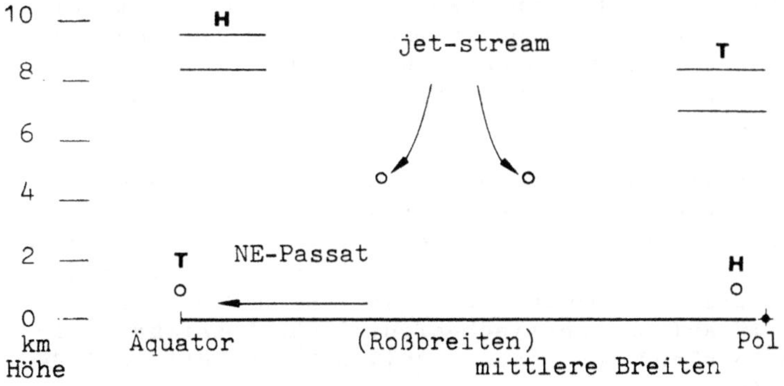

Abb. 16 Schema der atmosphärischen Zirkulation nach der alten und der neuen Auffassung

mung der mittleren Breiten, also zur Entstehung eines subpolaren Tiefdruck- und eines subtropischen (Rossbreiten-)Hochdruckgürtels. Aus dem Druckgegensatz und Druckgefälle zwischen dem subtropischen Hochdruckgürtel und der äquatorialen Tiefdruckrinne ergibt sich in mittlerer Höhe ein geostrophischer Ostwind - der Urpassat der neuen Auffassung -, der am Boden infolge der Bodenreibung als NE-Passat erscheint und durch seinen Trockenheitscharakter letztlich die Klimawüsten und -steppen der Alten Welt und des Orients verursacht.

3. Stein-, Kies-, Sand-, Salzton- und Krustenböden

In einem vollariden Klimagebiet kann von einer Bewegungsrichtung des Bodenwassers und von einer Humus erzeugenden Vegetationsdecke nicht die Rede sein. Damit fallen in den Wüsten des Orients zwei wichtige Agentien der bodenbildenden Prozesse weg. Infolgedessen ist in den Wüsten des Orients kaum eine Horizontausbildung der Böden anzutreffen; vielmehr steht der Rohboden oder das durch mechanische und chemische Verwitterung zertrümmerte, zum Teil nach Ausblasung des Feinmaterials übriggebliebene Gestein an.

Nach der teils sehr erheblichen "Korngrösse" dieses Materials lassen sich folgende Varianten der Wüsten unterscheiden, die - bei sehr grobem Material - einen Übergang zum Mikrorelief darstellen.

Variante I: die "hamada"-Wüste (Fels-, Steinwüste); kopf- bis faustgrosse Gesteinsbrocken aus Basalt oder Kalkstein bilden weithin die Oberfläche.

Variante II: die "serir"-Wüste (Kieswüste); Schutt und zum Teil gerundetes Material, also Gerölle, einer geringeren "Korngrösse", etwa von 6-20 mm als Grobserir und von 2-6 mm als Feinserir bilden die Oberfläche. Die Abrundung des Materials deutet auf ehemaligen oder noch heutigen Transport durch Wasser hin.

Variante III: die "erg"-Wüste (Sandwüste); das Material aus Quarz oder Kalk, das in seiner Korngrösse der des Sandes entspricht (2-0,06 mm) ist durch die Windeinwirkung meist zu Dünen bzw. Dünenketten oder Einzeldünen/Barchanen aufgeweht. Als bewegliche Düne kann der Sand auch über bzw. auf eine hamada- oder serir-Fläche geweht werden.

Während die bisher aufgezählten Varianten der Rohböden- bzw. Mikroreliefstrukturtypen in den Wüsten des Orients vor allem im grossen saharischen und - im weniger erforschten - arabischen Wüstenraum in einem noch wenig aufgeklärten unregelmässigen Verbreitungsmuster vorkommen, beschränkt sich die Verbreitung der Variante IV auf das persisch-afghanische Hochland, tritt aber auch im Hochland der Schotts zwischen dem Tell- und dem Sahara-Atlas in Nordafrika auf.

Variante IV: die "kawir"-Wüste ("sebka", Salztonwüste); hier bildet feinstkörniges Material (um 0,002 mm Durchmesser) die Oberfläche - Material, das meist zu ausgedehnten Ebenen zusammengeschwemmt worden ist; das bei dieser Entstehungsart vorhandene, mindestens episodisch fliessende Wasser dringt auch in den Oberboden ein, wird aber durch das hohe Verdunstungspotential zum kapillaren Aufstieg gezwungen und führt zur Auskristallisation von zuvor im Wasser gelöstem Salz in Form von weissen Salzkrusten.

Da ja zumindest in Teilen des altweltlichen Trockengürtels in vergangenen, geologischen Zeiten ein feuchteres Klima wahrscheinlich geherrscht hat, ist auch das Auftreten von Kalkkrustenböden, zumindest fossilen Ursprungs, selbst in heute vollariden Gebieten erklärbar. Das in den Boden eingedrungene Niederschlagswasser hat den Kalk gelöst und nach seinem kapillaren Aufstieg durch Verdunstung wieder ausgeschieden.

Schwieriger ist die Erklärung des Auftretens von Staubböden in den Wüsten des Orients, vor allem in Nordafrika, also einer pulverigen Bodenkrume, die sich nur bei völliger Wasserlosigkeit eines Gebietes über längere Zeit halten kann.

4. Sporadische und episodische Vegetation

Die Wüsten - nicht nur des Orients - sind durch fast völlige Vegetationslosigkeit gekennzeichnet; danach haben sie ihre vom Menschen aus beurteilende Bezeichnung erfahren. Diese Vegetationslosigkeit ist ganz überwiegend auf die klimatischen Gegebenheiten des Raumes zurückzuführen, während zumindest in Teilen der Wüsten des Orients von den Bodenqualitäten her Möglichkeiten für den Pflanzenwuchs bestehen. Das beweist vor allem das gelegentliche "Erblühen" - insbesondere das schnelle Aufwachsen von Gräsern - der Wüste nach sporadischen und episodischen Niederschlägen.

Aber selbst die Wüste muss nicht absolut vegetationslos sein; entscheidend für das Überleben unter vollariden Bedingungen ist für Pflanzen die Anpassung an die Aridität. Dies geschieht bei einjährigen Pflanzen, wie z.B. Gräsern, durch ein beschleunigtes Durchlaufen des Wachstumszyklus nach episodischen und sporadischen Niederschlägen in der Wüste. Mehrjährige Pflanzen müssen andere Schutzmassnahmen gegen die Aridität treffen, vor allem um die Verdunstung herabzusetzen. Dies ist möglich durch die Ausbildung nur sehr kleiner Blätter oder einer besonderen Schutzschicht der Blätter (Hartlaub; ätherische Öle) oder des Stammes (Kork) - ein Verdunstungsschutz, wie er im Prinzip selbst von den Pflanzen in der mediterranen Vegetationsgesellschaft der jahreszeitlich sogar humiden Räume des Orients erzeugt wird. Aber auch die Ausbildung eines überreichen Wurzelwerkes, um tiefe Grundwasserschichten zu erreichen oder den Einzugsbereich von Niederschlägen besonders zu erweitern, erlauben selbst mehrjährigen Pflanzen wie Tamariske und Kameldornstrauch - vereinzelt - das Überleben in der Wüste.

D. Die Oase

Nach ihrer linearen Erstreckung oder ihrem punktuellen Auftreten lassen sich die Oasen des Orients in zwei Hauptvarianten, die Strom- oder Flussoasen und die Quell- bzw. Grundwasseroasen, aufteilen. Beide Varianten sind durch ihre im Verhältnis zu ihrer Umgebung meist üppige Vegetation geprägt, die fast ausschliesslich von Kulturpflanzen bestimmt ist; somit erübrigt sich die Darstellung der (potentiellen) natürlichen Vegetation.

Auch die klimatischen Verhältnisse der Oasen bedürfen keiner besonderen Darlegung, erscheinen doch beide Varianten von Oasen in den Wüsten, Steppen oder Gebirgen, also in Räumen, deren Klimate bereits behandelt worden sind. An die Stelle des Klimas muss aber die Darstellung der hydrographischen Verhältnisse treten, die für die Oasen von existentieller Bedeutung sind. Mit der Einteilung in einerseits Strom-, andererseits Quelloasen geht ein wesentlicher Unterschied hydrographischer Gegebenheiten in die Gliederung ein.

1. Die Stromoasen

Die Stromoasen präsentieren sich im Orient in zwei unterschiedlichen Varianten, nämlich in Gestalt der Nilstromoase (Variante I) und der Euphrat/Tigrisstromoase (Variante II), die zumindest in Teilen ihrer hydrographischen Gegebenheiten in kleinerem Ausmass in jenen gebirgigen Gebieten des Orients wieder auftritt, in denen die klimatischen Verhältnisse die Ausbildung von Flüssen gestatten.

Die Variante I (Nilstromoase) ist zwar eine einmalige Erscheinung im Orient; ihr Ausmass verbietet es jedoch, sie zu übergehen.

Der Nil ist, wie auch Euphrat und Tigris, ein allochthoner Fluss (Fremdlingsfluss), d.h. er wird in seiner Laufstrecke durch das vollaride Gebiet, das er durchquert,ohne zu versiegen, von dem Zufluss aus humiden Gebieten gespeist. Die Flussrichtung des Nil ist - im Gegensatz zu Euphrat und Tigris - nach Norden gerichtet; seine Zuflüsse erhält er aus den äquatorialen Zenitalregengebieten Afrikas, und zwar hauptsächlich aus zwei Quellflüssen, dem (westlichen) Weissen Nil und dem (östlichen) Blauen Nil. Die Quellgebiete des Nil, insbesondere des Blauen Nil (Äthiopien), liegen so weit nördlich des Äquators, dass ein Jahresgang in der Niederschlagsmenge ausgeprägt ist: in der sommerlichen Regenzeit fallen deutlich mehr Niederschläge als zu anderen Zeiten des Jahres. Aber der Abfluss aus dem Niederschlagsgebiet vollzieht sich in unterschiedlicher Weise. Da die Laufstrecke des Weissen Nil durch afrikanische Seen- und

Sumpfgebiete (Viktoria-See, Albert-See, Bahr-el-Gazal) führt, wird ein schneller Abfluss verhindert, und - durch diese natürliche Staubeckenwirkung - wird die Abflussmenge des Weissen Nil auf einen längeren Zeitraum verteilt. Diese Staubeckenwirkung fehlt beim Blauen Nil; die Hauptmenge seines Abflusses konzentriert sich auf eine relativ kurze Zeit während der Sommerregen.

Diese zwei unterschiedlichen Abflussregime des Weissen und des Blauen Nil wirken sich auf den Abfluss des vereinigten Nilstromes so aus: der verzögerte Zufluss aus dem Weissen Nil sichert dem vereinigten Nilstrom eine Mindestwasserführung während des ganzen Jahres; der unverzögerte Zufluss aus dem Blauen Nil bringt dem vereinigten Nilstrom - kurze Zeit nach dem Sommerregen in Äthiopien - für eine begrenzte Dauer eine Hochflut. Solange es keine von Menschen angelegte Staubecken am vereinigten Nilstrom gab, führte diese Hochflut zur (erwarteten) Überschwemmung des Niltales und zur Ablagerung des fruchtbaren Nilschlammes auf den Feldern. Die Hochflut und Überschwemmung trat allerdings zu einer Zeit (August-November) ein, wenn - nach den überheissen Sommermonaten - die Temperaturen absanken und besonders wärmeliebende Kulturpflanzen wie die Baumwolle trotz des nun reichlich vorhandenen Bewässerungswassers wegen der zu niedrigen Temperaturen nicht mehr angebaut werden konnten; jedoch reichten und reichen die Temperaturen der Wintermonate für den Anbau von Weizen und Gerste als Nahrungsmittelpflanzen aus.

Durch die Eingriffe des Menschen - seit der Mitte des 19. Jahrhunderts in grösserem Umfang - erfuhr das hydrographisch bestimmte Ökosystem des Nil weitreichende Veränderungen. Der Bau erster Barragen und Staudämme führte zum Zurückhalten des eine düngende Wirkung ausübenden Nilschlammes, der nun nicht mehr auf die Felder gelangte. Andererseits erlaubte das Zurückhalten des Flusswassers seine zeitliche Umverteilung und seine Nutzung in den heissen Sommermonaten; dadurch wurde die ökologische Grundlage - bei gleichzeitiger Nachfrage durch die Textilindustrie Englands - für den seit etwa der Mitte des 19. Jahrhunderts umfangreich aufkommenden Baumwollanbau in der Nilstromoase gelegt. Während in der kühleren Jahreszeit Weizen und Gerste angebaut wurden und werden - als Grundnahrungsmittel zur Eigenversorgung - stand nun mit dem Baumwollanbau in der heissen Jahreszeit eine geldeinbringende "cash crop" für den Export zur Verfügung.

Literaturhinweis:

H. Schamp: Der Nil und seine wasserwirtschaftlichen Probleme, in: Geographische Rundschau, Jg. 11, Braunschweig 1959, S. 465-472

Gegenüber der Nilstromoase weist die Variante II, also die Euphrat/Tigris-Oase, ein wesentlich anderes Abflussregime auf. Beide Ströme kommen aus dem nördlichen Gebirgsland und führen - im Gegensatz zum warmen Nil - kaltes Wasser in die ariden Ge-

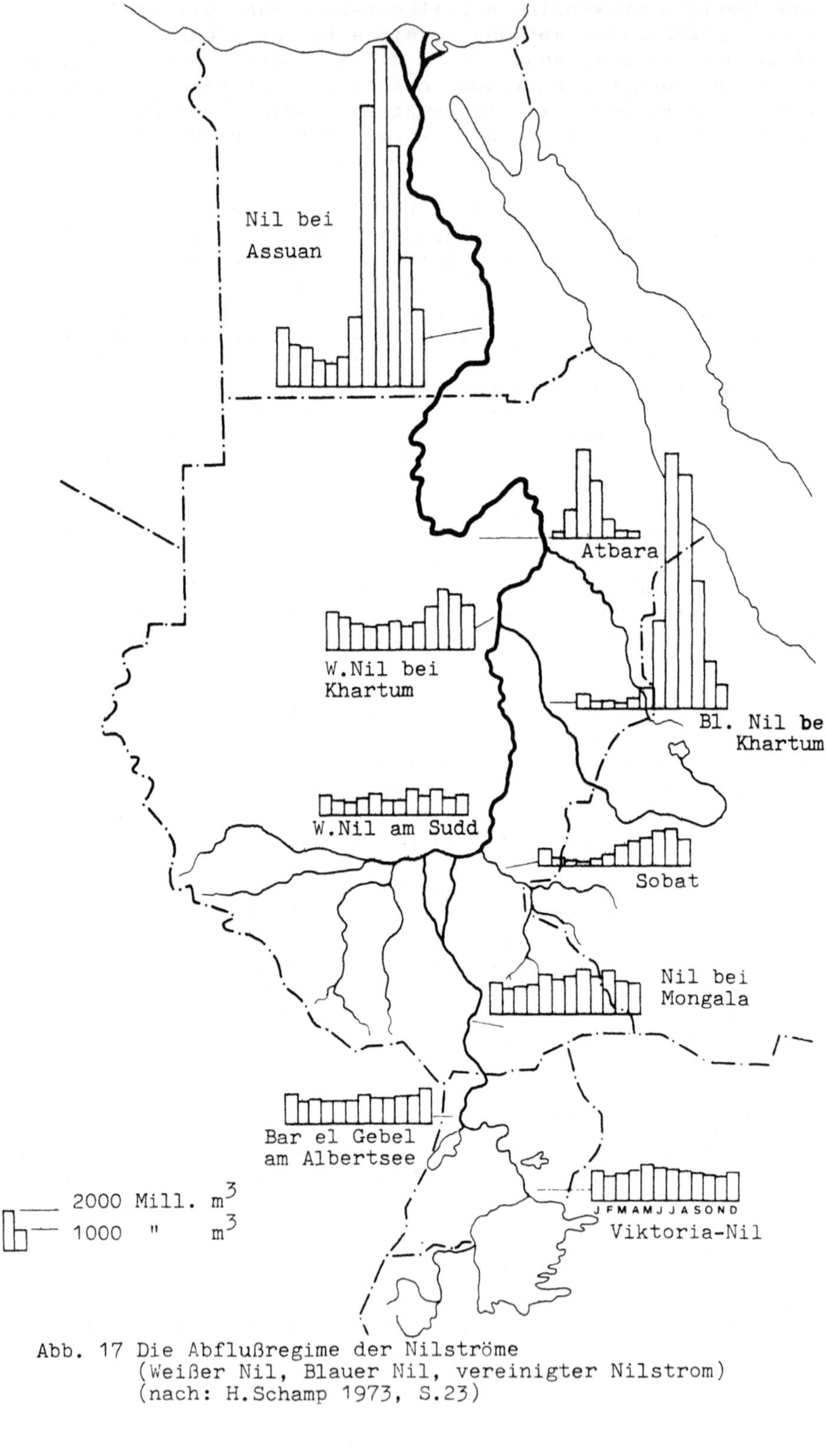

Abb. 17 Die Abflußregime der Nilströme
(Weißer Nil, Blauer Nil, vereinigter Nilstrom)
(nach: H.Schamp 1973, S.23)

biete Mesopotamiens, des Zweistromlandes, hinein. An Euphrat und Tigris kennt man nur eine relativ kurze Zeit der Hochflut. Diese Hochflut wird ausgelöst, wenn im März/April die Schneeschmelze in den nördlichen Gebirgen einsetzt, und sie wird noch verstärkt durch die gerade zu dieser Zeit oder etwas früher fallenden "späten Regen" im Gebiet des Fruchtbaren Halbmondes. Durch die hohe Transportkraft zur Zeit der Hochflut und wegen der geringen Entfernung Obermesopotamiens zu den nördlichen Gebirgsquellgebieten führen die Flüsse nur wenig Schlamm, aber viel Geröll mit sich. In der übrigen Zeit des Jahres, besonders in den heissen Sommermonaten, vermindert sich der Abfluss beträchtlich.

Der Unterschied zwischen dem maximalen und minimalen Abfluss beträgt beim Tigris bei Bagdad 13000 : 158 m^3/sec (O. Cressey 1960, S. 147), also 82,3 : 1.

Angesichts der im Vergleich zum Nil andersgearteten hydrographischen Verhältnisse bei Euphrat und Tigris kommt dem Menschen die Aufgabe zu, durch Staubeckenbau vor allem die zerstörenden Auswirkungen des torrentenartigen Abflusses zu verhindern und zusätzlich durch die Wasserrückhaltung eine verbesserte Verteilung des Bewässerungswassers über das Jahr zu erzielen, die den Anbau von Baumwolle in den Sommermonaten, von Weizen und Gerste in den Wintermonaten erlaubt.

2. Die Quell- und Grundwasseroasen

Ausser den beiden grossen Stromoasen Nil und Euphrat/Tigris sowie einer Reihe von weiteren anatolischen, persischen, afghanischen und nordafrikanischen Flussoasen gibt es im Orient jene Oasen, die an das Auftreten von Quell- oder Grundwasser gebunden sind. Sie sind über die ariden Gebiete des Orients in einem unregelmässigen Muster sporadisch bis linienhaft - am Gebirgsrand - verbreitet, das durch die Art der Lagerung wasserführender durchlässiger und wasserundurchlässiger Schichten in Gebieten der Schichtstufenlandschaft, durch hohen Grundwasserspiegel in den Trockenbetten der Wadis/Oueds, durch grundwasserhaltige Schwemmfächer und Dünenkomplexe bestimmt wird.

Für all diese Oasen stellt sich die existentielle Frage, ob das sie speisende Quell- oder Grundwasser rezent oder fossil ist, d.h. aus der heutigen Zeit stammt und sich erneuert oder ein zur Neige gehender Restbestand aus früheren, feuchteren, geologischen Zeiten ist. Für die Oasen des saharischen und arabischen Trockenraumes wird diese hydrographische Existenzfrage nicht einheitlich beantwortet; die Grössendimension des Raumes mit seinen unterschiedlichen Gegebenheiten verbietet wohl eine einheitliche Antwort. Für rezentes Wasser spricht ein in einigen Fällen nachgewiesenes Grundwassergefälle - über geologische Zeiten hätte sich ein einheitlicher Grundwasserspiegel eingestellt. Zwar ist die Niederschlagsmenge in den vollariden Gebieten im langjährigen Mittel gering, aber gelegentliche Stark-

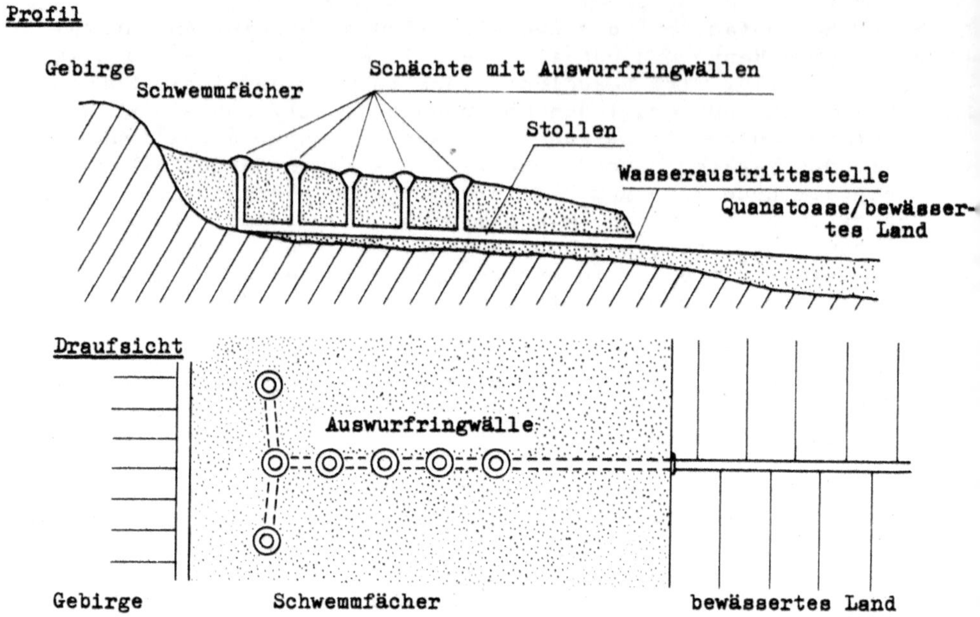

Abb. 18 Schematische Darstellung eines Qanates in Persien (nach: H.Bobek 1967, S. 21 und J.Humlum 1964/66, S. 88/89)

regen sind auch in der Sahara beobachtet worden; der geringen Zahl von Oasen in der Sahara steht ein riesiges Impluvium (Niederschlagseinzugsgebiet) gegenüber, so dass auch heute noch ein Nachschub an Grundwasser erfolgen kann. Es braucht sich also bei grundwassergespeisten Oasen nicht um fossiles Wasser zu handeln, selbst wenn der Grundwasserspiegel heute meist ständig absinkt. Diese Erscheinung kann auf die im Verhältnis zum natürlichen Nachfluss zu hohe Wasserentnahme zurückgeführt werden.

Der Übergang von natürlicher Quell- oder Grundwasserspeisung in Oasen zu künstlichen Anlagen des Menschen ist fliessend. Grundwasseroasen sind meist an das Vorhandensein von - von Menschen angelegten und erhaltenen - Brunnen gebunden. In der Variante der Qanate/Kareze im persischen Hochland und der Foggaras in Nordafrika hat der Mensch eine kunstvolle Anlage zur Gewinnung von Wasser in ariden Gebieten, vor allem am Gebirgsrand, geschaffen. In einen Schwemmfächer werden (vertikale) Schächte und (horizontale) Stollen getrieben, die das im Schwemmfächer gespeicherte Grundwasser des Gebirgsrandes anzapfen und unterirdisch, d.h. vor Verdunstung geschützt, der Austrittsstelle aus dem meist schwach geneigten Schwemmfächer zuführen, wo sich auf der Grundlage bewässerten Landes eine Qanatoase bilden kann. Selbst die Wasserversorgung Teherans war bis vor einigen Jahren noch allein von Qanaten abhängig. Den Vorteilen einer solchen Anlage, die nicht nur im Verdunstungsschutz zu suchen sind - die Qanate liefern auch sehr sauberes, trinkbares, nicht stehendes Wasser und der retardierende Effekt des Schwemmfächermaterials lässt selbst in den heissen Sommermonaten noch ein Wasserdargebot zu -, steht als Nachteil vor allem die Kapitalaufwendigkeit bei der Anlage und dem Unterhalt in einem so erdbebengefährdeten Gebiet wie Persien gegenüber. Der hohe Arbeitsaufwand für die Errichtung und den Unterhalt der Qanate mag nicht zuletzt dazu geführt haben, dass in der rentenkapitalistischen Agrarverfassung die Bereitstellung des Bewässerungswassers als ein besonders hochbewerteter Faktor gilt.

Literaturhinweise:

J. Humlum: Unterjordische Vandingskanaler: Kareze, Quanat, Foggara, in: Kulturgeografi, Nr. 90, Kopenhagen 1964-66, S. 81-132

C. Troll: Qanatbewässerung in der Alten und Neuen Welt, in: Mitteilung der Österreichischen Geographischen Gesellschaft, Bd 105, Wien 1963, S. 313-330 (H. Bobek - Festschrift)

3. Flusstal- und Schwemmfächerreliefstruktur

Flüsse wie der Nil in Oberägypten oder Euphrat und Tigris in Obermesopotamien, die sich in horizontale, flach lagernde Schichtpakete eingeschnitten haben, taten dies in vergangenen geologischen, meist feuchteren Zeiten und bei wechselnder Wasserführung. Als Folge von Erosion (Einschneiden) bei erhöhter Wasserführung in unterschiedlichem Masse in verschiedenen Zeitläufen, aber auch von Akkumulation (Aufschüttung) bei verminderter Wasserführung haben sich die Flüsse innerhalb ihres Tales ein eigenes Relief geschaffen, das insgesamt meist durch eine Reihe von Terrassen (Erosions- und/oder Akkumulationsterrassen) in unterschiedlicher Höhenlage und auf unterschiedlichen Seiten des Flusses bestimmt ist.

In Stromoasen - mit jahreszeitlich wechselnder Wasserführung des Hauptflusses - ist die Höhenlage der verschiedenen Terrassen im Verhältnis zum jeweiligen Flusswasserspiegel für die Technik der Bewässerung von grosser Wichtigkeit. Führt beispielsweise der Nil Niedrigwasser, so bedarf es technischer Apparate, um das Bewässerungsflusswasser auf die auf den Terrassen liegenden Anbauflächen zu heben ("lift irrigation"). Das wird im allgemeinen bei Niedrigwasserführung des Flusses nur für die Anbauflächen auf der Niederterrasse praktikabel sein. In Zeiten der Hochflut dagegen kann bzw. konnte unter Umständen selbst die Hochterrasse vom Überschwemmungshochwasser erreicht werden, wodurch der Einsatz von technischen Geräten oder menschlicher Arbeitskraft zur Wasseranhebung sich erübrigte.

Der Nil, Euphrat, Tigris und der vereinigte Euphrat und Tigris (Schatt-el-Arab) schütten in den weiten Ebenen Unterägyptens und Untermesopotamiens beim Über-die-Ufer-treten ihre eigenen Uferdämme auf, die sich mit zunehmender Entfernung vom Fluss

Laufstrecke im Tal (nach: E. Wirth 1962, Abb. 15)

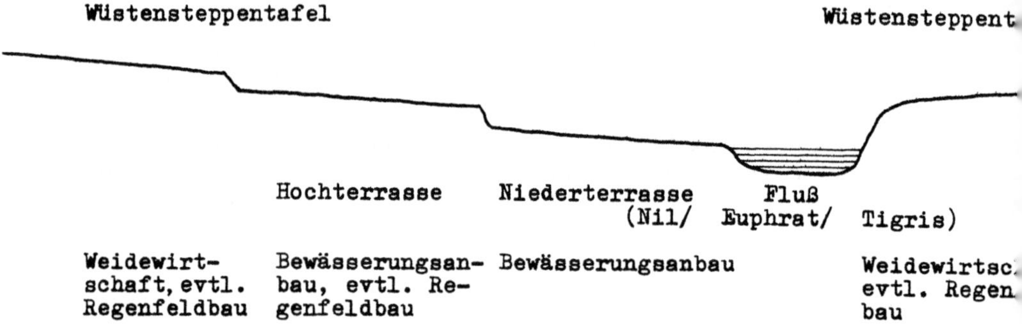

Laufstrecke in der Ebene (nach: E. Wirth 1962, Abb. 38)

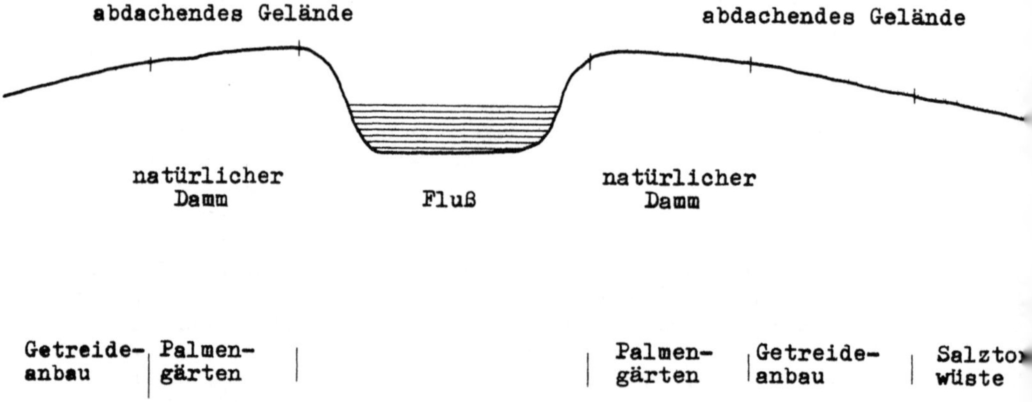

Abb. 19 Typische Reliefstrukturen der Stromoasen im Orient (Nil, Euphrat/Tigris/Schatt-el-Arab) (schematische Profile)

weg in das Land hinein abdachen. Durch technische Einrichtungen wird das Flusswasser auf die dem Anbau (und der Siedlung) dienenden Uferwälle gehoben, bzw. gelangt bei einer überschwemmenden Hochflut von selbst in diese Höhe. Auf dem breiten Uferwall finden sich in zonaler, zentral-peripherer Anordnung (- vom Fluss weg nach beiden Seiten -) die im unterschiedlichen Masse des Bewässerungswassers bedürftigen Kulturen, während überschüssiges Bewässerungswasser in sich landeinwärts anschliessenden Salztonwüsten verdunstet.

Die typische Reliefstruktur in den Gebieten mit Qanatoasen ist mit deren Schwemmfächercharakter hinreichend gekennzeichnet.

4. Salzböden

In den Oasen des Orients sind die beiden Voraussetzungen für die Entstehung von Salzböden in besonderem Masse erfüllt: eine hohe Verdunstung als Folge des ariden Klimas mit hohen Temperaturen und reichlich Wasser, in dem meist Salz in gelöster Form enthalten ist.

Die Salzböden treten - grob - in zwei Varianten auf, als Solonez, d.h. (russisch) "wenig Salz"-Böden und als Solontschak, d.h. (russisch) "viel Salz"-Böden. In gelöster Form gelangt das Salz mit dem Bewässerungswasser von oben als eingestautes oder fliessendes Bewässerungswasser oder von unten im aufsteigenden Grundwasser in den Boden bzw. kristallisiert an der Oberfläche als Folge des kapillaren Aufstiegs und der Verdunstung als weisse Kruste aus.

Ein hoher Salzgehalt des Bodens ist auf zweifache Weise dem Kulturpflanzenwuchs abträglich: einmal wegen der Verminderung der Permeabilität (Durchlässigkeit) des Bodens für Wasser und damit der Entwicklung des Wurzelwerks der Pflanzen, zum anderen wegen der physiologischen Unverträglichkeit gegenüber Salz, die die meisten Kulturpflanzen, aber in unterschiedlichem Masse, aufweisen. Die grösste Empfindlichkeit gegenüber Bodensalz zeigt der Baumwollstrauch, eine etwas geringere Weizen und Gerste, während unter den Kulturpflanzen die Dattelpalme die höchste Salzverträglichkeit besitzt.

Die Verhinderung der Bodenversalzung stellt in ariden Gebieten mit Bewässerungslandwirtschaft das grösste Problem der Bodennutzung dar. Durch Verwendung möglichst salzarmen Bewässerungswassers, durch Vermeidung von Wassereinstau und Verminderung der Verdunstungsmöglichkeit, durch Verwendung von fliessendem Bewässerungswasser und Ausspülung der Salzböden, durch Rotationsanbau von halophilen (salzliebenden) Pflanzen, die dem Boden einen Teil seines Salzgehaltes extrahieren, sucht man das Problem der Salzböden zu lösen.

Literaturhinweise:

R. Janssen: Trockengebiete. Böden, Bodennutzung, Bodenkultivierung, Bodengefährdung. Versuch einer Einführung in bodengeographische und bodenwirtschaftliche Probleme arider und semiarider Gebiete, Mannheim, Zürich 1968 (Reihe: Hochschultaschenbücher)

A. Finck: Tropische Böden. Einführung in die bodenkundlichen Grundlagen tropischer und subtropischer Landwirtschaft, Hamburg, Berlin 1963

K. Kreeb: Ökologische Grundlagen der Bewässerungskulturen in den Subtropen mit besonderer Berücksichtigung des Vorderen Orients, Stuttgart 1964

III. DIE TRADITIONELLEN LEBENSFORMEN IM ORIENT (DER ORIENT ALS SOZIOSYSTEM I)

Im Rahmen der Definition des Begriffes und Raumes Orient wurde als eines seiner Merkmale die Aridität genannt. Bei der vorangegangenen Darstellung des Orients als Ökosystem war die Aridität - das Hauptmerkmal des Raumes Orient im Physischen - das Leitthema. Al~ ein weiteres Merkmal des Kulturerdteiles Orient waren die drei traditionellen Lebensformen - der Nomadismus, die Landwirtschaft der Sesshaften und das traditionelle Städtewesen - bezeichnet worden. Diese drei Lebensformen sind das Leitthema des nun folgenden Kapitels. (Im letzten Kapitel über die wirtschaftliche Entwicklung und den sozialen Wandel im Orient wird schliesslich ein weiteres, gerade heute wichtiges Merkmal des Orients, nämlich Rezeptionsraum des weltweiten Industrialisierungsprozesses zu sein, behandelt werden. Die Kapitel über die traditionellen Lebensformen und die wirtschaftliche Entwicklung und den sozialen Wandel im Orient stellen - zusammen - den Orient als Humanbereich/Soziosystem in seiner Eigengesetzlichkeit und Dynamik dar.) Weil der Orient kulturhistorisch dadurch ausgezeichnet ist, dass sich die drei traditionellen Lebensformen im Zuge der Kulturstufenentfaltung der Menschheit erstmals in seinem Raum herausgebildet haben, sollen zunächst die Kulturstufenentfaltung und Differenzierung dieser Lebensformen aufgezeigt werden.

A. Klimagang, Kulturstufenentfaltung und Herausbildung der traditionellen Lebensformen

Vom ersten Auftreten des Menschen im Raume des Orients überhaupt - in geologischer Vergangenheit - bis zur Herausbildung der drei traditionellen Lebensformen vollzog sich eine Entwicklung, deren zeitliche Dimension deutlich unterschiedliche Qualitäten aufweist: die Kultur- und Wirtschaftsstufenentfaltung vom Sammler- und Jägertum zur Sesshaftigkeit geschah im g e o l o g i s c h -zeitlichen Rahmen unter wahrscheinlich anderen klimatischen Gegebenheiten des Raumes als den heutigen und steht der Herausbildung der traditionellen Lebensformen im h i s t o r i s c h -zeitlichen Rahmen innerhalb der Kultur- und Wirtschaftsstufe der dominierenden Sesshaftigkeit gegenüber.

1. Klimagang und Kulturstufenentfaltung

Im Zusammenhang mit der Behandlung des Orients als Ökosystem wurde bereits angedeutet, dass das Klima im Raume des Orients nicht immer so gewesen sein kann, wie es sich heute - in seiner extremen Aridität - darbietet. Der Frage nach der früheren Andersartigkeit des Klimas im Orient - dem Problem der Pluvialzeiten (Regenzeiten) - soll hier nachgegangen werden, und dieses Problem soll in Beziehung gebracht werden mit der Frage nach der Entfaltung der Kulturstufen.

Welche Indizien sprechen für die "frühere", geologisch- bzw. historischzeitliche Andersartigkeit des Klimas im Orient - etwa im Sinne höherer Niederschläge oder geringerer Temperaturen oder einer Kombination von höheren Niederschlägen und geringeren Temperaturen in unterschiedlichem Ausmass?

(a) Geomorphologische Indizien:

Das Vorhandensein von so ausgedehnten Schichtstufenlandschaften, wie sie in Nordafrika und Arabien vorkommen, ist nur durch ein humideres Klima zu erklären.

Die weitverzweigten Wadis/Oueds im Bereich der Schichtstufenlandschaften und der ariden Gebirge des Orients setzen für ihr Entstehen einen höheren Abfluss und damit höhere Niederschläge voraus.

Zahlreiche Flussterrassen - Erosions- und Akkumulationsterrassen - in Fluss- und Trockentälern des Orients, in den Gebirgen wie in den Flachlandslaufstrecken von Nil, Euphrat und Tigris deuten auf einen Wechsel von humideren und arideren Klimaphasen.

Glazialmorphologische Erscheinungen wie Kare oder Moränen in den höheren Gebirgen des Orients, in denen heute keine ganzjährige Schneebedeckung festzustellen ist, weisen auf ehemals tiefere Lagen von Gletschern und niedrigere Temperaturen und/oder höhere Niederschläge hin.

Sedimentablagerungen, Beckenabsätze von Seen in Gebieten, die heute keine Wasserflächen oder nur kleinere Restseen besitzen (z.B. in Inner- und Südwestanatolien), lassen auf ehemalige, grössere Ausdehnung der Wasserflächen und damit auf ein humideres Klima schliessen.

(b) Pedologische Indizien:

Das Vorhandensein von Krustenböden in Gebieten - insbesondere in Nordafrika -, die heute zu arid sind, als dass sich diese Art von Böden weiterbilden könnte, deutet auf ehemals andere klimatische Gegebenheiten.

(c) Hydrographische Indizien:

(Fossiles) Wasser - wenn es (etwa durch Altersbestimmung gelöster Bestandteile) als solches festgestellt wurde - spricht - in Nordafrika - für ehemals höhere Niederschläge.

(d) Prähistorische Indizien:

Das Vorhandensein von Kulturschutthügeln - in Anatolien: "hüyük", in Syrien: "tell" genannt -, also von Resten menschlicher Wohnplätze in Gebieten, die heute nicht besiedelt sind, lässt sich im Sinne günstigerer Lebens-, d.h. klimatischer Bedingungen in diesen Räumen in früherer Zeit deuten.

Zahlreiche Felsbilder, wie sie insbesondere im nordafrikanischen Raum in den trockensten Teilen der Sahara im Hoggar- und Tibesti-Gebirge gefunden wurden, stellen Krokodile, Flusspferde, Löwen, Gazellen, Giraffen und andere Tiere dar, die im unterschiedlichen Masse vom Vorhandensein von Wasser abhängen und die in diesen Teilen des Orients heute nicht mehr vorkommen.

(e) Historische Indizien:

Zahlreiche Spuren einer fortgeschrittenen Kulturstufe des Menschen, wie Brunnen, Brücken, Strassen, ja ausgedehnte (Ruinen-)Städte, insbesondere in Nordafrika, in Gebieten, die heute nicht vom Menschen besiedelt sind, lassen zumindest die Frage aufkommen, ob eine frühere Besiedlung aufgrund günstigerer klimatischer Verhältnisse möglich war.

Die zahlreichen Indiziengruppen deuten an, dass ein umfassender Lösungsversuch des Problems der Pluvialzeiten nur auf interdisziplinärem Wege möglich ist.

Das Problem der Pluvialzeiten kann nicht im Sinne einer einseitig gerichteten Ariditätszunahme zur Gegenwart hin - wie es noch vor einigen Jahren geschah (F. Jaeger: Trocknet Afrika aus?, in: Geographische Zeitschrift, 49. Jg., Leipzig, Berlin 1943, S. 1-19) - formuliert werden, es gliedert sich in mehrere Teilaspekte:

(a) In welcher Weise, d.h. mit welchen Oszillationen (Schwankungen), hat sich eine mögliche Ariditätszunahme im Orient seit der jüngeren geologischen Vergangenheit und bis in die historische Gegenwart hinein vollzogen?

(b) Wieviele Pluvialzeiten hat es im Raume des Orients gegeben?

(c) Lassen sich Pluvialzeiten des Orients und Eiszeiten in den nördlichen Breiten parallelisieren und synchronisieren?

(d) Wie wirkten sich Pluvialzeiten im Orient auf die räumliche Verbreitung der Ökosysteme Steppe und Wüste aus?

(e) In welcher Beziehung stehen Pluvialzeiten im Orient zur Kulturstufenentfaltung der Menschheit?

Da hier nicht allen Verästelungen der Problemstellung nachgegangen werden kann, sollen in theoretisierender Weise einige bisherige Ansätze zur Problemlösung dargestellt werden.

(a) Findet man in einem Tal eine Reihe von fluviatilen Terrassen, so lassen sich Schlüsse nicht nur auf die Möglichkeit einer Pluvialzeit überhaupt, sondern auch auf eine Anzahl von Pluvial- bzw. Interpluvialzeiten (Trockenzeiten) ziehen. Da ein Fluss in einer Feucht- oder Pluvialzeit im allgemeinen einen stärkeren Wasserabfluss aufzuweisen hat, wird er durch seine höhere Erosionskraft eine Erosionsterrasse ausbilden.

In Trockenzeiten, bei geringerem oder unterbrochenem Wasserabfluss, erlahmt die Transportkraft; folglich wird es zur Ablagerung (Akkumulation) des mitgeführten Materials kommen.

Bei erneut stärkerer Wasserführung, etwa in einer weiteren Pluvialzeit, kann das zuvor abgelagerte Material zu einer Terrasse, einer Akkumulationsterrasse, herausgebildet werden.

Aus der Anzahl der verschiedenen Terrassen kann man auf die Anzahl der Pluvial- bzw. Interpluvialzeiten schliessen.

In der empirischen Forschungspraxis stehen einem solchen Schlussverfahren erhebliche Schwierigkeiten gegenüber. Erosion und Akkumulation richten sich zunächst nach der lokalen Erosionsbasis. Gerade in den Gebirgen des Orients ist aufgrund ihrer Entstehung in geologisch junger Vergangenheit nicht mit tektonischer Ruhe zu rechnen; bei weiter andauernder Faltung und bei Verwerfungen erfolgt ein häufiger Wechsel der Erosionsbasis innerhalb der Gebirge, so dass Beobachtungen über Terrassenabfolgen in kleinen Gebieten nur mit Schwierigkeiten zu weiterreichenden Aussagen über die Anzahl von Pluvial- und Interpluvialzeiten verallgemeinert werden können.

Literaturhinweise:

H. Mensching: Morphologische Studien im Hohen Atlas von Marokko. Ein Beitrag zur Geomorphologie und zum Klimagang des Quartärs in Nordafrika, Würzburger Geographische Arbeiten, Heft 1, Mitteilungen der Geographischen Gesellschaft Würzburg, 1953

E. Ehlers: Das Chalus-Tal und seine Terrassen. Studien zur Landschaftsgliederung und Landschaftsgeschichte des mittleren Elburs (Nordiran), in: Erdkunde, Bd XXIII, Bonn 1969, S. 215-229

(b) In den meisten Gebirgen des Orients liegt die Schneegrenze, d.h. die Linie, oberhalb derer die ganzjährige Schneebedeckung beginnt, über den Gipfeln. Unterhalb der Schneegrenze befindet sich die Zone der Solifluktion, d.h. jener (wald- und baumfreie) Bereich, in dem es durch ständiges Auftauen und Wiedergefrieren des Bodens als Folge der Temperaturunterschiede zwischen Tag und Nacht zur Bewegung von Bodenmaterial unterschiedlicher Korngrösse und damit zu Strukturbildungen kommt. Unterhalb der Solifluktionszone schliesst sich die Waldzone, von der oberen Waldgrenze markiert, an.

Entstehung:

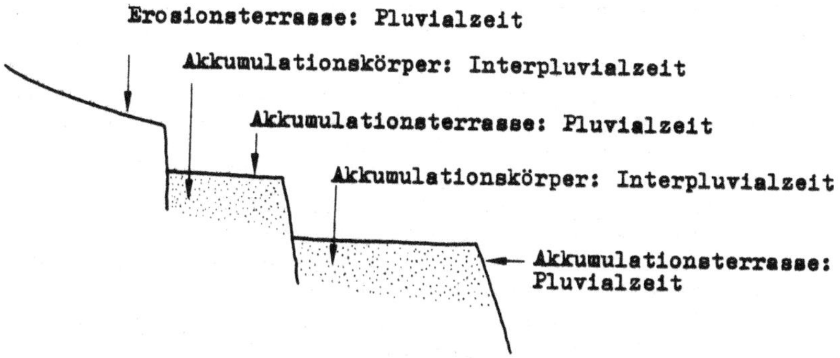

Abb. 20 Fluviatile Erosions- und Akkumulationsterrassen und ihre pluvialzeitliche Deutung (schematisch)

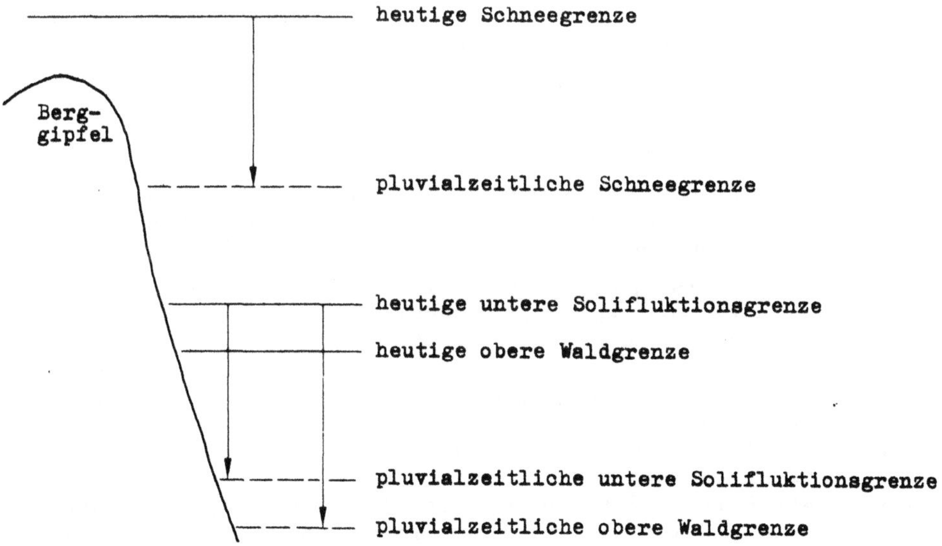

Abb. 21 Heutige und pluvialzeitliche Lage von Schnee-, Solifluktions- und Waldgrenzen in den Gebirgen des Orients (schematisch)

Wenn sich in den Gebirgen des Orients in der heutigen Solifluktionszone Kare finden, deren untere Ränder - wie man aus Beobachtungen in den Alpen weiss - etwa die Lage der Schneegrenze anzeigen, so müssen sie fossil, d.h. in früherer Zeit, als die Schneegrenze tiefer lag, entstanden sein.

Entsprechende Beobachtungen an fossilen Solifluktionserscheinungen in der heutigen Waldzone in den Gebirgen des Orients erlauben Schlüsse auf eine entsprechende Depression (Herabdrükkung) der Solifluktionszone in früherer Zeit.

Aus der Depression der Schnee-, Solifluktions- und der oberen Waldgrenze - möglicherweise in mehrfach gestaffelter Form - in den Gebirgen des Orients lässt sich also ebenfalls nicht nur auf die Möglichkeit von Pluvialzeiten, sondern je nach der Staffelung (etwa in Gestalt einer Kartreppe) auf eine Anzahl von Pluvial- und Interpluvialzeiten schliessen. Gleichzeitig wird durch die Depression der Grenzen eine Aussage über die räumliche, d.h. hier vertikale Veränderung der Klimazonen im Orient während einer oder mehrerer Pluvialzeiten möglich.

In der empirischen Forschungspraxis ergeben sich bei diesem Schlussverfahren wiederum beträchtliche Schwierigkeiten. Eine einmalige Depression der verschiedenen Grenzen bedeutet noch nicht, dass nur eine Pluvialzeit stattgefunden haben muss, während man z.B. in einem benachbarten Gebiet aus einer Terrassenabfolge Hinweise auf mehrere Pluvial- und Interpluvialzeiten besitzt - ein Teil eines Gebirges oder ein Gebirgsstock braucht erst (geologisch) so spät herausgehoben worden zu sein, dass die Grenzdepressionen sich geomorphologisch nur einmal auswirken konnten.

Literaturhinweise:

W. Klaer: Untersuchungen zur klimagenetischen Geomorphologie in den Hochgebirgen Vorderasiens, Heidelberger Geographische Arbeiten, Heft 11, Heidelberg, München 1962

H. Louis: Die Spuren eiszeitlicher Vergletscherung in Anatolien, in: Geologische Rundschau, Bd 34, Stuttgart 1944, S. 447-481

(c) Die bisher genannten geomorphologischen Indizien erlaubten zwar Rückschlüsse auf Pluvialzeiten überhaupt und auf eine - unterschiedliche - Anzahl von Pluvialzeiten, liessen aber noch keine Antwort auf die Frage nach der möglichen Synchronität von Pluvialzeiten im Orient und Eiszeiten/Kaltzeiten in den nördlichen Breiten zu. Nur die Breitenkreise übergreifende Erscheinungen können hier zu Aussagen herangezogen werden.

In den Eiszeiten der nördlichen Breiten lag durch die Bindung der Wassermassen in Form von Inlandeis der Weltmeeresspiegel um 80 bis 100 m tiefer als heute. Also muss sich auch an den Küsten des Orients - und zahlreiche Gebirge des Orients stossen an Meeresküsten - die Erscheinung der tieferen Lage des Weltmeeres-

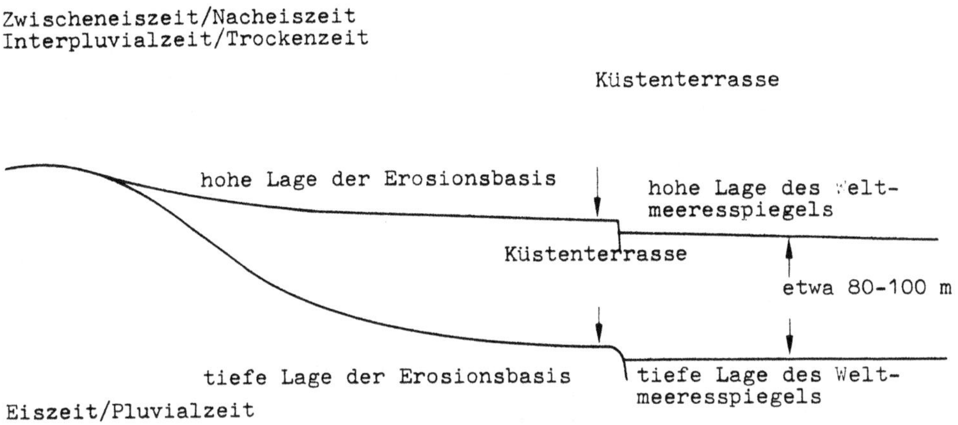

Abb.22 Heutiges und pluvialzeitliches/eiszeitliches Meeresspiegelniveau an den Küsten des Orients (schematisch)

spiegels ausgewirkt haben.

Eine tiefe Lage des Weltmeeresspiegels wird auch an den Küsten des Orients zur Entstehung von Küstenterrassen in entsprechend tiefem Niveau geführt haben, und die durch diese Lage des Weltmeerespiegels bedingte tiefe Lage der Erosionsbasis von Gebirgsflüssen, die in das Meer münden, wird - bei wahrscheinlich noch erhöhter Wasserführung - rückschreitende Erosion verursacht haben. Aus dem Vorhandensein von Strandterrassen und ihrer Korrespondenz mit fluviatilen Terrassen im Mündungsbereich der Flüsse kann also nicht nur auf Pluvialzeiten im Orient, sondern auch auf ihre Synchronität mit den Eiszeiten der nördlichen Breiten geschlossen werden.

In der empirischen Forschungspraxis ergeben sich wiederum beträchtliche Schwierigkeiten bei derartigen Schlussfolgerungen, da man ja nicht nur mit eustatischen, d.h. nur das Meeresspiegelniveau betreffenden Schwankungen zu rechnen hat, sondern auch mit isostatischen, d.h. allein die Erdkruste betreffenden, vertikalen Bewegungen.

Bei Binnenseen wie z.B. dem Kaspischen Meer kommt hinzu, dass dort Pluvial- bzw. Eiszeiten Wasserhoch- und nicht (wie beim Weltmeer) -tiefständen entsprechen.

Literaturhinweise:

H. Mensching: Morphologische Studien im Hohen Atlas von Marokko. Ein Beitrag zur Geomorphologie und zum Klimagang des Quartärs in Nordafrika, Würzburger Geographische Arbeiten, Heft 1, Mitteilungen der Geographischen Gesellschaft Würzburg, 1953

E. Ehlers: Südkaspisches Tiefland (Nordiran) und Kaspisches Meer. Beiträge zu ihrer Entwicklungsgeschichte im Jung- und Postpleistozän, Tübinger Geographische Studien, Heft 44 (Sonderband 5), Tübingen 1971

Ausser den eustatischen Meeresspiegelschwankungen gibt es andere, vor allem meteorologische Erscheinungen von die Breitenkreise übergreifendem Charakter. Seitdem in den letzten Jahrzehnten seit Ende des Zweiten Weltkrieges beobachtet worden ist, dass in extrem kalten europäischen Wintern, die mittleren eiszeitlichen Verhältnissen entsprochen haben dürften, gleichzeitig feuchtere Perioden und Starkregen in zahlreichen Teilen der Sahara einhergingen - letztlich weil die die Bodenkaltluft steuernden Höhentröge weit in äquatoriale Richtung vordrangen -, ist auch durch diese meteorologischen Beobachtungen die Gleichzeitigkeit von Pluvialzeiten im Orient und Eiszeiten in den nördlichen Breiten erhärtet worden.

(d) Die bisher dargelegten, möglichen Schlussfolgerungen aufgrund einer Reihe von Indizien zielten überwiegend auf die Existenz von Pluvialzeiten überhaupt und ihre Anzahl hin; was die räumlichen Auswirkungen von Pluvialzeiten im Orient betrifft, so wurden bisher nur Zeugen für eine Verkleinerung des Ariditätsraumes in vertikaler Richtung - durch die erwiesene Depression einer Reihe von Höhengrenzen - angeführt. Pedologische Indizien, insbesondere das Vorhandensein von Krustenböden fossiler Art, also in Gebieten, in denen sie sich heute nicht mehr bilden, können nicht nur Hinweise auf mehrere Pluvialzeiten (durch die Abfolge mehrerer Kalkkrusten) geben, sondern vor allem Hinweise auf die räumliche Ausdehnung der aridesten Gebiete unter dem Gesichtspunkt, ob diese als Ganzes während einer Pluvialzeit nach Süden verlagert und danach, während einer Interpluvialzeit, wieder nach Norden zurückverlagert wurden oder aber eine Einengung (in horizontaler Richtung) erfahren haben.

Die empirische Forschungspraxis sieht sich vor allem durch die ausserordentliche Grösse der Trockenräume des Orients Schwierigkeiten bei der Erforschung und Deutung pedologischer Indizien gegenüber.

Literaturhinweise:

J. Büdel: Bericht über klima-morphologische und Eiszeitforschungen in Nieder-Afrika auf Grund einer Forschungsreise 1950/51, in: Erdkunde, Bd VI, Bonn 1952, S. 104-132

G. Knetsch: Beobachtungen in der libyschen Sahara, in: Geologische Rundschau, Bd 38, Stuttgart 1950, S. 40-59

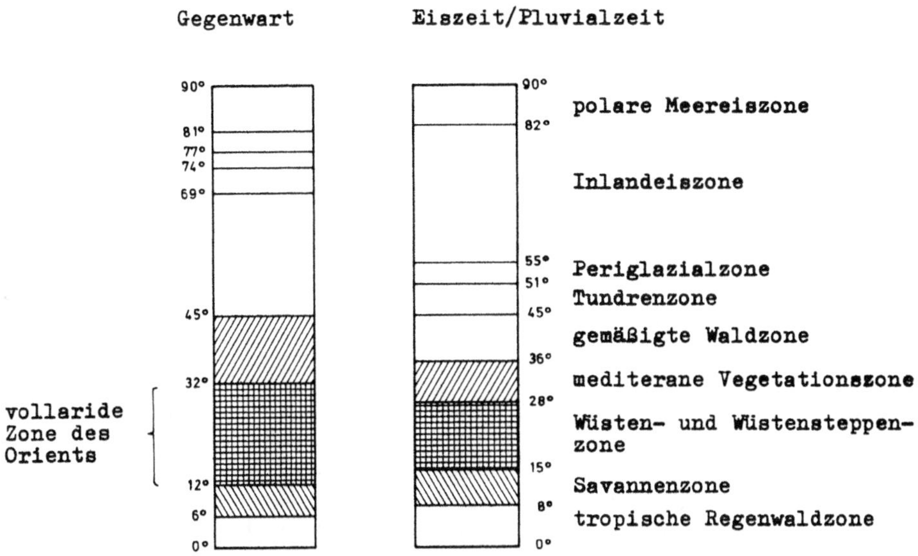

Abb. 23 Die Einengung der Ariditätszone des Orients in einer Pluvialzeit (schematisch)
(nach: J. Büdel: Die räumliche und zeitliche Gliederung des Eiszeitklimas; in: Die Naturwissenschaften, 36. Jg., Berlin 1949, S. 105)

W. Meckelein: Forschungen in der zentralen Sahara. Klimamorphologie, Braunschweig 1959

Während der Pluvialzeiten muss im Orient aber nicht nur mit einer in nord-südlicher Richtung veränderten Anordnung, und zwar einer Einengung/Verkleinerung der Wüsten- und Wüstensteppenareale, besonders im nordafrikanischen Flügel des Orients, gerechnet werden, sondern auch mit räumlichen Veränderungen in west-östlicher Richtung vor allem im südwestasiatischen Flügel des Orients.

Literaturhinweise:

K.W. Butzer: Quarternary Stratigraphy and Climate in the Near East, Bonner Geographische Abhandlungen, Heft 24, Bonn 1958

H. Bobek: Klima und Landschaft Irans in vor- und frühgeschichtlicher Zeit, in: Geographische Jahresberichte für Österreich, Bd XXV, Wien 1955, S. 1-42

(e) Bisher wurde zwar eine Reihe von Wegen zum Nachweis von Pluvialzeiten im Orient, ihrer Synchronität mit Eiszeiten der nördlichen Breiten und ihrer wahrscheinlichen Auswirkungen im Sinne einer Einengung der vollariden Zonen des Orients in vertikaler und horizontaler Richtung verfolgt, aber die Frage nach den Beziehungen dieser Erscheinungen zu der Kulturstufenentfaltung der Menschheit im Raume des Orients noch ausgeklammert.

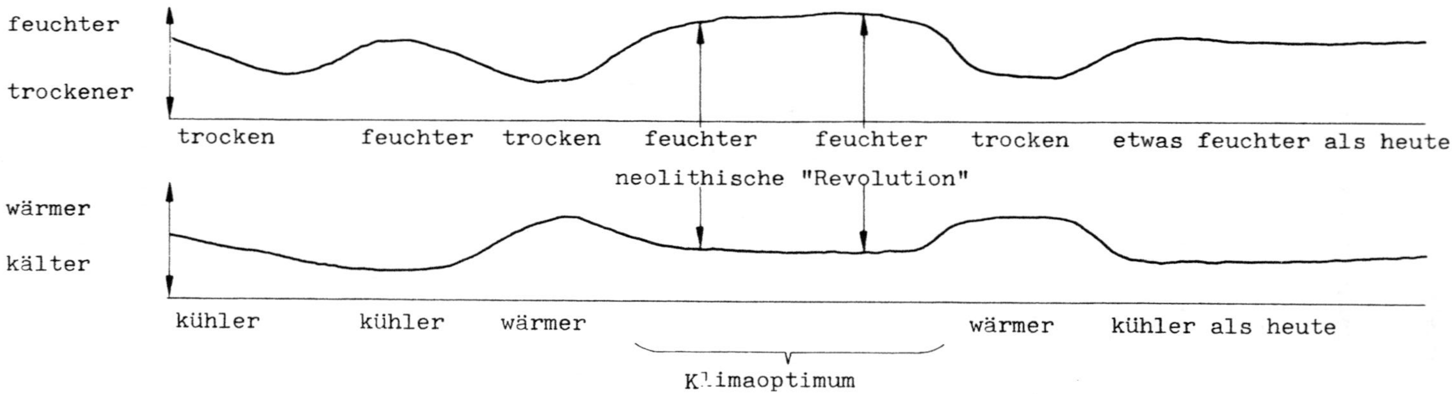

Zeitliche Gliederung der Postpluvialzeit	Postpluvial I	Subpluvial I	Postpluvial IIa	Postpluvial IIb	Subpluvial II	Postpluvial III	Postpluvial IVa	Postpluvial IVb
	anschliessend an die letzte Pluvialzeit	9. Jahrtausend	8000-6500	6500-5500-5000	5000-2400	2400-850	850 v.-700 n.	700 n.
Parallelisierung mit der zeitlichen Gliederung in Europa			~ präboreal	~ boreal	Atlantikum	subboreal	Subatlantikum	
Kulturstufenentfaltung	Paäolithikum			Neolithikum				
	Wildbeuter, Sammler, Jäger			Ziehbauern	Seßhafte → Städtewesen / Nomaden			

Abb. 24 Klimagang und Kulturstufenentfaltung seit der letzten Pluvialzeit im Orient (schematisch)
(nach: K.W.Butzer. Late Glacial and Postglacial Climatic Variation in the Near East; in: Erdkunde, Bd.XI, Bonn 1957, S.21-35)

Legt man die nicht unbestritten gebliebene und später auch modifizierte Gliederung des Klimaganges im Orient seit dem Ende der letzten Pluvialzeit/Eiszeit von K.W. Butzer 1957 zugrunde, so wird deutlich, dass im Laufe einer Reihe von Oszillationen sich das Klima im Raume des Orients gegenüber der letzten Pluvialzeit, die in höheren Breiten etwa der letzten Eiszeit entsprach, im Sinne einer gesteigerten Aridität entwickelt hat, dass aber diese Entwicklung von mehr oder weniger lang andauernden, feuchteren Phasen unterbrochen wurde.

Wie ordnet sich das Auftreten und die Entwicklung des Menschen in diese Zusammenhänge ein? Eine - überholte - deterministische Betrachtungsweise, die die Kulturstufenentfaltung des Menschen allein von den günstigen oder ungünstigen Umwelt- und damit Klimaverhältnissen ableitet, bringt keine sachgerechte Erklärung. Zwar ist es eine Tatsache, dass der Schritt vom Sammler- und Jägertum zur Kultur- und Wirtschaftsstufe des Zieh- und Sippenbauerntums (H. v. Wißmann, H. Bobek) mit dem entscheidenden Fortschritt der (Teil-)Sesshaftigkeit zeitlich mit einer klimaoptimalen Phase der Postpluvialzeit zusammenfällt, in der also die extrem ariden Areale im Orient eingeengt waren und die übrigen Areale sicher günstigere Lebensbedingungen aufwiesen, die die Voraussetzung für die (Teil-)Sesshaftigkeit waren; aber w ä h r e n d der letzten Pluvialzeit, die dem Menschen - den es damals bereits im Raume des Orients gab - durch die grössere Humidität noch günstigere Umweltbedingungen bot, verharrte der Mensch noch auf der paläolithischen Kulturstufe des Sammler- und Jägertums. Die in saharischen Gebieten gefundenen Felszeichnungen von Wasser- (Krokodile, Flusspferde) und Steppen- bzw. Savannentieren (Antilopen, Giraffen) lassen sich in diesen Kulturstufenzusammenhang einordnen. Der Mensch als ökonomisches und soziales Wesen erfüllte trotz klimatisch günstigerer Umstände während der letzten Pluvialzeit noch nicht die organisatorischen Voraussetzungen zur (Teil-)Sesshaftigkeit und des damit verbundenen Anbaus und der Tierhaltung, die erst im Zuge der sogenannten neolithischen "Revolution"/Evolution während einer erneuten klimatischen Gunstphase gegeben waren.

Literaturhinweis:

H. von Wißmann: Ursprungsherde und Ausbreitungswege von Pflanzen- und Tierzucht, in: Erdkunde, Bd XI, Bonn 1957, S. 81-94, 175-193

(f) Mit Erreichung der Kulturstufe der Teilsesshaftigkeit in der sogenannten neolithischen "Revolution"/Evolution war die Voraussetzung geschaffen für die spätere Differenzierung in die traditionellen Lebensformen im Orient, worauf im anschliessenden Abschnitt eingegangen wird. Hier soll die Frage nach der Bedeutung der historischen Indizien für eine ehemals grössere Ausdehnung des vom Menschen besiedelten Gebietes, vor allem in Nordafrika, aufgenommen werden.

Heute besteht die weitgehend einhellige Auffassung der Wissenschaftler, dass zwar auch in der historischen Gegenwart Klimaschwankungen auftreten, dass aber der gegenüber der Antike feststellbare Rückgang besiedelten Landes, das Vorhandensein von Brunnen, Aquädukten, Brücken, Strassen und sogar Städten (z.B. Leptis Magna in Nordafrika) in heute unbesiedelten Trokkenräumen, nicht auf eine einseitig gerichtete Ariditätszunahme während der historischen Zeit zurückzuführen ist. Überprüfungen griechischer und römischer Berichte über wirtschaftliche Nutzung am Rande der Ökumene - vor allem in Nordafrika - haben ergeben, dass der Mensch damals besondere Anstrengungen unternehmen musste, um solche Gebiete wirtschaftlich zu nutzen. Der Rückgang des Kulturlandes ist allein auf den Menschen zurückzuführen, oder - wie P. Capot-Rey es formulierte - "l'homme, agent de désert".

Literaturhinweise:

H. Achenbach: Römische und gegenwärtige Formen der Wassernutzung im Sahara-Vorland des Aures (Algerien), in: Die Erde, 104. Jg., Berlin 1973, S. 157-175

H. Leiter: Die Frage der Klimaänderung während geschichtlicher Zeiten in Nordafrika, Wien 1909

R. Capot-Rey: Le Sahara Français, Paris 1953

2. Die Herausbildung der traditionellen Lebensformen

Wirtschaftsstufentheoretiker der älteren nationalökonomischen Schule sahen die nichtsesshafte, schweifende, nomadische Lebensweise des Menschen, sei es als Jäger und Sammler, sei es als Tierhalter, als eine Vorstufe der Entwicklung der Menschheit zur Sesshaftigkeit an. Danach müsste man die Auffassung vertreten, dass die über die Stufe des blossen Sammler- und Jägertums hinausgehende, Tiere in Herden haltende und damit organisierte Tätigkeit des Menschen - der Nomaden - eine eigene Kultur- und Wirtschaftsstufe v o r der Stufe der Sesshaftigkeit darstellt, der Nomadismus - im Orient - also die ältere Kultur- und Wirtschaftsstufe ist. Dieser Auffassung wird heute widersprochen, vor allem durch H. v. Wißmann und H. Bobek, die als Ausgangsform der Differenzierung in weitere Kultur- und Wirtschaftsstufen die (Teil-)Sesshaftigkeit ansehen, vertreten durch das Zieh- (H. v. Wißmann) bzw. das Sippenbauerntum (H. Bobek). Unter Zieh- bzw. Sippenbauerntum hat man sich Gruppen von Menschen, Sippen, vorzustellen, die planmässigen Anbau (von Getreide, das ja im Orient heimisch ist,) wenigstens über begrenzte Zeit an einem Ort (Teilsesshaftigkeit) und Tierhaltung bis zur Bodenerschöpfung bzw. Überbeweidung oder bis zum Verbrauch der Wasservorräte betrieben und danach an einen günstigeren Ort wechselten. Im Zuge der postpluvialen, klimaoptimalen, neolithischen Phase dürften dem Zieh- und Sippenbauerntum nicht nur diese Existenzmöglichkeiten gegeben worden sein, sondern es hat wahrscheinlich seine Nutzungsareale als Folge der Einengung der vollariden Räume des Orients beträchtlich erweitern können.

Es liegt nahe, den Differenzierungsprozess in einerseits vollsesshafte Bauern, andererseits Vollnomaden aus dem ursprünglichen Zieh- und Sippenbauerntum heraus im Zusammenhang zu sehen mit der postneolithischen Klimaverschlechterung im Orient: auf die Verschlechterung der Umweltbedingungen des teilsesshaften Steppenbauerntums folgte die spezialisierte Anpassung an einerseits die mit der Vollsesshaftigkeit verknüpften Anbaumöglichkeiten in den Oasen und andererseits an die durch eine vollnomadische Lebensweise nutzbaren Wüstensteppenräume.

Gibt es Belege für diese Überlegungen? Man kann gerade von den von dem Ziehbauerntum sich abspaltenden Vollnomaden kaum materielle Überlieferungen erwarten, eher schon von der Gruppe der Sesshaften. In diesem Zusammenhang lassen sich die Ergebnisse einer Reihe von Ausgrabungen im Raume des Orients, so von J. Mellaart in Çatal Hüyük (Inneranatolien), K.M. Kenyon in Jericho (Jordangraben), R.J. Braidwood in Jarmo (irakisches Kurdistan), möglicherweise als Belege auffassen, die Nachweise der Vollsesshaftigkeit (zum Teil bereits in der neolithischen Phase), der Verwendung künstlicher Bewässerung, des Anbaus von Getreide, der Anlage von Schutzmauern - wahrscheinlich gegen nomadische Gruppen - erbringen.

Wenn also die Entstehung der traditionellen Lebensformen Nomadismus und Landwirtschaft der Sesshaften als Differenzierungsprozess aus dem Zieh- und Sippenbauerntum einsichtig gemacht werden kann, so bleibt übrig, die Entstehung der dritten Lebensform, des traditionellen Städtewesens, zu erklären. Nach H. Bobek geht die Ausbildung des älteren Städtewesens mit der Entfaltung der herrschaftlich organisierten Agrargesellschaft einher. Damit vollzog sich ein weiterer Differenzierungsprozess. In der frühen Agrargesellschaft, bestehend aus den Bewässerungsbau treibenden Oasenbauern, den Nomaden in den Steppen und Wüstensteppen und möglicherweise den Regenfeldbau treibenden Steppenbauern in den klimatisch günstigeren Steppen, kam es - erstmals im Orient - zur Entstehung einer Bevölkerungsgruppe, deren gesellschaftliche Funktion die Ausübung von Herrschaft war. Angesichts der starken Abhängigkeit dieser Agrargesellschaft von den Naturgegebenheiten, insbesondere vom Wasser, ist es einleuchtend, dass jene - kleine - Gruppe der Bevölkerung die - theokratisch begründete - Herrschaft erlangen konnte, der es gelang, prognostische Aussagen etwa über das zu erwartende Wasserdargebot - sei es von Quellen, Flüssen oder Niederschlägen - zu machen.

Im Rahmen einer staatlichen Organisation konnte eine solche Gruppe innerhalb des eigenen Territoriums ihren Standort periodisch verändernd, dezentral (etwa nach Art des mittelalterlichen Pfalzwesens) oder zentral, an einer besonders günstigen Quell- oder Flussoasenstelle einnehmen. Der zentrale Standort, wie er in den frühen Staaten des Alten Orients gewählt wurde - wohl gebunden an einen günstigen Standort der Wasserversorgung für eine städtische Bevölkerung -, legte den Grundstein für das ältere Städtewesen.

Entsprechend der theokratischen Verwurzelung der Herrschenden prägten Tempelbauten das Erscheinungsbild der frühen Städte des Alten Orients und war der oberste Herrscher ein Gottkönig, um den sich - Ausdruck einer beginnenden sozialen Differenzierung und tertiärer Lebensformen - Priester, der Hofstaat, das Militär und Handwerker gesellten. Mit der Entstehung dieses älteren Städtewesens wurde eine grundlegende Beziehung orientalischer Städte zum umgebenden Lande, die lange bestehen sollte, hergestellt, nämlich die Herrscher-Untertanen-Beziehung, die auf der Basis der Entwicklung des Rentenkapitalismus zur parasitären Stadt-Land-Beziehung führte.

Literaturhinweise:

H. v. Wißmann: Bauer, Nomade und Stadt im islamischen Orient, in: R. Paret (Hrsg.): Die Welt des Islam und die Gegenwart, Stuttgart 1961, S. 22-63

H. Bobek: Die Hauptstufen der Gesellschafts- und Wirtschaftsentfaltung in geographischer Sicht, in: Die Erde, 90. Jg., Berlin 1959, S. 259, 298

B. Der Nomadismus

In den folgenden Ausführungen steht die Darstellung des Nomadismus als traditionelle Lebensform im Mittelpunkt. Am Schluss dieses Abschnittes wird auf die moderne wirtschaftliche Entwicklung und den sozialen Wandel dieser heute in eine Randrolle gedrängten Lebensform eingegangen - ein Thema, das für die übrigen traditionellen Lebensformen grösstenteils erst im Schlusskapitel behandelt wird.

1. Begriffsklärung: Nomadismus, Transhumanz, Almwirtschaft

Da im allgemeinen Sprachgebrauch der Begriff Nomadismus eine sehr weite Auslegung erfährt, bedarf es für den wissenschaftlichen Sprachgebrauch der differenzierenden Definition. Nach H. Boesch lassen sich unter einem sehr weitläufigen Oberbegriff Nomadismus drei Grundformen unterscheiden: der Nomadismus im engeren Sinne, die Transhumanz und die Almwirtschaft.

Bei der Wirtschafts- und Lebensform des Nomadismus im engeren Sinne befindet sich nicht nur der Viehbestand auf einer mehr oder weniger ständigen Wanderung, sondern mit ihm sind es die Besitzer der Herden und ihre Familien. Bedingt durch die fortdauernden Wanderungen haben sie keine festen Behausungen, sondern benutzen transportable Zelte. Die Wanderungen verlaufen nicht willkürlich, sondern planmässig organisiert im regelmässigen Turnus von den Winter- zu den Sommerweidegebieten (und

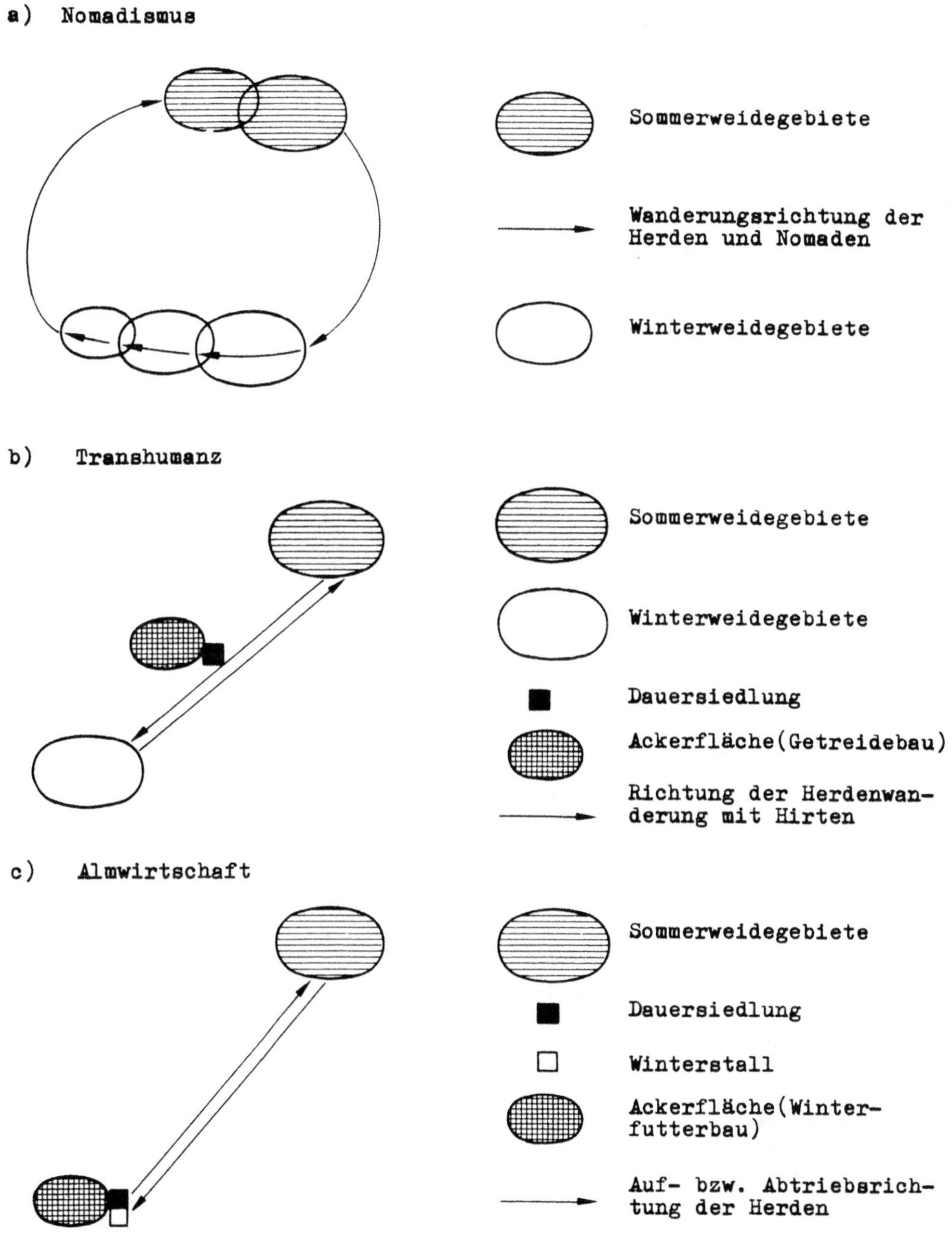

Abb. 25 Grundformen des Nomadismus (schematisch)
(nach: H.Boesch: Nomadismus, Transhumanz und Alpwirtschaft; in: Die Alpen, Bd. 27, Bern 1951, S. 202-207)

umgekehrt), wo je nach Weideverhältnissen mehr oder weniger langer Aufenthalt genommen wird.

Die Wirtschaftsform der Transhumanz ist eine lose Verknüpfung von Ackerbau und Viehhaltung, allerdings werden dabei nur über den gemeinsamen Besitz von Ackerflächen und Herden beide Wirtschaftszweige miteinander verknüpft. Funktional stehen Ackerbau und Viehhaltung bei der Transhumanz in keiner innerbetrieblichen Beziehung: der Ackerbau treibende Landwirt, der in seiner Dauersiedlung in der Nähe seiner Ackerflächen wohnt, schickt von Hirten begleitete Herden auf zum Teil weit entfernt gelegene Winter- und Sommerweiden. Wenn der Besitzer der Herden in einer Dauersiedlung im Tiefland wohnt und seine Herden auf Gebirgsweiden entsendet, wird diese Erscheinung im Französischen als "transhumance normale" oder "d'été" (Sommer) bezeichnet, im umgekehrten Fall spricht man von "transhumance inverse" oder "d'hivers" (Winter). Wenn beispielsweise ein Viehhändler ohne eigenen Landbesitz Herden weiden lässt, so wird diese Erscheinung "transhumance commerciale" genannt.

Bei der Alm- oder Alpwirtschaft stehen Ackerbau und Viehhaltung in einem innerbetrieblich-funktionalen Verhältnis: die Ackerflächen im Tal, wo sich auch die Dauersiedlung des Betriebsbesitzers befindet, dienen der Winterfuttererzeugung. Das Vieh wird im Sommer auf die Alm getrieben und im Winter im Tal aufgestallt.

Von den drei Grundformen des Nomadismus sind die beiden ersten im Raume des Orients weit verbreitet; die Almwirtschaft kommt nur in wenigen Fällen (Afghanistan) vor.

Literaturhinweise:

H. Boesch: Nomadismus, Transhumanz und Alpenwirtschaft, in: Die Alpen, Bd 27, Bern 1951, S. 202-207

W. Tietze: A Matter of Terminology: A Critical Look at Migratory Stock Breeding, in: Geoforum, Heft 13, Braunschweig 1973, S. 79-83

2. Die Bedeutungsentwicklung des Nomadentums

Der Nomadismus im Orient, der - wie bereits dargelegt - nach heutiger Auffassung nicht als Vorstufe des sesshaften Bauerntums, sondern als Abspaltung eines frühen Zieh- und Sippenbauerntums zu sehen ist, erlebte bis in die jüngste Vergangenheit eine ausserordentliche Bedeutungssteigerung und Aufwertung seines sozioökonomischen Status; er hat, erst seitdem die Ausstrahlungen des weltweiten Industrialisierungsprozesses auch den Raum des Orients erreichten, einen Bedeutungsrückgang erfahren.

Die bedeutsame Entwicklung des Nomadismus seit prähistorischer Zeit erfolgte in mehreren Schüben. Im 3. Jahrtausend vor Christus fand das Pferd Einführung und Verbreitung im Raume des Orients. Mit diesem, für die damalige Zeit schnellen Personen- und Lastentransporttier war den Nomaden ein Verkehrsmittel in die Hand gegeben, das auch zur Kriegführung und zur Unterjochung des sesshaften Bauerntums genutzt werden konnte. Aus den Ziegen-, Schaf- und Rindernomaden wurden Pferdereiternomaden.

Im 2. Jahrtausend vor Christus verbreitete sich im Orient ein weiteres Transportmittel: das zweihöckrige Kamel (das Dromedar). Durch seine Fähigkeit, auch halophile (salzliebende) Pflanzen zu verdauen und mehrere Tage lang ohne Tränkung auszuhalten, ist es besonders an die ökologischen Verhältnisse der ariden Räume des Orients adaptiert. Mit dem Dromedar erhielten die Nomaden ein Verkehrsmittel, das schwere Lasten über grosse Entfernungen gerade durch aride Gebiete zu transportieren vermochte. Damit war die Möglichkeit für die Nomaden gegeben, einen Karawanenverkehr durch Steppen- und Wüstengebiete auf mehreren Routen quer durch den Raum des Orients zu organisieren und damit ihre Einnahmemöglichkeiten zu steigern. Aus dem Arab = Nomade (- das ist die eigentliche Bedeutung des Wortes -) wurde der Beduine, d.h. der Kamel-(Dromedar-)nomade. Mit der nun überragenden ökonomischen Position des Nomadentums geriet das sesshafte Bauerntum in zunehmende Abhängigkeit.

Einen weiteren - und letzten - Bedeutungszuwachs erfuhr das Nomadentum im Orient mit dem Aufkommen und vor allem der Ausbreitung der dritten grossen, monotheistischen Weltreligion, dem Islam in Westarabien seit dem 7. Jahrhundert. Das Nomadentum lieh der neuen Religion seine Angehörigen als Söldner und gab ihr durch seine technischen Möglichkeiten, Pferd und Dromedar, die Stosskraft der Ausbreitung; die Nomaden selbst erfuhren aus der Missionierungsidee des Islam heraus die religiöse Verbrämung ihrer ökonomischen Stellung und durch ihre militärische Funktion in den Heeren des Islam politische Aufwertung. Nur die Tatsache, dass der Islam das gemeinsame Beten in der grossen, städtischen Freitagsmoschee - was den am Rande der Ökumene in Kleingruppen lebenden Nomaden nicht möglich ist - in der Bewertungsskala religiöser Handlungen sehr hoch einordnet, liess das Nomadentum neben seiner sozioökonomischen nicht auch noch die politisch-religiöse Spitzenstellung einnehmen.

Mit dem Eindringen technisch-industrieller Verkehrsmittel in den Orient im Laufe des 19./20. Jahrhunderts und der Durchsetzung staatlicher Gewalt gegenüber dem Faustrecht der Nomaden wurde der heutige Niedergang des Nomadentums eingeleitet. In den Staaten des Orients machen die Nomaden heute schätzungsweise höchstens noch 10 bis 15 % der Bevölkerung aus. In Afghanistan sind, nach F. Barth, von etwa 12 Millionen Einwohnern etwa 2 Millionen Nomaden; in Iran waren 1960 von etwa 20 Millionen Einwohnern 2 Millionen Nomaden.

3. Gebirgs- und Flachlandsnomadismus als ökologische Varianten

Die auffälligste Erscheinung der Lebensform Nomadismus sind die Wanderungen der Herden und Nomaden. Wenn man sich fragt, warum diese Wanderungen durchgeführt werden, so muss die Antwort lauten, dass es sich um eine Anpassung an die am Rande der Ökumene unterschiedlichen und wechselnden Weideverhältnisse handelt. Da ertragreichere Areale im Rahmen der Landwirtschaft der Sesshaften von den Oasen- und Steppenbauern genutzt werden, bleiben den Nomaden nur Gebiete übrig, die in Abhängigkeit von der Höhenlage und den jahreszeitlich sich verlagernden Klimazonen Weideflächen in wechselnder Qualität zur Verfügung stellen. Um jeweils eine maximale Nutzung der Weideflächen zu erzielen, werden die jahreszeitlichen Wanderungen durchgeführt.

Im Sommer bieten die vom Schnee befreiten Höhenregionen der Gebirge im Orient noch Weideflächen, wenn in den Ebenen bereits die Trockenstarre der Vegetation eingetreten ist. Im Winter, wenn die regenbringende Westwindzone sich nach Süden verlagert, lassen ihre Niederschläge - die frühen und die späten Regen - in Gebieten eine beweidbare Vegetation aufwachsen, die in den übrigen Zeiten des Jahres weidewirtschaftlich steril sind.

Allerdings stehen dem jahreszeitlich unterschiedlichen Angebot an Weideflächen sehr verschiedene Ansprüche der Nachfrageseite, d.h. der Nahrungsansprüche der weidenden Tiere gegenüber. Unter den Grosstieren stellen vor allem die Dromedare geringe Ansprüche an die Weideflächen; sie fressen sogar halophile (salzliebende) Pflanzen und kommen mit mehrtägigen Pausen zwischen den Tränkungen aus; daher begnügen sie sich auch mit ökologisch ungünstigen Weideflächen, meist den Flachlandsweidegebieten der grossen Steppen- und Wüstensteppenebenen des Orients.

Unter den Kleintieren stellen vor allem die Schafe, weniger die Ziegen, höhere Ansprüche an die Qualität der Weideflächen; deshalb sind Schafe (und Ziegen) besonders in Bergweidegebieten des Orients anzutreffen.

Literaturhinweis:

R. Knapp (Hrsg.): Weide-Wirtschaft in Trockengebieten; Giessener Beiträge zur Entwicklungsforschung, Reihe I, Bd 1, Stuttgart 1965

Nach den ökologischen Gegebenheiten und den sich nach ihnen orientierenden Wanderungen lässt sich die Erscheinung des Nomadismus im Orient grob in Gebirgs- und Flachlandsnomadismus einteilen.

Beim Gebirgsnomadismus (Variante I), auch "vertical nomadism" genannt (D.L. Johnson), handelt es sich also um Wanderungsbewegungen, die auf Weiden in den gebirgigen Hochregionen im Sommer bzw. auf Weiden im Gebirgsvorland im Winter gerichtet sind.

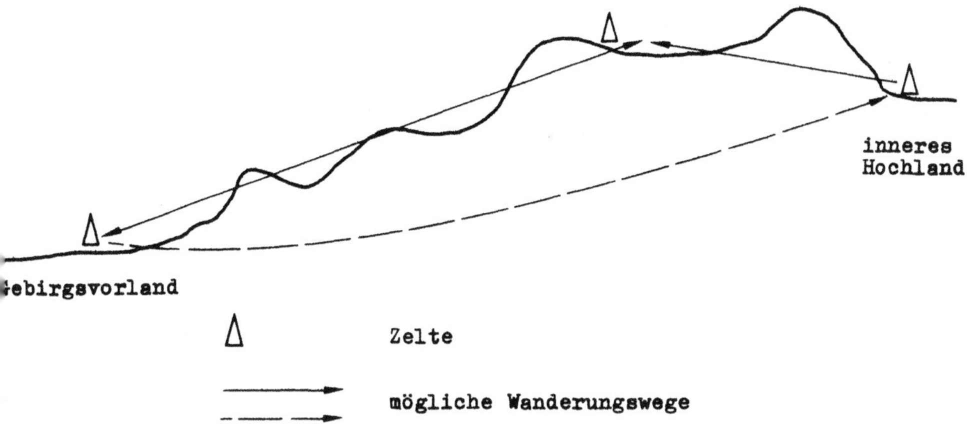

**Abb. 26 Typische Wanderungswege beim Gebirgsnomadismus im Orient (schematisch)
(nach: W.-D. Hütteroth: Zum Kenntnisstand über Verbreitung und Typen von Bergnomadismus und Halbnomadismus in den Gebirgs- und Plateaulandschaften Südwestasiens; in: C.Rathjens, C.Troll, H.Uhlig (Hrsg.): Vergleichende Kulturgeographie der Hochgebirge des südlichen Asien; Erdwissenschaftliche Forschung, Bd. V, Wiesbaden 1973, S. 146-156)**

Als Beispiele sollen die Yürüken in Südwestanatolien erwähnt werden. Historisch mit anderen Turkstämmen nach Inneranatolien im ausgehenden Mittelalter eingewandert, wurden sie mit der zunehmenden Ausdehnung des Kulturlandes in Inneranatolien in neuerer Zeit auf die umgebenden Randgebirge verdrängt. Heute wechseln sie jahreszeitlich zwischen den Hochweiden des Tauros-Gebirges im Sommer und den abgeernteten Stoppelfeldern (als Weideflächen) in der Küstenebene von Antalya im Winter (D.L. Johnson, S. 27).

Ein anderes Beispiel - unter sehr zahlreichen weiteren - sind die Pashtu-Nomaden in Afghanistan. Sie müssen ihre Wanderungen von den im Sommer aufgesuchten Gebirgshochweiden weit in das Gebirgsvorland ausdehnen und einen meist von Flussoasen genutzten Gebirgssaum queren, aber weidewirtschaftlich aussparen (D.L. Johnson, S. 79).

Beim Flachlandsnomadismus (Variante II), auch "horizontal nomadism" genannt (D.L. Johnson), handelt es sich um Wanderungsbewegungen i n n e r h a l b der Flachlandsgebiete, die je nach Verlagerung der Niederschlagszonen aufgesucht werden.

Als Beispiel können hier die Ruwala-Nomaden in Jordanien genannt werden. Mit Einsetzen der Winterregen brechen sie aus dem Raum Damaskus/Amman auf und lassen von ihren Herden die kurzzeitig "aufblühenden" Wüstensteppengebiete auf - nach den Gesetzen des west-östlichen Formenwandels der Vegetation - nach

Osten weit ausgreifenden Wanderungen abweiden. Nach Einsetzen der heissen Zeit ziehen sie sich relativ schnell wieder in den mit besseren Quellen ausgestatteten Gebirgsrand östlich des Jordangrabens zurück (D.L. Johnson, S. 41).

In ähnlicher Weise richten die Mutair-Nomaden aus dem Raume Kuwait ihre Winterwanderungen nach Südwesten, in die Schichtstufen- und Dünenlandschaft Saudi-Arabiens hinein (D.L. Johnson, S. 49).

Literaturhinweis:

D.L. Johnson: The Nature of Nomadism. A Comparative Study of Pastoral Migration in Southwestern Asia and Northern Africa, The University of Chicago, Department of Geography, Research Paper Nr. 118, Chicago 1969 (1974)

4. Viehhaltung und Dienstleistungen als wirtschaftliche Grundlagen der Nomaden

Grundsätzlich muss festgestellt werden, dass die Produktionsziele der Wirtschaftsform Nomadismus begrenzt sind: Fleisch, Wolle (Schaf- und Kamelwolle), Häute, Milchprodukte werden erzeugt. Davon kommen vor allem Fleisch, Wolle und Häute zum Verkauf; die Milchprodukte werden verbraucht. Fleisch wird von den Nomaden selbst kaum gegessen, vielmehr Fladenbrot und Datteln. Zum Verzehr, bzw. zur Herstellung dieser Nahrungsmittel, die die Nomaden nicht selbst erzeugen, bedarf es des Austausches mit den Sesshaften. Beim Nomadismus im Orient handelt es sich also - im Gegensatz zu dem auf Yak-Haltung basierenden Nomadismus Zentralasiens, der eine in sich selbst genügsame, autarke Wirtschaftsform darstellt - um eine spezialisierte Form der Viehwirtschaft. Der Nomadismus des Orients bedarf des Austausches und der Kooperation mit den Sesshaften.

Die Viehhaltung im Rahmen des traditionellen Nomadismus ist keine Viehzucht; es werden keine planmässigen Kreuzungen von Rassen vorgenommen, um höhere Rentabilität in der einen oder anderen Produktionsausrichtung zu erzielen oder um die Anpassungsfähigkeit an die ökologischen Verhältnisse zu steigern. Auch erfolgen keine Investitionen zur Verbesserung der Weiden. Der Kapitalgrundstock der Nomaden sind ihre Herden; dieses Kapital vermehrt oder vermindert sich auf natürliche Weise in Abhängigkeit von den ökologischen Gegebenheiten einer Reihe günstiger oder ungünstiger Weidejahre. Der Kapitalbestand ist also mehr von den natürlichen Verhältnissen als von der Nachfrageseite und den Vermarktungsmöglichkeiten abhängig.

Aus welchen Wirtschaftsbereichen erzielen die Nomaden ihre Einkünfte?

(a) Einkünfte aus dem primären Sektor:

Einen Teil ihrer Einkünfte gewinnen die Nomaden aus dem Verkauf von Schlachttieren, insbesondere von Schafen, da ja die islamische Religion zwar einerseits den Genuss von Schweinefleisch und damit die Schweinehaltung unterbunden, andererseits das Schlachten von Schafen aus Anlass der hohen religiösen Feste und zur Verteilung von Fleisch an die Armen vorgeschrieben hat. Traditionell brachte auch der Verkauf von Reit- und Lasttieren (Dromedare, Pferde) den Nomaden Einnahmen. Meist haben die Nomaden einen Mittelsmann in einem Marktort, der für sie den Verkauf organisiert, so dass sie ihre Produkte des primären Sektors beim Durchzug dort abliefern. Nicht nur in Notzeiten kommen supplementäre Aktivitäten wie das Wurzel-(Süssholz) und Kräutersammeln der Nomadenfrauen und -kinder hinzu.

(b) Einkünfte aus dem handwerklich-sekundären Sektor:

Im Rahmen der Wert- und Normvorstellungen der islamischen Religion erfährt die Handarbeit eine geringe Einschätzung, während die auf den Käufer wartende Haltung des Händlers höher bewertet wird. Traditionell verachtet der Nomade die bäuerliche und handwerkliche Tätigkeiten ausübenden Sesshaften, wodurch die heutige Sesshaftmachung von Nomaden besondere Probleme aufwirft. Dennoch findet sich handwerkliche Tätigkeit - allerdings nur der Nomadenfrauen und -kinder - als ergänzende Einnahmequelle auch bei einigen Nomadenstämmen: sie verarbeiten (knüpfen) die anfallende Wolle zu Teppichen.

(c) Einkünfte aus dem tertiären Sektor:

Traditionell spielte die Organisation und Durchführung von Ferntransporten durch aride Gebiete, seltener der Handel selbst, eine entscheidende Rolle, bis gerade diese, wohl beträchtliche Einkünfte erwirtschaftende Tätigkeit, durch die Einführung moderner technischer Verkehrsmittel in den Orient und den Bau des Suez-Kanals (1869) an Bedeutung verlor. Es sollte aber nicht übersehen werden, dass im lokalen Rahmen und in Gebieten, die auf der Stufe überwiegender Subsistenzwirtschaft verharren, auch heute noch Transportleistungen von Nomaden in einigem Umfang erbracht werden.

(d) Supplementäre Einkünfte:

Zusätzliche Einkünfte konnten die Nomaden aufgrund ihrer kulturhistorisch über Jahrhunderte starken politischen Stellung gegenüber den Sesshaften, vor allem auf dem Lande, kaum in den Städten, erzielen. Ihrer straffen Stammesorganisation und ihrem Besitz von beweglichen und ausdauernden Reit- und Lasttieren verdanken sie die teilweise Ausübung der Herrschaft über die auf dem Lande Sesshaften, eine Herrschaft, die den Nomaden durch Überfall und Raub, durch die "Bruderschaftsabgabe" ("huwa"), aber auch durch Renten der Sesshaften zusätzlichen Gewinn einbrachte. Angesichts der bis in die jüngste Vergangenheit anhaltenden Wanderungsbewegungen der Nomaden über schwer zu kontrollierende Staatsgrenzen hinweg war auch der Schmuggel eine zusätzliche Einnahmequelle.

5. Die stammes- und sippenorientierte Sozialstruktur der Nomaden

Ganz im Gegensatz zur sozialen Organisation der Sesshaften im Orient, sei es der auf dem Lande oder in den Städten, steht die der Nomaden. Stamm und Sippe sind die Grundeinheiten der sozialen Organisation bei den Nomaden.

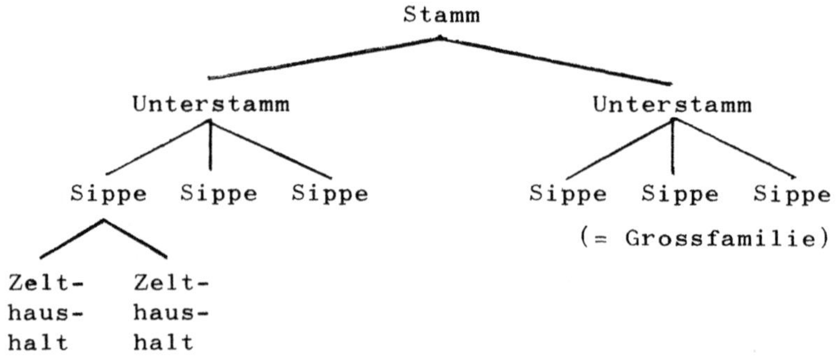

Die kleinste Gemeinschaft stellt der Zelthaushalt dar; mehrere Zelthaushalte zusammen, die sich jeweils auch in räumlicher Nachbarschaft befinden, bilden die Sippe (Grossfamilie). Die Geschlossenheit und der Zusammenhalt des Stammes beruhen auf den verwandtschaftlichen Bindungen und der gleichen Wirtschafts- und Lebensweise der Stammesangehörigen. In der Grossfamilie/Sippe steht das Sippenoberhaupt den verheirateten Söhnen voran, deren Ehefrauen in die Sippe aufgenommen werden. Den Mitgliedern der Zelthaushalte obliegen nach Geschlechtern verteilt die Arbeitsaufgaben: der Mann organisiert die Wanderung der Herde (im Rahmen des Stammes) und sucht den Zeltplatz aus; die Frau versorgt den Haushalt und ist gegebenenfalls sammelnd und teppichknüpfend tätig; die Kinder hüten die Herde. Die Grossfamilie ist der Eigentümer ihrer Herde und verfügt über den Verkauf oder Tausch ihrer Produkte; sie ist aber nicht der Eigentümer jenes Landes, auf dem ihre Herde weidet, sondern sie nimmt nur Nutzungsrechte auf dem Weideland wahr. Zur traditionellen Lebensform Nomadismus gehört, dass selbst der Stamm kein Land als Eigentum besitzt, sondern nur Weidenutzungsrechte, diese allerdings - zusammen mit den dazugehörigen Brunnen - mit der Waffe in der Hand verteidigt. Der Stammesführer hat die politische Führung des Stammes inne; er organisiert die Herdenwanderung im grösseren Rahmen; er vertritt den Stamm nach aussen, etwa gegenüber dem Staat; er verteidigt die Rechte und

Ansprüche des Stammes gegenüber anderen Stämmen; er hat die Jurisdiktionelle Gewalt innerhalb des eigenen Stammes.

Die hochmobile, isolierte Lebensweise der Nomaden am Rande der Ökumene bedeutete traditionell ein hohes Mass an Unabhängigkeit, das sich z.B. in Steuerfreiheit auszahlte. Aber sie bedeutete und bedeutet auch soziale Isoliertheit von anderen Gruppen der Gesellschaft, der Sesshaften in Stadt und Land. Dies führt zu Ausgeschlossensein von der Entwicklung der übrigen Gesellschaft, Ausgeschlossensein von selbst einfachster schulischer Ausbildung, die in einem von den Ausstrahlungen des Industrialisierungsprozesses erfassten Raum zunehmend an Bedeutung gewinnt. Von daher stellt die Lebensform des Nomadismus heute ernste Probleme der wirtschaftlichen und sozialen Integration in die Sozialökonomie ihrer Staaten.

6. Übergangsformen nomadischer und sesshafter Lebensweise

Zur Illustration der zahlreichen im Orient existierenden Übergangsformen nomadischer und sesshafter Lebensweise soll hier als Beispiel halbnomadischer Bergweidewirtschaft das Yayla-Bauerntum Südostanatoliens (türkisch: "yayla" = Sommerweide; Gegenteil: "kişla" = Winterweide) skizziert werden.

> Literaturhinweis:
>
> W.-D. Hütteroth: Bergnomaden und Yaylabauern im mittleren kurdischen Taurus, Marburger Geographische Schriften, Heft 11, Marburg 1959

Es handelt sich dabei nicht um eine Auflösungserscheinung der Lebensform Nomadismus, sondern das Yaylabauerntum im Gebirgsraum Südostanatoliens besteht seit sehr langer Zeit unabhängig von und neben vollnomadischen Lebensweisen. Was die Entstehung dieser Übergangsform nomadisch-sesshafter Lebensweise betrifft, so lässt sich nur spekulieren. Möglicherweise handelt es sich - wie auch im benachbarten irakischen und persischen Kurdistan - um ehemalige Steppenbauern der angrenzenden Steppen, die im Zuge der langandauernden Bedeutungszunahme des Nomadentums oder der Mongoleneinfälle des 12. und 13. Jahrhunderts sich in das Gebirge zurückzogen und zur ackerbaulichen Nutzung noch die zusätzliche Möglichkeit der Viehhaltung aufnahmen, die das Gebirge anbietet.

Aus diesen Überlegungen leitet sich die Übergangswirtschaftsform der Yaylabauern bereits ab: in der Umgebung ihrer festen Dorfhäuser auf den Talsohlen oder Ebenen treiben sie Ackerbau auf Bewässerungs- und/oder Regenfeldbaubasis. In der Zeit der sommerlichen Trockenstarre in den Ebenen verlassen sie ihre Dörfer, um mit ihrem Vieh zum Teil in Zelten, zum Teil in fest ausgebauten Sommerdörfern zu leben. Von dort weidet das Vieh auf kurzen, täglichen Wanderwegen ("range nomadism" im Gegensatz zum "long range nomadism" der Vollnomaden), um im Winter

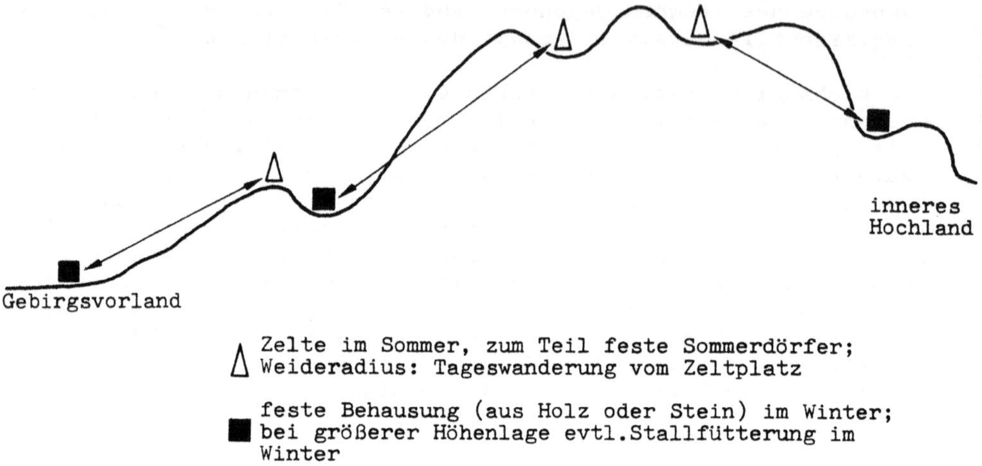

Abb.27 Übergangsformen nomadischer und seßhafter Lebensweise im Orient (schematisch)
(nach: W.-D.Hütteroth: Zum Kenntnisstand über Verbreitung und Typen von Bergnomadismus und Halbnomadismus in den Gebirgs- und Plateaulandschaften Südwestasiens; in: C. Rathjens, C.Troll, H.Uhlig (Hrsg.): Vergleichende Kulturgeographie der Hochgebirge des südlichen Asien; Erdwissenschaftliche Forschung, Bd. V, Wiesbaden 1973, S. 146-156)

wieder in die Umgebung der Hauptdörfer oder weiter zu Winterweiden in das Gebirgsvorland getrieben zu werden. Diese halbsesshafte, halbnomadische Lebensweise hat nicht nur im Ökonomischen - als eine auf zwei Beinen stehende Wirtschaftsform -, sondern auch im Sozialen - was die Integrationsmöglichkeiten in die Gesellschaft betrifft - ihre Vorteile.

7. Die wirtschaftliche Entwicklung und der soziale Wandel der traditionellen Lebensform Nomadismus

Wenn hier von wirtschaftlicher Entwicklung und sozialem Wandel die Rede ist, dann sollen - und dies ist ein wesentliches Anliegen - diese beiden Sachverhalte nicht in einem additiven Verhältnis zueinander gesehen werden, sondern in ihrer gegenseitigen Wechselwirkung. Von dieser Vorstellung ausgehend ist die Bezeichnung "Entwicklungsländer" für die erst von den Ausstrahlungen des weltweiten Industrialisierungsprozesses erfassten Länder als zu einseitig abzulehnen; in Wahrheit handelt es sich um wirtschaftliche Entwicklungs- und soziale Wandlungsländer, wenn auch eine derartige Bezeichnung umgangssprachlich zu schwerfällig ist.

Die traditionelle Lebensform Nomadismus befindet sich heute im Orient in einer Existenzkrise, die etwa seit der Mitte des 19. Jahrhunderts eingesetzt und sich seitdem bedeutend verschärft hat. Nach einem jahrhundertelangen Bedeutungsgewinn der Lebensform Nomadismus im Orient (gegenüber den anderen beiden Lebensformen) ist eine wohl irreversible (nicht mehr umkehrbare) Entwicklung eingetreten. Worauf ist dies zurückzuführen?

(a) Ein Teil dieser Entwicklung ist durch den Funktionsverlust verursacht, den der Nomadismus erfahren musste. Wie bereits erwähnt, verlor er seit der Eröffnung des Suez-Kanals 1869, durch die Umorientierung des Fernverkehrs zwischen Europa und Südasien, bedeutende Aufgaben und damit Einnahmequellen aus der Abwicklung des Ferntransportes.

Im 20. Jahrhundert hat die starke Verbreitung des Lastkraftwagens auch im Orient einen weiteren Funktionsverlust der Nomaden ausgelöst und ihre aus Transportleistungen resultierenden Einnahmen auf Gebiete geringen Entwicklungsstandes beschränkt, die sich des Lasttieres als Transportmittel bedienen müssen.

(b) Besonders im Laufe des 20. Jahrhunderts kam es im Orient zur politischen Entstehung und administrativen Konsolidierung der orientalischen Staaten; die Regierungen übernehmen heute die Garantie für die innere Sicherheit. Damit werden den Nomadenstämmen die Möglichkeiten eingeschränkt, durch räuberischen Überfall oder durch die "Bruderschaftsabgabe" ("huwa") zusätzliche Einkünfte zu erzielen. Indem die orientalischen Staaten heute bestrebt sind, ihre Grenzen zu sichern, wird den schweifenden Nomaden auch die Möglichkeit, durch Schmuggel weitere Einkünfte zu erlangen, eingeschränkt.

(c) Die zunehmenden Bevölkerungen in den Staaten des Orients stellen gerade für die Steppenbauern einen Anreiz dar, die Getreideproduktion zu erhöhen, weil sich entsprechende Absatzmöglichkeiten auftun. Die Erhöhung der Getreideproduktion in den Gebieten des Feldbaues auf Regenfall führt zur Verdrängung der Nomaden von ihren angestammten Weideplätzen, die weiter beizubehalten sie nur schwer angesichts der für die innere Sicherheit sorgenden Regierungen durchsetzen können. Gerade der günstigeren Weideareale gehen die Nomaden auf diese Weise verlustig.

(d) Die neuen politischen Wert- und Normvorstellungen der sich konsolidierenden orientalischen Staaten verlangen, dass alle Staatsbürger - also auch die Nomaden - zur Steuer veranschlagt werden, und sie sehen gerade in den hochmobilen und straff organisierten Nomadenstämmen ein die Existenz der Regierungen verunsicherndes Element, von dem Umsturz drohen kann. Deshalb ist in die Zielvorstellungen vieler orientalischer Regierungen - in Einzelfällen sogar in die Verfassung - der Wunsch eingegangen, die Nomaden sesshaft zu machen, sie zu sedentarisieren. So liesse sich das Problem ihrer Überwachung und Einbeziehung in den Staat am leichtesten lösen.

(e) Schliesslich bedrohen - aber dies ist nichts Neues - Naturkatastrophen die Existenz der Nomaden. Diesen Unbilden, von Zeit zu Zeit eine Reihe von schlechten Weidejahren verbunden oft mit dem Verlust von Teilen der Herden überstehen zu müssen, waren die Nomaden schon immer ausgesetzt. In Verbindung aber mit den übrigen, neuen widrigen Umständen stellen Naturkatastrophen für die Nomaden heute eine schwere Existenzbedrohung dar und führen unter Umständen in Verschuldung und Abhängigkeit von den von ihnen so verachteten Sesshaften.

Die aus diesen Veränderungen resultierende Existenzkrise der Lebensform Nomadismus im Orient heute lässt sich mit Hilfe zweier Begriffskomplexe, nämlich der Begriffe Sedentarisation (Sesshaftmachung, Ansiedlung) und (wirtschaftliche, soziale, politische) Integration bzw. Desintegration, erfassen und darstellen. Beide, mit diesen Begriffen bezeichneten Sachverhalte stehen in engem Wechselwirkungszusammenhang.

Kommt es zur Sedentarisation (im weitesten Sinne: von Nomadenstämmen wie von einzelnen Stammesangehörigen), so können verschiedenartige Prozessabläufe einsetzen. Denkt man zunächst an die Sesshaftmachung ganzer Stämme, so stellt sich als erstes die Frage nach dem Wo.

Literaturhinweis:

N.N. Al-Kasab: Die Nomadenansiedlung in der Irakischen Jezira, Tübinger Geographische Arbeiten, Heft 20, Tübingen 1960

Theoretisch bietet sich eine Ansiedlung im Bereich der Sommer- oder Winterweidegebiete an. Praktisch aber sind diese Flächen für eine ackerbauliche Nutzung - wie sie mit der Sesshaftwerdung verbunden ist - nicht rentabel, da sie ja selbst im Rahmen einer extensiven Weidewirtschaft nur zu Teilzeiten des Jahres genutzt werden können. Die mit der Sesshaftmachung verbundene Aufnahme des Ackerbaus kollidiert nicht nur mit den tradierten Wert- und Normvorstellungen der Nomaden in bezug auf Handarbeit, sondern es kann auch auf keinerlei einschlägige, ackerbaulichen Kenntnisse der Nomaden zurückgegriffen werden. In der irakischen Jezira (- dem oberen Zweistromland zwischen Euphrat und Tigris -) erhielt jede Familie bei der Ansiedlung 37,5 ha Land, eine Fläche, die - an der Grenze des Regenfeldbaus - für eine familienrentable Nutzung zu klein ist. Die Nomaden behielten deshalb ihre viehwirtschaftliche Ausrichtung weiter bei, reduzierten die Herdenwanderungen auf Tagesradius oder gaben die ackerbaulichen Nutzungen wieder auf und verpachteten ihr Land an Grossgrundbesitzer zur grossbetrieblichen und getreidewirtschaftlichen Regenfeldbaunutzung.

Mit den sich differenzierenden Besitz- und Eigentumsverhältnissen und unterschiedlichen Tätigkeiten der Stammesangehörigen setzt ein Prozessablauf ein, der zunächst zur ökonomischen Desintegration des Stammes führt, worauf die soziale Desintegration des Stammes - durch die Abwanderung einzelner Stammesangehöriger in die Städte - bald folgt und die Detribalisation (die Auflösung der Stammesstruktur) eingeleitet wird.

Ein anderer Prozessablauf kann selbst bei der Ansiedlung des ganzen Stammes unter Beibehaltung der tradierten Sozialstruktur beginnen. Gegenüber dem Staat tritt der Stammesführer als Besitzer des Rechtstitels auf das Land auf, d.h. als Eigentümer des Landes. Damit kann sich das Verhältnis des Stammesführers zu den Stammesangehörigen wandeln: während bei nomadischer Lebensweise die Stammesangehörigen in ihrer wirtschaftlichen Dispositionsfähigkeit eine bis auf die Organisation der Herdenwanderung unabhängige Stellung einnahmen, können sie nun in eine wirtschaftlich abhängige Stellung vom Stammesführer geraten, der Grossgrundbesitzer wird. Meist ist mit einer derartigen Entwicklung ebenfalls der Anstoss zur sozialen Desintegration des Stammes, zur Abwanderung zunächst einzelner Stammesangehöriger in die Städte, und damit zur Detribalisation gegeben.

Andererseits bietet eine Sesshaftmachung von Nomadenstämmen auch für die Nomaden selbst eine Chance der Integration in die Gesellschaft des jeweiligen Staates. Die sesshafte Lebensweise ermöglicht das Kennenlernen der Vertreter des Staates in Gestalt der Behörden am Ort der Sesshaftwerdung, den Besuch von Schulen und damit die Möglichkeit einer späteren vertikalen Mobilität (eines sozialen Aufstiegs der Stammesmitglieder). Demgegenüber steht der aus dem Stammesverband herausgelöste, isolierte Stammesangehörige, der allein oder mit seiner Familie in die Stadt abwandert und dort eine Tätigkeit aufnimmt - beliebt sind besonders Tätigkeiten als Lastkraftwagen- oder Taxifahrer, als Polizist - Tätigkeiten, die das Gefühl grösserer Freiheit vermitteln - grossen Schwierigkeiten der Integration in die städtische Gesellschaft gegenüber, die nur durch die subkulturellen Solidaritätsbindungen mit den Nachbarn gleicher sozioökonomischer Lage in den marginalen Stadtrandvierteln des Orients gemildert werden.

Bei allen Bestrebungen der Staaten des Orients - besonders aus innenpolitischer Motivation heraus -, die Sedentarisation der Nomaden voranzutreiben, sollten doch die volkswirtschaftlichen Auswirkungen des mit der Sesshaftwerdung verbundenen Überganges von der Viehwirtschaft zum Ackerbau nicht übersehen werden. In den Ländern des Orients besteht zwar kein quantitatives Ernährungsproblem wie in Indien oder Äthiopien - also Ländern, die durch einen absoluten Kalorienmangel für mindestens Teile der Bevölkerung gekennzeichnet sind -, aber in den meisten Ländern des Orients herrscht ernährungsphysiologisch ein Defizit an tierischem Eiweiss. Die Ernährung ist aus Kostengründen zu stark vegetarisch orientiert.

Literaturhinweis:

H. Boesch, J. Bühler: Eine Karte der Welternährung, in: Geographische Rundschau, Jg. 24, Braunschweig 1972, S. 81 bis 82

Traditionell sind die Nomaden die Träger der Viehwirtschaft in den Ländern des Orients. Eine weitergehende Auflösung des Nomadismus würde eine Verminderung der Möglichkeit bedeuten, tierisches Eiweiss für die Ernährung der Menschen zu produzieren. Dies erscheint angesichts der steigenden Bevölkerungen und der - wenn auch langsam - aber doch wachsenden Kaufkraft der Bevölkerungen im Orient nicht sinnvoll zu sein. Deshalb sollte aus volkswirtschaftlichen und ernährungsphysiologischen Gründen der Nomadismus in seiner ursprünglichen Funktion, als Träger der Viehwirtschaft und Nutzer ökologisch schwieriger Areale, von den Staaten des Orients gefördert werden, wie das beispielsweise in Iran durch Einrichtung von Tierzuchtstationen und einem veterinärmedizinischen Dienst, durch Verbesserung der Weiden, durch wirtschaftliche Hilfsorganisationen für den Verkauf, durch Bereitstellung von Futter in Notzeiten, bereits geschieht.

8. Literaturhinweise

Im Gegensatz zu so wichtigen Fragen wie die nach den Auswirkungen des weltweiten Industrialisierungsprozesses in den Ländern des Orients hat die Lebensform des Nomadismus, die heute quantitativ, wirtschaftlich und sozial von geringer Bedeutung für die Länder des Orients ist, bei den Wissenschaftlern ein ganz unproportionales, vielleicht nostalgisches Interesse gefunden. Aus der grossen Zahl der Veröffentlichungen kann deshalb nur auf wenige hingewiesen werden.

M. Ahmad: Nomadism in the Arab Lands of the Middle East, in: Arid Zone Research, Bd XVIII, Unesco Paris 1962, S. 325-339

A. Al-Wardi: Soziologie des Nomadentums. Studie über die irakische Gesellschaft, Soziologische Texte, Nr. 73, Neuwied 1973

F. Barth: Nomadism in the Mountain and Plateaux Areas of South West Asia, in: Arid Zone Research, Bd XVIII, Unesco Paris 1962, S. 341-355

R. Herzog: Sesshaftwerden von Nomaden. Geschichte, gegenwärtiger Stand eines wirtschaftlichen und soziologischen Prozesses und Möglichkeiten der sinnvollen technischen Unterstützung, Köln, Opladen 1963

G. Kortum: Wanderweidewirtschaft und Siedlungsentwicklung im Bereich der Qashqai (Südpersien), Beihefte zum Tübinger Atlas des Vorderen Orients (in Vorbereitung)

A. Leidlmair: Umbruch und Bedeutungswandel im nomadischen Lebensraum des Orients, in: Geographische Zeitschrift, 53. Jg., Wiesbaden 1965, S. 81-100

G. Niemeier: Vollnomaden und Halbnomaden im Steppenhochland und in der nördlichen Sahara, in: Erdkunde, Bd IX, Bonn 1955, S. 249-263

Nomadismus als Entwicklungsproblem, Bochumer Schriften zur Entwicklungsforschung und Entwicklungspolitik, Bd 5, Bielefeld 1969

M. Freiherr v. Oppenheimer: Die Beduinen, 4 Bde, 1. u. 2. Bd Leipzig 1939-43, 3. u. 4. Bd Wiesbaden 1962-68

X. de Planhol: Kulturgeographische Grundlagen der islamischen Geschichte, Zürich, München 1968

F. Scholz: Belutschistan (Pakistan). Eine sozialgeographische Studie des Wandels in einem Nomadenland seit Beginn der Kolonialzeit, Göttinger Geographische Abhandlungen, Heft 63, Göttingen 1974

E. Wirth: Das Problem der Nomaden im heutigen Orient, in: Geographische Rundschau, Jg. 21, Braunschweig 1969, S. 41 bis 51

C. Die Landwirtschaft der Sesshaften

In den folgenden Ausführungen wird überwiegend auf die Landwirtschaft der Sesshaften als traditionelle Lebensform eingegangen; zwei Aspekte der Entwicklung und des Wandels, und zwar die Aspekte Agrarreform und Dekolonisation/Entkolonisierung in der Landwirtschaft, werden im unmittelbaren Anschluss behandelt. Im übrigen werden die wirtschaftliche Entwicklung und der soziale Wandel im ländlichen Raum des Orients im Schlusskapitel dargestellt.

1. Begriffsklärung: Bewässerungs-, Trocken- und Feuchtlandwirtschaft; Subsistenz-, binnen- und exportmarktorientierte Landwirtschaft

Vor der Klärung einer Reihe von Begriffen muss festgestellt werden, dass die beiden Haupttätigkeitsbereiche jeder Landwirtschaft, Ackerbau und Viehhaltung, im Orient einen anderen betrieblichen Stellenwert einnehmen als in Mitteleuropa. Sie sind - bis auf eine gewisse Kleinviehhaltung in der Landwirtschaft der Sesshaften - zwischen einerseits den Sesshaften, andererseits den Nomaden aufgeteilt. Eine solche Variationsbreite der physisch-geographischen Ausstattung, die es in Mitteleuropa erlaubt, dass ausserökologische Faktoren wie z.B. die Betriebsgrösse oder die Mechanisierungsmöglichkeiten oder die Absatzverhältnisse über die Produktion eines landwirtschaftlichen Betriebes in Richtung Ackerbau und/oder Viehhaltung bestimmen, fehlt im allgemeinen im Orient. Die engen ökologischen Grenzen entscheiden im Orient mit grosser Ausschliesslichkeit über die Produktion entweder in Richtung Ackerbau oder in Richtung Viehhaltung. Bei der Landwirtschaft der Sesshaften handelt es sich überwiegend um Formen des Ackerbaues - nach Massgabe des fliessenden Überganges zu den schon dargestellten sesshaften und nomadischen Lebensweisen.

Nach F. Christiansen-Weniger lassen sich drei Formen des Ackerbaues im Orient unterscheiden:

- die Bewässerungslandwirtschaft,
- die Trockenlandwirtschaft,
- die Feuchtlandwirtschaft.

Literaturhinweis:

F. Christiansen-Weniger: Ackerbauformen im Mittelmeerraum und Nahen Osten dargestellt am Beispiel der Türkei, Frankfurt 1970

Bewässerungslandwirtschaft wird in jenen Gebieten betrieben, in denen die natürlichen Niederschläge für den Anbau von Kulturpflanzen nicht ausreichen - also ein ausgeprägt arides Klima herrscht -, in denen aber Quell-, Brunnen- oder Flusswasser für den Bewässerungsanbau von Kulturpflanzen zur Verfügung steht. Es handelt sich also um die vom Ökosystem her als Oasen bezeichneten Räume.

Trockenlandwirtschaft wird in jenen Gebieten betrieben, in denen die natürlichen Niederschläge gerade noch für den Anbau einer begrenzten Zahl von Kulturpflanzen - vor allem die Getreidearten - ausreichen, d.h. in Gebieten, die an der agronomischen Trockengrenze liegen. Es handelt sich also praktisch um die vom Ökosystem her als Steppen bezeichneten Räume. Sie sind nicht nur in den weitausgedehnten Ebenen Nordafrikas und Südwestasiens zu finden, sondern - wie schon im Rahmen der Behandlung des Orients als Ökosystem dargelegt - auch im Gebirgsvorland, in den inneren Hochländern und in Teilräumen der Gebirge selbst; andere Teilräume der Gebirge - dort, wo Quell-, Brunnen- oder Flusswasser vorhanden ist - können wiederum durch Bewässerungslandwirtschaft genutzt werden.

Feuchtlandwirtschaft kann im Orient nur in zwei Ausnahmeräumen betrieben werden, und zwar den mehr oder weniger ganzjährig beregneten Gebieten im türkischen Schwarzmeer- und im persischen Kaspimeerküstengebirge. Dort stehen - in einem humiden Klimabereich - natürliche Niederschläge in einem Masse zur Verfügung, dass die Feuchtlandwirtschaft aus einer grossen Zahl von Kulturpflanzen auswählen und auch solche Kulturpflanzen - wie beispielsweise Reis - anbauen kann, die hohe Niederschläge oder viel Bewässerungswasser erfordern.

Diesen von den ökologischen Verhältnissen abgeleiteten Grundbegriffen der Landwirtschaft, genauer der Ackerbauforschung, im Orient ist - gerade in einem Grossraum unterschiedlichen Entwicklungsstandes - eine zweite Gruppe von Begriffen gegenüberzustellen, die die Landwirtschaft nach ihrem Produktionsniveau gliedern:

- die Subsistenzlandwirtschaft,
- die binnenmarktorientierte Landwirtschaft,
- die exportmarktorientierte Landwirtschaft.

Was die genauere Erfassung der Verbreitung dieser Formen der Landwirtschaft betrifft, so ist die Forschung - nicht nur im Orient - noch weit zurück.

Subsistenz- oder Selbstversorgungslandwirtschaft ist eine weitgehend autarke, selbstgenügsame Wirtschaftsweise. Die Produktion ist überwiegend auf die Versorgung der eigenen Familie ausgerichtet. Eine Bargeld einbringende Produktion ("cash crop") wird nur in so geringem Umfang betrieben, wie es zur Erlangung von Gerätschaften, die nicht selbst hergestellt werden können, notwendig ist. Das Vorhandensein einer solchen Produktionsweise steht in engem Zusammenhang mit der geringen verkehrsmässigen und informativen Erschliessung eines Gebietes. Praktisch bedeutet dies, dass meist verkehrsentlegene Gebirge - soweit sie von der Landwirtschaft überhaupt erfasst sind - Subsistenzwirtschaft aufzuweisen haben.

In einer binnenmarktorientierten Landwirtschaft spielt eine "cash" oder "money crop" eine bedeutendere Rolle in der Produktion. Meist dient aber mindestens ein Teil der Erzeugung des landwirtschaftlichen Betriebes der Eigenversorgung der Betriebs- und Familienangehörigen. Wenn ein anderer Teil der Produktion den Markt des eigenen Landes erreichen soll, ist die Verkehrserschliessung eine unabdingbare Voraussetzung. Auch setzen mit der Marktorientierung Mechanismen einer mehr oder weniger marktgerechten Produktion ein - in einem Jahr eventuell Überproduktion mit sinkenden Preisen, in einem anderen Jahr der umgekehrte Fall -, die höhere Anforderungen informativer, kalkulatorischer und spekulativer Art an die ländliche Bevölkerung stellen. Was die Verbreitung dieser Stufe landwirtschaftlicher Produktion betrifft, so ist sie vor allem in relativer Stadtnähe im Orient zu finden, soweit die ökologischen Verhältnisse ein entsprechendes landwirtschaftliches Produktionsniveau überhaupt zulassen.

Die exportmarktorientierte Landwirtschaft setzt die Erreichung eines - für den Orient - meist überseeischen Absatzmarktes voraus. Günstige Verkehrserschliessung im Produktionsraum selbst, die Möglichkeit des Abtransports zur Küste und der Hafenumschlag sind unablässig. Räumlich ist deshalb die exportmarktorientierte Landwirtschaft überwiegend im mehr oder weniger unmittelbaren Küstenhinterland im Orient anzutreffen, beispielsweise in Westanatolien und bezogen auf den Hafen Izmir oder in Unterägypten und bezogen auf den Hafen Alexandria oder in Alge-

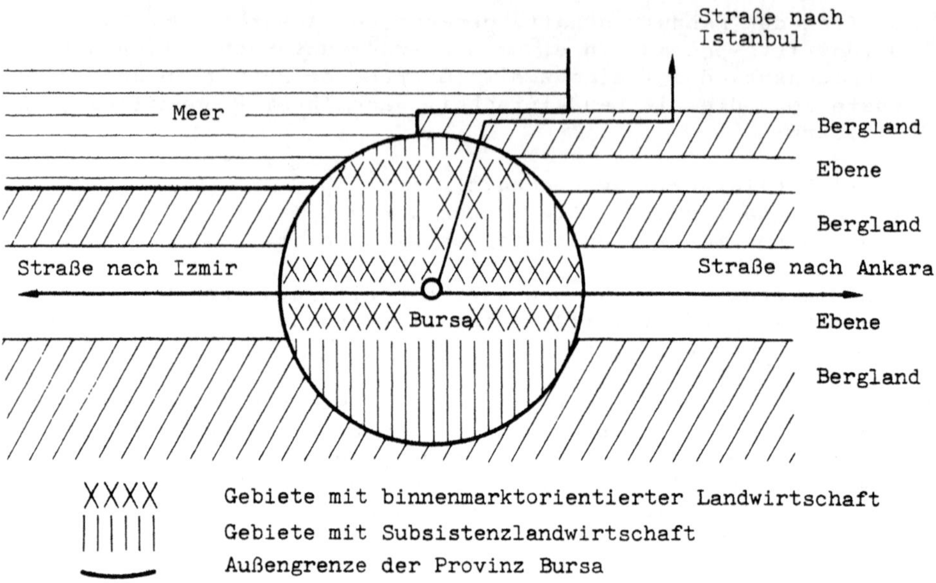

Abb.28 Die räumliche Differenzierung von Subsistenz- und binnenmarktorientierter Landwirtschaft am Beispiel der Provinz Bursa, Nordwestanatolien (schematisch)

rien im Hinterland der drei algerischen Haupthäfen (Oran, Algier, Annaba - das frühere Bône). Bei der exportmarktorientierten Produktion kann es sich um hochspezialisierte Grossbetriebe mit monokulturellem Anbau - z.B. Baumwolle in Westanatolien und Unterägypten, Wein in Algier -, aber auch um Kleinbetriebe handeln, die ihre "cash crop" (z.B. Baumwolle in Unterägypten und Westanatolien, Datteln im unteren Irak) für den Export erzeugen.

Den aufgezeigten zwei Gliederungsmöglichkeiten der Landwirtschaft der Sesshaften kann noch eine dritte zur Seite gestellt werden, nämlich die Gliederung in:

- Oasenbauerntum,
- Steppenbauerntum,
- Gebirgsbauerntum.

Diese Gliederung nimmt die ökologischen Gegebenheiten auf und verknüpft sie mit den sozioökonomischen. Diese Gliederungsmöglichkeit wird anschliessend zur Richtschnur der Darstellung gemacht. Deshalb soll hier nur auf die Problematik des Begriffes "Bauer" im Orient eingegangen werden.

Mit dem Begriff Bauer wird in Mitteleuropa die Einheit von Betriebs- und Grundeigentum (beim landwirtschaftlichen Betrieb) in einer Person, in Gestalt des Betriebsleiters, der in seinem Betrieb arbeitet und auf seinem Hof wohnt, assoziiert.

In diesem Sinne gab es und gibt es auch im Orient Bauern. Daneben existiert in grossem Umfang die Aufteilung der bäuerlichen Betriebs- und Grundbesitzeinheit als Eigentum in nicht nur einerseits Grundeigentümer und andererseits die Ackerflächen Bewirtschaftende, sondern noch weitergehend in die wichtigsten landwirtschaftlichen Produktionsfaktoren Boden, Wasser, Saatgut, menschliche und tierische Arbeitskraft, die alle - im Rahmen der rentenkapitalistischen Agrarverfassung - verschiedenen Eigentümern gehören können. Insofern muss im Orient dem selbständig und eigenverantwortlich wirtschaftenden, seine Betriebsflächen als Eigentum besitzenden Bauern der Fellache, als abhängig Wirtschaftender, der im Rahmen der rentenkapitalistischen Agrarverfassung bisweilen nur seine eigene Arbeitskraft in den Betrieb einbringt, gegenübergestellt werden.

2. Die Bedeutungsentwicklung des Bauern-/Fellachentums

Im Zusammenhang mit dem Thema Klimagang und Kulturstufenentfaltung war die Entstehung des Zieh- und Sippenbauerntums als Ausgangsstufe der Lebensformdifferenzierung bereits dargestellt worden. Seit der Entstehung des Nomadismus vollzog sich bis in die jüngste Vergangenheit seine umfassende Bedeutungszunahme. Vom Nomadismus und von dem auf andere Weise an Bedeutung zunehmend gewinnendem, traditionellem Städtewesen wurde das Bauerntum von zwei Seiten in die Zange genommen. Den Nomaden gelang es vielfach, durch Überfall, Raub und die "Bruderschaftsabgabe" ("huwa") die Bauern in Abhängigkeit zu zwingen. In den Städten bildete sich eine andere, theokratisch-politisch begründete Form der Herrschaft aus, die über die rentenkapitalistische Agrarverfassung das Bauerntum ebenfalls in wirtschaftliche Abhängigkeit führte. Während Nomadismus und Städtewesen als Lebensformen zunehmend eine Bedeutungssteigerung erfuhren, vollzog sich beim Bauerntum der Prozess der Fellachisierung. Erst in neuerer Zeit, als mit der Konstituierung und Konsolidierung der orientalischen Staaten die innere Sicherheit nicht mehr durch die Nomadenstämme beeinträchtigt werden konnte, wurde das Fellachentum aus der Nomadenabhängigkeit weitgehend befreit. Freilich, die wirtschaftliche Abhängigkeit von den im Rahmen der rentenkapitalistischen Agrarverfassung in den Städten lebenden Grundeigentümern blieb weiter bestehen.

Dem Prozess der Fellachisierung muss noch ein weiterer, für den Orient ebenfalls typischer, an die Seite gestellt werden: der der Kabylisierung (H. Bobek), wobei die Bezeichnung von dem nordafrikanischen Gebirgsraum gleichen Namens übernommen wurde.

Literaturhinweis:

H. Bobek: Soziale Raumbildungen am Beispiel des Vorderen Orients, in: 27. Deutscher Geographentag München 1948, Tagungsbericht und wissenschaftliche Abhandlungen, Landshut 1950/51, S. 193-207

In den offenen Steppenräumen des Orients war das ursprüngliche Zieh- und Sippenbauerntum besonders leicht dem Zugriff der Nomaden, in den Oasen dem Zugriff der Städter ausgesetzt. Durch einen Rückzug in schwer zugängliche Gebirgsräume, z.B. in das anatolisch-persische Grenzgebiet, aber auch in das Libanon-Gebirge und in die Gebirge Nordafrikas, konnte sich das Bauerntum vor den Übergriffen der Nomaden und Städter leichter schützen. In solchen Kabyleien bewahrte es ethnologische Eigenarten, wie etwa eine sonst nur bei Nomaden übliche stammes- und sippenorientierte Sozialstruktur, Sitten und Gebräuche, auch sprachliche Eigentümlichkeiten, erkaufte aber seine bäuerlichen Freiheiten meist mit dem niedrigen Produktions- und Lebensniveau der Subsistenzwirtschaft.

3. Grundformen der traditionellen Agrarverfassung: Rentenkapitalismus und Feudalismus

In den folgenden Ausführungen werden bewusst zwei Begriffe in gegensätzlichem Sinne gebraucht: Rentenkapitalismus und Feudalismus - Begriffe, die bisweilen im allgemeinen Sprachgebrauch undifferenziert verwendet werden, etwa wenn ein rentenkapitalistischer Grossgrundbesitzer als Feudalherr bezeichnet wird. Dabei ist nur bei sehr oberflächlicher, auf den prunkhaften Lebensstil gerichteter Betrachtungsweise die Bezeichnung Feudalherr zu verstehen. Vielmehr handelt es sich beim Rentenkapitalismus und beim Feudalismus/Lehenswesen um sehr gegensätzliche Agrarverfassungen.

Zu den Merkmalen einer rentenkapitalistischen Agrarverfassung - im Sinne des von H. Bobek geprägten Begriffes - gehören:

Ein landwirtschaftlicher Betrieb besteht aus einer Reihe von Produktionsfaktoren, und zwar in der Regel den schon genannten Produktionsfaktoren: Boden, Wasser, Saatgut, tierische und menschliche Arbeitskraft. Diese Produktionsfaktoren sind nicht das Eigentum einer Person, wie das bei den landwirtschaftlichen Betrieben in Europa der Normalfall ist, sondern sind auf fünf, eventuell sogar noch mehr Personen verteilt. Einer Person etwa gehört der Boden; diese Person besitzt (als Eigentum) meist nicht nur die Fläche eines landwirtschaftlichen Betriebes in einem Dorf, sondern die Wirtschaftsfläche des ganzen Dorfes und bisweilen sogar die mehrerer Dörfer. Einer zweiten Person gehört das (Bewässerungs-)Wasser; da beispielsweise in Persien die Methoden zur Gewinnung von Bewässerungswasser (Qanatbau) kapitalintensiv sind und der Qanatbau nicht nur einem einzelnen Betrieb, sondern der Wirtschaftsfläche eines ganzen Dorfes zugute kommen soll, stellt der Grundeigentümer oft auch das Wasser. Über das Saatgut kann eine dritte Person verfügen; es wird aber in den meisten Fällen - je nach Wirtschaftslage - vom Grundeigentümer oder von demjenigen in den Betrieb eingebracht, der auch seine menschliche Arbeitskraft investiert. Diese Person verfügt meist über einige Tiere zur Verrichtung der Zugarbeiten, so dass sich die Aufsplitterung der Produktionsfaktoren oft auf zwei Personen, den Grundeigentümer und den die landwirtschaftlichen Arbeiten Verrichtenden, reduziert.

Die Ernte wird nach der Anzahl der die Produktionsfaktoren besitzenden Personen und der Bewertung der Produktionsfaktoren aufgeteilt. Stellt eine Person, etwa der Grossgrundbesitzer, ausser dem Boden noch das Wasser und das Saatgut, so erhält er 3/5 der Ernteanteile, wenn alle Produktionsfaktoren gleich hoch bewertet werden. Die Person, die nur ihre menschliche Arbeitskraft einbringt, erhält also unter Umständen nur 1/5 der Ernte oder weniger, wenn dieser Produktionsfaktor entsprechend gering bewertet wird.

Die Ertragsanteile an der Ernte - englisch: "shares" - sind die Renten; der die landwirtschaftlichen Arbeiten Verrichtende ist der Teilbauer oder Teilpächter (- weil der Grund und Boden nicht sein Eigentum ist -) - englisch: "sharecropper" genannt. Er wohnt im Dorf, in unmittelbarer Nähe der Fläche, die er - meist mit Hilfe eigener Zugtiere - bearbeitet. Der Grossgrundbesitzer, der im Dorf durch einen Aufseher vertreten ist, wohnt in einer nahen oder fernen Stadt; er ist der - englisch - "absentee landlord". Seine "Tätigkeit", die also nicht mit der Produktion gekoppelt ist, besteht auf der Basis des Gewinnstrebens im Abschöpfen der Erträge, der Renten; so ist die Bezeichnung Rentenkapitalismus zu verstehen und gerechtfertigt.

In der Praxis ist der Teilbauer an den Grossgrundbesitzer verschuldet. Das liegt an der geringen Grösse der Betriebsfläche, die dem Teilbauern in der Regel zur Nutzungsverfügung steht, an den auch bei Bewässerungswirtschaft wechselnden Ernteerträgen und an seinem geringen Anteil an der Produktion. Der Teilbauer und seine Familie leben im allgemeinen am Rande des Existenzminimums.

Mit der Unterscheidung Grossgrundbesitzer und Teilbauer sind auch im agrarsozialen Bereich die wichtigsten Träger der rentenkapitalistischen Agrarverfassung aufgezählt; im Dorf kommen aber meist noch Landarbeiter hinzu, die noch nicht einmal in einem Teilpachtverhältnis zu einem Grundherrn stehen.

Fragt man nach dieser Auflistung der wesentlichen Merkmale der rentenkapitalistischen Agrarverfassung nach den Ursachen ihrer Ausbildung, so muss man zunächst daran erinnern, dass sie alter, wahrscheinlich vorislamischer Entstehung ist. Diese Agrarverfassung hat wahrscheinlich in der theokratisch-politischen Ausbildung der Herrschaft und dem - dem Land gegenüber parasitären - Städtewesen ihre Wurzel. Zur Festigung und zum bis heute ununterbrochen andauernden Erhalt dieser Agrarverfassung haben aber sicher noch andere Umstände beigetragen. Der Raum des Orients war langandauernd durch politische Instabilität gekennzeichnet. Nicht nur von aussen durch Invasionen, etwa in den Mongolenstürmen des 12./13. Jahrhunderts, auch innerhalb der verschiedenen Territorien kam es zum relativ schnellen Austausch der Herrschenden. Angesichts dieser politischen Unsicherheiten stellen Schuldtitel - wie es die Renten bzw. Ernteanteile sind - ein weniger greifbares Besitztum dar als etwa die eigenbetriebliche Wirtschaftsführung der Grundeigentümer im landwirtschaftlichen Grossbetrieb. Hinzu kommt die - wahrscheinlich schon vorislamische - körperliche Arbeit gering achtende Wert- und Normsetzung, die den nichtstuerischen Grossgrundbesitzer, der nur Ernteerträge abschöpft, in seiner Haltung rechtfertigt und begünstigt.

Die rentenkapitalistische Agrarstruktur hat bedeutende Auswirkungen nicht nur auf die Agrarstruktur, sondern auf die gesamte Volkswirtschaft der orientalischen Länder. Wenn man trotz der Aufsplitterung in Produktionsfaktoren den Betriebsbegriff weiter verwendet und zur Kennzeichnung des Betriebes in erster Linie an die Einheit von Wirtschaftsfläche und Tätigkeitsbereich der Teilpächter denkt, so steht das Vorherrschen von Kleinbetrieben - natürlich auch durch den Bewässerungsanbau mitbedingt - in engem Zusammenhang mit der rentenkapitalistischen Agrarstruktur. Angesichts dieser Betriebsverhältnisse führt eine zunehmende Personenzahl in den Familien der Teilpächter entweder zur Aufnahme einer Tätigkeit als Landarbeiter - wenn dies möglich ist - oder zur Abwanderung der überzähligen Personen in die Städte. Da den Teilpächtern der Grund und Boden nicht gehört, kann er auch nicht auf eine zunehmende Kinderzahl vererbt und aufgeteilt - und damit verkleinert - werden.

Der geringe Anteil, den der Teilpächter von der Ernte erhält, beeinflusst die Grundeinstellung der ländlichen Bevölkerung gegenüber der Erzielung einer Mehrproduktion im Rahmen der rentenkapitalistischen Agrarverfassung. Weder für sich selbst noch für die Beschickung des Marktes und damit der Versorgung einer im Zuge der Industrialisierung zunehmenden städtischen Bevölkerung besteht bei strenger rentenkapitalistischer Agrarverfassung ein Anreiz zur Mehrproduktion. Die rentenkapitalistische Agrarverfassung ist als fortschrittshemmend zu bezeichnen, wenn man unter Fortschritt die Herausbildung der Industriegesellschaft im weitesten und die Entstehung des sekundären Sektors im engeren Sinne versteht. In der Praxis aber besteht doch für die Teilpächter ein gewisser Anreiz zu erhöhter Produktion, besonders dann, wenn durch die Nähe einer grösseren Stadt die

Möglichkeit zur Marktbeschickung besteht, weil nicht alle Produktionszweige des Betriebes - wie z.B. die Kleintierhaltung - von Abgaben an den Grundeigentümer belastet sind.

In der rentenkapitalistischen Agrarverfassung - wenn sie von alters her vorherrscht, was sehr wahrscheinlich ist - ist ein endogener (hier: landeseigener) Faktor des Entwicklungsrückstandes, wie ihn viele orientalische Länder im Vergleich zu den heutigen höchstindustrialisierten Ländern aufzuweisen haben, zu sehen. An diesen Tatbestand muss erinnert werden, wenn marxistisch orientierte Entwicklungstheoretiker den Entwicklungsrückstand zahlreicher Entwicklungsländer - hier insbesondere des Orients - a l l e i n auf exogene (von aussen, d.h. von den Industrieländern herangetragene und verschuldete) Faktoren zurückgeführt wissen wollen (- eine Beteiligung a u c h exogener Faktoren soll damit nicht geleugnet werden).

Literaturhinweis:

E. Mandel: Die Marxsche Theorie der ursprünglichen Akkumulation und die Industrialisierung der Dritten Welt, in: Folgen einer Theorie. Essays über "Das Kapital" von Karl Marx, 4. Aufl., Frankfurt 1971, S. 31-93

Literaturhinweise zum Thema Rentenkapitalismus im Orient:

H. Bobek: Die Hauptstufen der Gesellschafts- und Wirtschaftsentfaltung in geographischer Sicht, in: Die Erde, 90. Jg., Berlin 1959, S. 259-298

H. Bobek: Iran. Probleme eines unterentwickelten Landes alter Kultur, 3. Aufl., Frankfurt/Main 1967

H. Bobek: Zum Konzept des Rentenkapitalismus, in: Tijdschrift voor economische en sociale geografie, Bd 65, Amsterdam 1974, S. 73-78

Vergleiche:

U. Planck: Der Teilbau im Iran, in: Zeitschrift für ausländische Landwirtschaft, Bd 1, Frankfurt/Main 1962, S. 47 bis 81

E. Wirth: Die Beziehungen der orientalischen Stadt zum umgebenden Lande. Ein Beitrag zur Theorie des Rentenkapitalismus, in: E. Meynen (Hrsg.): Geographen heute - Einheit und Vielfalt (E. Plewe - Festschrift), Wiesbaden 1973 (Geographische Zeitschrift, Beihefte, Erdkundliches Wissen, Heft 33)

Vergleiche dagegen:

G. Leng: "Rentenkapitalismus" oder "Feudalismus"? Kritische Untersuchungen über einen (sozial-)geographischen Begriff, in: Geographische Zeitschrift, 62 Jg., Wiesbaden 1974, S. 119-137

Der rentenkapitalistischen Agrarverfassung ist die feudalistische/lehensmässige gegenüberzustellen. Diese Agrarverfassung deckt sich im Orient mit der des Osmanischen Reiches; sie hat aber insofern allgemeine Bedeutung für den Orient - die im einzelnen die Forschung noch weiter zu erhellen hat -, als das Osmanische Reich sich über fast alle Gebiete des Orients ausgedehnt hat. (Dies gilt mit Ausnahme Persiens, wo die rentenkapitalistische Agrarverfassung besonders stark verankert ist.) Mit der feudalistischen/lehensmässigen Agrarverfassung des Osmanischen Reiches - selbst wenn sie sich nicht in allen eroberten Gebieten des Orients hat durchsetzen können - war mindestens vorübergehend eine der rentenkapitalistischen Agrarverfassung gegenläufige Entwicklung wirksam.

Worin besteht das Wesen der osmanisch-feudalistischen Agrarverfassung?

Die Osmanen, ein ursprünglich nomadischer, türkischer Stamm, der mit anderen aus Innerasien über Persien - wo er islamisiert wurde - nach Inneranatolien eingewandert und in Nordwestanatolien (in und um Bursa) sesshaft geworden ist, haben von dort aus ihre Besitzungen zunächst über Anatolien, dann die Balkanhalbinsel und schliesslich weite Teile Südwestasiens (- aber mit Ausnahme Persiens -) und Nordafrikas ausgedehnt. Ihr Stammesführer, der Sultan, repräsentierte nicht nur den Staat, sondern war der Staat. Alles eroberte Land - und das war eine ganze Menge - fiel an den Staat, wurde Staatsland (türkisch-osmanisch: "chass"). Dieses Staatsland vergab der Sultan an seine Würdenträger verschiedenen Ranges als Lehen, d.h. nicht zum Eigentum. Der Lehensträger, der "Sipahi" - das Wort ist etymologisch in der Bezeichnung "Spahi" enthalten -, sollte wirtschaftlich in die Lage versetzt werden, durch die aus dem Lehen zu ziehenden Steuereinnahmen für den Sultan Krieger (türkisch-osmanisch: "celebi") zu stellen. Diese Einnahmen der Lehensträger unterscheiden sich also wesentlich von rentenkapitalistischen: sie dienten einem staatlichen Zweck, nicht der persönlichen Bereicherung des Lehensträgers; ausserdem lebte der Lehensträger auf dem Lehensland und bewirtschaftete eine Art Gutsbetrieb (türkisch: "çiftlik"). Von einer europäischen, gutswirtschaftlichen Agrarverfassung unterschied sich aber die osmanisch-feudalistische Agrarverfassung insofern, als die Bauern keine Leibeigenen waren, keine Hand- und Spanndienste zu leisten hatten, ohne Einholen der Erlaubnis heiraten und - wenn sie einen Ausgleich für das "celebi"-Aufgebot stellten - wegziehen konnten.

Es wurde bisher das idealtypische Bild der altosmanischen Agrarverfassung gezeichnet, die also den das Land Bewirtschaftenden ein hohes Mass an Selbständigkeit beliess und vor der Herabdrückung in den Stand des Teilpächters bewahrte. Meines Erachtens lässt sich der wesentlich höhere Anteil selbständiger Bauern, den es selbst heute - verglichen mit Persien - in Anatolien gibt, zum guten Teil auf die Wirkung der osmanisch-feudalistischen Agrarverfassung zurückführen; sicher haben auch die unterschiedlichen ökologischen Verhältnisse eine Rolle gespielt: die höheren natürlichen Niederschläge in ganz Inneranatolien, das Steppenland ist, im Gegensatz zum Bewässerungswasser, von dem das innerpersisch-afghanische Hochland, das Wüstenland ist, abhängt - wodurch dem Faktor Wasser im Rahmen der rentenkapitalistischen Agrarverfassung eine besondere Bewertung eingeräumt werden muss.

In spätosmanischer Zeit - in dem Masse wie die zentralstaatliche Gewalt erlahmte - degenerierte die Agrarverfassung. Die Lehensträger sahen ihr Lehen immer mehr als ihren persönlichen Besitz, als ihr Eigentum, an, nutzten ihre Einnahmen zur Ablösung der Verpflichtung zur "celebi"-Stellung und als persönliche Bereicherung. Auch wurden an Hofbeamte, am Hofe in Istanbul, Lehen verliehen oder verkauft, ohne dass die Lehensträger in ihrem Lehensland ihren Wohnsitz nahmen - sie wurden zu "absentee landlords". In degenerierter Form näherte sich die osmanisch-feudalistische Agrarverfassung der rentenkapitalistischen Agrarverfassung an.

Literaturhinweise zum Thema feudalistische Agrarverfassung im Orient:

P.A. von Tischendorf: Das Lehnswesen in den moslemischen Staaten insbesondere im osmanischen Reich, Leipzig 1872

D. Arslanian: Eine historisch-nationalökonomische Studie über das System des ländlichen Grundeigentums im osmanischen Reich, Diss. Leipzig, etwa 1882-88

A. Gurland: Grundzüge der muhammedanischen Agrarverfassung und Agrarpolitik mit besonderer Berücksichtigung der türkischen Verhältnisse. Ein historischer Versuch, Diss. Bern, Dorpat 1907

4. Die Wirtschafts- und Sozialstruktur der Landwirtschaft der Sesshaften

Nach den ökologischen und den sozioökonomischen Verhältnissen lassen sich drei Hauptvarianten der Wirtschafts- und Sozialstruktur in der Landwirtschaft der Sesshaften unterscheiden:

Variante I: das Oasenbauerntum,
Variante II: das Steppenbauerntum,
Variante III: das Gebirgsbauerntum.

Variante I: Das Oasenbauerntum; Qanatoase Kahrizak (Innerpersien) als Beispiel für rentenkapitalistische Agrarverfassung und Bewässerungslandwirtschaft

Hier soll an Hand eines Beispiels, der Qanatoase Kahrizak bei Teheran, die Agrarstruktur in der rentenkapitalistischen Agrarverfassung konkret aufgezeigt werden. Die Ausführungen stützen sich auf:

P. Fischer, G. Kortum: Kahrizak, eine Qanatoase bei Teheran, in: Geographische Rundschau, Jg. 19, Braunschweig 1967, S. 201-209

Das Dorf Kahrizak liegt etwa 20 km südlich von Teheran in einem Gebiet, das nur etwa 100 mm Niederschlag im Jahr erhält, also unterhalb der agronomischen Trockengrenze. Die natürliche Vegetation besteht aus einer kümmerlichen Wüstensteppe, die von durchziehenden Nomaden genützt wird. Kahrizak liegt aber auch im Bereich jener weit ausgedehnten Schwemmfächerkomplexe, die sich vom Südrande des Elburs-Gebirges in das persische Hochland hinein erstrecken, die durch den Bau von Qanaten als Wasserspeicher angezapft werden können, und die dann ganzjährig ein Wasserdargebot zur Bewässerung und als Trinkwasser zur Verfügung stellen. Durch die Nähe von Teheran kommt der Agrarstruktur der Qanatoase von Kahrizak eine gewisse Sonderstellung im Rahmen der rentenkapitalistischen Agrarverfassung zu, insofern nämlich, als in der nahen Grossstadt ein Absatz besonders für Gemüse und Kleintierprodukte (Eier, Hühner) besteht und genutzt werden kann. Gerade Gemüseanbau fordert einen hohen Arbeitsaufwand, so dass relativ viele Lohnarbeiter in Kahrizak beschäftigt werden können/müssen, die von den Teilpächtern zu entlohnen sind. In stadtfernen Qanatoasen fehlt diese Produktionsausrichtung und die entsprechende Variante der agrarsozialen Struktur; der Getreideanbau (auf Bewässerungsbasis) ist dann dominant.

Die Wirtschaftsfläche von Kahrizak betrug im Jahr der Untersuchung (1962) 140 ha; davon wurden 94 ha genutzt, 46 ha lagen brach. Die 94 ha teilten sich in der Nutzung folgendermassen auf:

Weizen	53 ha	61 ha
Gerste	8 ha	
Zwiebeln	10 ha	33 ha
Gurken, Tomaten, Melonen	15 ha	
Gemüse, Obst	4 ha	
Zuckerrüben, Klee	4 ha	

Alle Kulturen werden bewässert, wenn auch in unterschiedlichem Ausmass. Das Getreide wird nur zwei- bis dreimal während der Wachstumszeit, das Gemüse dagegen einmal wöchentlich bewässert. Die Bewässerung erfolgt durch Einstau von Wasser auf die bebauten Flächen und ist dadurch mit allen im Rahmen der Ökosystembetrachtung dargelegten Problemen der Versalzung und Salzbodenbildung verknüpft.

In Kahrizak waren zur Zeit der Untersuchung 33 Familien in der Landwirtschaft beschäftigt; davon waren 16 Teilpächter, 17 Lohnarbeiter. Dieser im Vergleich mit stadtfernen Qanatoasen hohe Anteil von Lohnarbeitern ist - wie dargelegt - auf den Einfluss der Stadt Teheran und die Möglichkeit des Absatzes von arbeitsintensiven und somit den Einsatz von Lohnarbeitern erforderlich machenden Gemüseprodukten zurückzuführen. Der Grundeigentümer des Dorfes, der in Teheran wohnt, ist im Dorf durch seinen Aufseher (in Farsi: "kadkoda") vertreten. Von den fünf landwirtschaftlichen Produktionsfaktoren sind in Kahrizak der Grund und Boden und das Wasser (die Qanate) Eigentum eines Grossgrundbesitzers. Das Saatgut wird zum Teil vom Grossgrundbesitzer, zum Teil von den Teilpächtern gestellt, die im übrigen alle ihre menschliche Arbeitskraft in den Betrieb einbringen. Zum Teil verfügen sie auch über Zugtiere; bisweilen reichen die Einnahmen sogar für die vorübergehende Verwendung eines Leihtraktors aus dem Nachbardorf.

Was die Verteilung der Ernteerträge betrifft, so ergibt sich für Kahrizak folgendes Bild:

Produkt	Ertrag in dz	Davon entfallen auf: Saatgut	Grossgrundbesitzer	Verkauf	Eigener Verbrauch
Weizen	50	5	30		15
Gerste	15	1,5	10	3,5	
Baumwolle	15	1,5	7,5	6	
Kürbis	52,5		40,5	8	4
Auberginen	2650 Stück		1050 Stück	1200 Stück	400 Stück

Es zeigt sich, dass der Grossgrundbesitzer von der Ernte folgende Anteile erhält (in %):

Weizen	60
Gerste	66,7
Baumwolle	50
Kürbis	77,1
Auberginen	46,7

Es muss jedoch vermerkt werden, dass die Erträge aus der Kleintierhaltung der Teilpächter, die einen günstigen Absatzmarkt im nahen Teheran finden, nicht durch Abgaben an den Grundherrn belastet sind und dadurch wesentlich zur Einkommensverbesserung gerade der Teilpächter in Kahrizak beitragen.

Was hier am Beispiel der persischen Qanatoase von Kahrizak aufgezeigt wurde, nämlich die rentenkapitalistische Agrarstruktur im Rahmen der Bewässerungslandwirtschaft, gilt im Prinzip auch für die traditionelle Landwirtschaft in den grossen Stromoasen an Nil, Euphrat und Tigris.

Literaturhinweise:

E. Wirth: Agrargeographie des Irak, Hamburger Geographische Studien, Heft 13, Hamburg 1962

P. Simons: Die Entwicklung des Anbaus und die Verbreitung der Nutzpflanzen in der ägyptischen Nilstromoase von 1800 bis zur Gegenwart, Kölner Geographische Arbeiten, Heft 20, Wiesbaden 1968

Variante II: Das Steppenbauerntum

Um der grösseren Variationsbreite des Steppenbauerntums im Orient Rechnung zu tragen, sollen hier zwei Abwandlungen, die beiden grossen, weitgehend in sich einheitlichen Steppenräume Inneranatolien und Nordostsyrien als die hauptsächlichsten Abwandlungen der Variante II dargestellt werden.

Variante IIa: Inneranatolien als Beispiel für feudalistische Agrarverfassung und Trockenlandwirtschaft

Literaturhinweise:

H. Wenzel: Forschungen in Inneranatolien II. Die Steppe als Lebensraum, Schriften des Geographischen Instituts der Universität Kiel, Bd VII, Heft 3, Kiel 1937

H. Louis: Probleme der Kulturlandschaftsentwicklung in Inneranatolien, in: Erdkunde, Bd II, Bonn 1948, S. 146-151

W.-D. Hütteroth: Getreidekonjunktur und jüngerer Siedlungsausbau im südlichen Inneranatolien, in: Erdkunde, Bd XVI, Bonn 1962, S. 249-271

Wenn man von der Feststellung ausgeht, dass ja gerade in Anatolien eine der rentenkapitalistischen Agrarverfassung gegenläufige, osmanisch-feudalistische/lehensmässige Agrarverfassung über längere Zeit wirksam sein konnte, dann lässt sich die These aufstellen, dass in höherem Masse als bei rentenkapitalistischer Agrarverfassung ein selbständiges Steppenbauerntum zu erwarten ist, das potentiell über eine breitere Reaktionsskala bei eventuellen Neuerungen (Innovationen) kulturlandschaftlicher Art verfügt. Es soll im folgenden überprüft werden, ob dies der Fall ist.

Verglichen mit dem Ökosystem Oase, in dem das Bewässerungswasser zur landwirtschaftlichen Nutzung vom Menschen quasi produziert werden muss, steht im Ökosystem Steppe natürliches Niederschlagswasser in gerade noch für den Anbau ausreichendem Masse bestimmter Kulturpflanzen zur Verfügung. Damit kann der von der Natur gegebene Faktor Wasser im Ökosystem Steppe im Rahmen der Agrarverfassung nicht die Bedeutung erlangen, die diesem Faktor im Rahmen einer rentenkapitalistischen Agrarverfassung bei Bewässerungsanbau zukommt.

Aber auch im Ökosystem Steppe muss der Mensch besondere Anstrengungen unternehmen, um angesichts der Aridität des Raumes dem Boden Erträge abzuringen. Dies geschieht mit Hilfe der im Orient althergebrachten Methode des Trockenfarmens, die unter der Bezeichnung "dry farming" in USA ihre wissenschaftliche Auferstehung erfahren hat. Diese Methode besteht darin, dass nach der (Getreide-)Ernte der Boden in einer solchen Weise bearbeitet wird (- gepflügt und geeggt -) und diese Arbeiten zeitlich so terminiert werden, dass das natürliche Niederschlagswasser voll in den Boden eindringen, aber nicht wieder verdunsten kann. So werden Niederschläge eines Jahres oder sogar mehrerer Jahre im Boden gespeichert, die nach erneuter Aussaat dem Wachstum des Getreides zugute kommen. Teile des Steppenlandes werden also über eine gewisse Zeit in Schwarzbrache gehalten. Um betrieblich rentabel wirtschaften zu können, erfordert die Anwendung der Methode des Trockenfarmens sehr grosse Betriebsareale - im Gegensatz zu den meist kleinparzellierten Flächen der Bewässerungslandwirtschaft in den Oasen. Die Steppendörfer liegen also in weitem Abstand zueinander, in Inneranatolien oft bis zu 30 km auseinander, so weit wie in Europa die kleineren Städte.

Die andersartigen ökologischen Verhältnisse der Steppe - verglichen mit den Oasen - und die andersartige, traditionelle Agrarverfassung haben in Koppelung miteinander und mit weiteren Faktoren zu einem für Inneranatolien bezeichnenden, agrarstrukturellen Entwicklungsprozess geführt, als mit der Verlegung der Hauptstadt der Türkei von Istanbul nach Ankara ein Entwicklungsanstoss von aussen her einsetzte.

Um 1899, als das Landstädtchen Angora Eisenbahnanschluss erhielt, war Angoraziegenwolle die "cash crop" der nicht nur in den Gebirgsumrahmungen, sondern auch im Bereich der Ovaböden verbreiteten Viehhaltung. Der Bahnanschluss brachte der viehwirtschaftlichen Produktion einen bescheidenen Aufschwung.

Erst mit der Einrichtung der Hauptstadt der türkischen Republik nach Ende des Ersten Weltkrieges (1923) in Angora/Ankara setzten mit der städtischen Bevölkerungszunahme und damit der Bildung eines bedeutenden Verbrauchermarktes umfangreichere Ausstrahlungen auf die Steppenlandwirtschaft Inneranatoliens ein. Unterstützt durch staatliche Massnahmen zogen die Getreidepreise besonders seit den vierziger Jahren an. Das Steppenbauerntum, das nicht von einer rentenkapitalistischen Agrarverfassung (- mit Ausnahme der Gebirgsrandoasen Inneranatoliens -) in seinen Reaktionsspielraum eingeengt war, konnte die Herausforderung des Marktes annehmen. Allmählich wurde die Viehhaltung auf die Gebirgsumrahmungen der Ovas zurückgedrängt, während im Bereich der Ovaböden sich der Getreideanbau ausbreitete.

Jedoch zeigte sich in der Innovationsbereitschaft und -fähigkeit eine breite Palette innerhalb des Steppenbauerntums. Der Getreidebau auf Grossflächen setzt eine Mechanisierung voraus.

Technisch war diese Mechanisierung nicht schwierig zu erreichen, weil gerade am Ende des Zweiten Weltkrieges - hier spielen neue aussenpolitische Beziehungen der Türkei hinein - von US-amerikanischer Seite entsprechende Hilfestellungen gegeben wurden. Aber gerade die unterschiedliche Aufnahme derartiger technischer Innovationen durch das Steppenbauerntum Inneranatoliens zeigt den Reaktionsspielraum. Geringe Schwierigkeiten beim Einsatz von Maschinen im Getreidebau in Inneranatolien liessen die grösseren Grundbesitzer erkennen: sie waren von ihrer eigenen Kapitalausstattung und den Betriebsgrössen her, die den Einsatz von Maschinen rentabel gestalten, innovationsbereit. Auch kam es bei kleineren Grundbesitzern - vom Staat unterstützt - zur Gründung von landwirtschaftlichen Genossenschaften, über die der Einsatz von Maschinen auch für sie bewerkstelligt werden konnte. Eine dritte Reaktionsweise zeigen die selbständigen Kleinbauern Inneranatoliens, oft im Bereich der Gebirgsumrahmungen: sie sind von ihren geringen Betriebsgrössen her, von ihrer niedrigen Kapitalausstattung und wohl auch von ihrer traditionellen Denkweise am wenigsten innovationsfähig und innovationsoffen.

So begegnen dem Reisenden in Inneranatolien heute bei insgesamt dominierendem Getreidebau die unterschiedlichsten Arten von landwirtschaftlichen Gerätschaften: von den modernsten Mähdreschern und traktorgezogenen Mehrfachpflügen und -eggen bis hin zum traditionellen, von einem Ochsengespann gezogenen Ritzpflug und den althergebrachten Dreschschlitten.

Gerade die breite Skala innovationsrezipatorischer Verhaltensweisen beim inneranatolischen Steppenbauerntum scheint mit ein Beleg zu sein für die als Folge der freiheitlicheren, osmanisch-feudalistischen Agrarverfassung eingetretene, stärkere Betriebsgrössendifferenzierung und die damit verbundene, agrarsoziale Differenzierung im Gegensatz zu der starren, der Dynamik wenig Spielraum lassenden, rentenkapitalistischen Agrarverfassung.

Variante IIb: Nordostsyrien als Beispiel für moderne Organisationsformen in der Trockenlandwirtschaft

Die folgenden Ausführungen stützen sich auf die Veröffentlichung von:

> E. Wirth: Die Ackerebenen Nordostsyriens, in: Geographische Zeitschrift, 32. Jg., Wiesbaden 1964, S. 7-42

Was die ökologischen Bedingungen betrifft, so liegen naturgemäss ähnliche Verhältnisse wie in Inneranatolien vor. Damit eröffnen sich auch ähnliche Möglichkeiten, mit Hilfe der Methode des Trockenfarmens die Anbaugrenze auf Regenfall zu verschieben. Auch historisch deutet sich manche Parallele zu Inneranatolien an: während Inneranatolien das Kernland des Hethiterreiches von etwa 1800 bis 1200 vor Christus war, ist Nordostsyrien das Kernland des assyrischen Reiches etwa im 3. Jahrtausend vor Christus gewesen. Beide Räume haben starke Völkerstürme über sich ergehen lassen müssen - eine Folge der guten Durchgängigkeit der Steppen. In Unter- und Obermesopotamien waren es die Mongoleneinfälle, die zur Vernichtung der Bewässerungswirtschaft an Euphrat und Tigris führten. In Inneranatolien verdrängten die Turkstämme das Byzantinische Reich und errichteten die Nomadenherrschaft.

Mit der Ausdehnung des Osmanischen Reiches in die nordostsyrischen Steppen hinein setzte eine neue Entwicklung ein. Zur Grenzsicherung gegen Nomadenstämme gründeten die Türken Garnisonen (Urfa, Mardin, Nisibin) und siedelten religiöse, meist christliche Minderheiten zwangsweise an (armenische Katholiken, Gregorianer, syrisch-katholische Christen, Juden, Tscherkessen).

Nach der Grenzziehung zwischen der Republik Türkei und dem damaligen französischen Protektorat Syrien kam es am Ende des Ersten Weltkrieges als Folge der allgemeinen Befriedung im französischen Protektorat zur Auswanderung weiterer Minderheitsgruppen aus der Türkei und zur vermehrten Ansiedlung in Nordostsyrien.

Damit wurde ein Steppenbauerntum dort ansässig, das als besonders innovationsbereit bezeichnet werden kann. Als während des Zweiten Weltkrieges grosse Heere, die verpflegt sein wollten, in Räumen des Orients standen, war gerade für Nordostsyrien ein Anreiz zur Ausweitung des Getreidebaus gegeben. Insofern war eine mit den inneranatolischen Verhältnissen nach der Einrichtung der türkischen Hauptstadt in Ankara prinzipiell vergleichbare Situation in Nordostsyrien eingetreten.

Eine neue Variante der Organisation des Anbaus kam in Nordostsyrien hinzu: dort trugen kaufmännische Unternehmer aus den nordsyrischen Städten heraus modernste Anbaumethoden in die Steppenagrarlandschaft hinein. Sie pachteten - nach erzieltem Gewinn kauften sie - Land von den Nomadenstämmen und zogen eine Getreideproduktion in agrarindustrieller Weise auf, wie sie im nordamerikanischen Weizengürtel praktiziert wird. Das heisst, Maschinentrupps wurden eingesetzt, die - grossflächig - die Aussaat vornahmen und die nur noch ein zweites Mal im landwirtschaftlichen Jahr, zur Erntezeit, mit anderen Maschinen die Wirtschaftsflächen aufsuchten. Die Betriebsbesitzer (oder Betriebspächter) wohnten nach Art des nordamerikanischen "suitcase farmers" in der Stadt und erschienen nur zur Überwachung der Aussaat- bzw. Erntearbeiten auf ihren Ländereien; sie haben kaum etwas mit dem "absentee landlord" der rentenkapitalistischen Agrarverfassung gemein.

Ob derartige Strukturen heute noch in Nordostsyrien bestehen, muss offen bleiben.

Variante III: Das Gebirgsbauerntum

Um der grösseren Differenziertheit des Gebirgsbauerntums im Orient Rechnung zu tragen, sollen hier drei Abwandlungen unterschieden werden:

Variante IIIa: das Gebirgsbauerntum im Libanon-Gebirge,
Variante IIIb: das Gebirgsbauerntum im Aures-Gebirge (Nordafrika),
Variante IIIc: das Gebirgsbauerntum im türkischen Schwarzmeergebiet.

Diese drei Varianten unterscheiden sich insofern, als sie

(a) das Beispiel einer Kabylei als Rückzugsgebiet religiöser Minderheiten,
(b) das Beispiel einer Kabylei als völkisches Rückzugsgebiet und
(c) das Beispiel für Feuchtlandwirtschaft im Gebirgsraum

darstellen.

Variante IIIa: Das Libanon-Gebirge als Beispiel eines Rückzugsgebietes religiöser Minderheiten

Der orientalische Staat Libanon, der im wesentlichen das Libanon-Gebirge, die vorgelagerte, schmale Küstenebene, Teile des Antilibanon-Gebirges und die zwischen Libanon- und Antilibanon-Gebirge liegende Hochebene, die Bekaa, umfasst, ist durch eine eigentümliche, aus religiösen Splitter- und Minderheitsgruppen zusammengesetzte Bevölkerungsstruktur gekennzeichnet. Zu den bedeutendsten christlichen und islamischen Gruppen bzw. Sekten gehören:

- die Maroniten - entstanden als christliche Sekte etwa im 7. Jahrhundert zur Zeit der islamischen Eroberung - zogen sich in das Gebirge zurück, nachdem sie vorher um das Kloster des heiligen Maron zwischen Hama und Homs in der Ebene gesiedelt hatten; seit der Kreuzfahrerzeit (1181) sind sie mit der römisch-katholischen Kirche uniert;

- die Schiiten, eine islamische Gruppe/Sekte, die - wie bereits erläutert - nicht wie die Sunniten in den Kalifen die rechtmässigen Nachfolger des Propheten Mohammed sieht, sondern in Ali, dem Vetter und Schwiegersohn Mohammeds. Die Schiiten sind vor allem in Iran die religiös tonangebenden Moslems, sind aber auch im Libanon unter den Sunniten mit einer Gruppe vertreten;

- die Drusen, eine islamische Sekte, die sich - bereits im 11. Jahrhundert - von den Schiiten abgespalten hat;

- die Alawiten, eine weitere islamische Sekte, die sich von den

Ismaeliten - sie verehren Ali, den Vetter und Schwiegersohn Mohammeds, als Gott - abgespalten hat.

Die folgenden Ausführungen stützen sich auf:

W. Klaer: Vergleichende sozialgeographische Untersuchungen in einigen christlichen und mohammedanischen Gemeinden von Libanon, in: Heidelberger Studien zur Kulturgeographie (Festschrift für G. Pfeifer), Heidelberger Geographische Arbeiten, Heft 15, Wiesbaden 1966, S. 331-339

E. Wirth: Zur Sozialgeographie der Religionsgemeinschaften im Orient, in: Erdkunde, Bd XIX, Bonn 1965, S. 265-284

Drei Dörfer, das alawitisch-islamische Massoudiye, das sunnitisch-islamische Ayoun und das maronitisch-christliche Beino sollen zunächst (nach der Untersuchung von W. Klaer) in ihrer Wirtschafts- und Sozialstruktur vorgestellt werden, um danach nach den Ursachen des heute so unterschiedlichen Entwicklungsstandes zu fragen.

In Massoudiye herrscht die rentenkapitalistische Agrarverfassung. Das Land gehört sunnitischen Eigentümern, die nicht in einer Stadt, sondern im nächsten sunnitischen Dorf wohnen und ihren Grund und Boden an Alawiten verpachtet haben. Es wird Trockenfeldbau betrieben. Obwohl der Faktor Bewässerungswasser auf der Abgabenseite also keine Rolle spielt, fallen doch 40 bis 50 % der Ernte an den Grundherrn. Die Felder werden traditionell überwiegend durch den Einsatz von Zugtieren bearbeitet. Die ländlichen Häuser und armseligen Einraumhütten, aus Lesesteinen errichtet, weisen ein Flachdach auf und sind fensterlos. Es gibt kein elektrisches Licht, keine Wasserleitung; 90 % der Bewohner sind Analphabeten. Es gibt keine Schule im Dorf. Die Zahl der Kinder ist gross, die Säuglingssterblichkeit hoch. Das Dorf betreibt überwiegend Selbstversorgungslandwirtschaft, es wird kaum etwas für den Markt produziert. Das Bargeld, das zum Einkaufen von verschiedenen Dingen benötigt wird, verdienen die Männer durch Gelegenheitsarbeit in den nächsten Städten, Tripoli und Beirut.

Insgesamt bietet sich das Bild eines in Isolation und Stagnation verharrenden Rückzugsdorfes mit rentenkapitalistischer Agrarverfassung.

In Ayoun leben selbständige Bauern, d.h. den Landwirtschaft Treibenden gehört das von ihnen bewirtschaftete Land als Eigentum. Auf - in mühevoller Arbeit geschaffenen - schmalen, langgestreckten und bewässerten Terrassen werden nicht nur Getreide und Mais zur Selbstversorgung, sondern auch Öl- und Feigenbäume in geringer, Apfelbäume in grösserer Höhenlage angebaut. Apfelbäume haben seit dem Zweiten Weltkrieg im Libanon als Innovationskultur Einzug gehalten, als durch die Anwesenheit grosser Armeen, deren Angehörige es gewohnt waren, Äpfel zu essen, eine Absatzmöglichkeit sich auftat. Auf diese Möglichkeit haben also

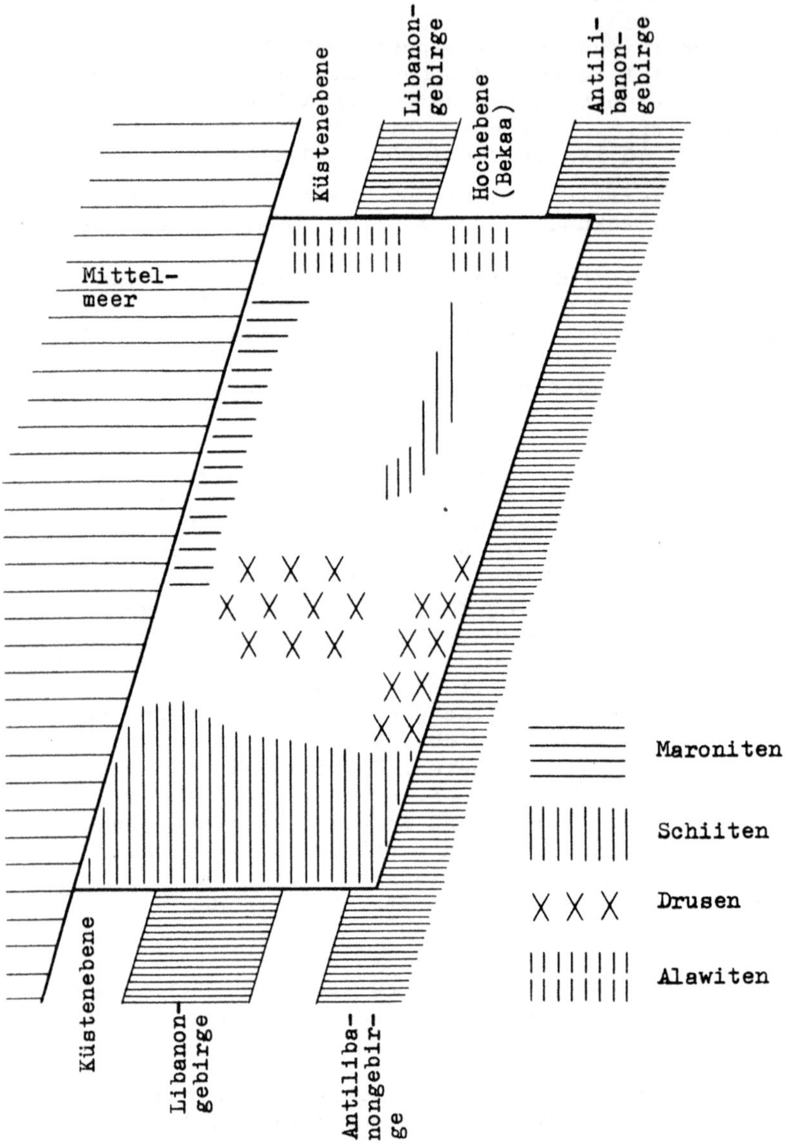

Abb. 29 Die Verbreitung der Angehörigen ausgewählter religiöser Gruppen/Sekten im Libanon (schematisch)
(nach: W. Klaer: Vergleichende sozialgeographische Untersuchungen in einigen christlichen und mohammedanischen Gemeinden von Libanon; in: Heidelberger Studien zur Kulturgeographie (Festschrift für G.Pfeifer); Heidelberger Geographische Arbeiten, Heft 15, Wiesbaden 1966, S. 331-339)

auch islamische Dörfer reagiert, wenn sie sich aus selbständigen Bauern zusammensetzten und nicht durch rentenkapitalistische Agrarverfassung betriebswirtschaftlich eingeengt waren.

Die ländlichen Häuser sind Mehrraumhäuser und bedeutend besser als in Massoudiye, aber doch ärmlich ausgestattet; sie gehören jedoch - im Gegensatz zu Massoudiye - ihren Bewohnern. In Ayoun ist Anschluss an das elektrische Leitungsnetz, aber keine Wasserleitung vorhanden. Wie in Massoudiye ist der Anteil der Analphabeten hoch; das Dorf besitzt keine Schule. Zur Zeit der Untersuchung durch W. Klaer war gerade eine Teerstrasse in das Gebirge, mit Anschluss nach Beirut, fertiggestellt, so dass Impulse in Richtung auf eine in stärkerem Masse marktorientierte Produktion zu erwarten waren.

Insgesamt bietet Ayoun das Bild eines teilisolierten Gebirgsdorfes, das aufgrund des Fehlens einer rentenkapitalistischen Agrarverfassung in höherem Masse auf Einflüsse von aussen reagiert hat.

Das maronitisch-christliche Beino zeigt wiederum eine andere Wirtschafts- und Sozialstruktur. Stattliche, oft zweigeschossige Häuser mit zahlreichen Fenstern, meist den üblichen - vielleicht aus Kreuzritterzeiten stammenden - Dreibogenfenstern herrschen vor. Behauener Kalkstein wird als Baumaterial verwendet. Der Ort besitzt eine zentrale Wasserversorgung und ist an das Stromnetz des Landes angeschlossen. Eine Teerstrasse führt nach Tripoli und Beirut. Es gibt eine Schule im Dorf, in einem benachbarten maronitischen Dorf sind sogar zwei Schulen vorhanden, eine staatliche und eine private. Es dominieren die selbständigen Bauern. Die Wirtschaftsflächen, überwiegend im Terrassenbau angelegt, haben ein gepflegtes Aussehen. Äpfel werden - in der entsprechenden Höhenstufe - für den Binnenmarkt und für den Export in arabische Länder gezogen, daneben - in tieferen Lagen - Ölbäume, deren Früchte auf dem Markt in Beirut angeboten werden. Im Ort ist eine Kirche vorhanden. Es bestehen kleine Hotels und Pensionen, die wie die Privatquartiere einheimische Touristen zur Sommerfrische aufnehmen.

Insgesamt bietet Beino das Bild eines wirtschaftlich und sozial an die Aussenwelt angeschlossenen, also nicht isolierten Gebirgsdorfes.

Nach dieser typisierenden Charakterisierung dreier libanesischer Gebirgsdörfer stellt sich die Frage nach den Ursachen eines so unterschiedlichen Entwicklungsstandes. Es wäre zu einfach, diese Unterschiede allein aus der Zugehörigkeit zu unterschiedlichen Religionen, dem Christentum und dem Islam, erklären zu wollen; ausserdem würde eine solche Erklärung die offensichtlichen Unterschiede unter den beiden islamischen Dörfern unberücksichtigt lassen.

Der Islam kann nicht grundsätzlich als wirtschaftsfeindlich hingestellt werden.

Literaturhinweis:

A. Rühl: Vom Wirtschaftsgeist im Orient, Leipzig 1925

Wohl ist das Erheben von wucherischen Zinsen im Koran (2. Sure, Vers 275) verboten, aber das im Orient weitverbreitete, ausgeprägte Gewinnstreben wird von der Religion nicht behindert. Eher schon ist die rentenkapitalistische Agrarverfassung, die aus vorislamischer Zeit stammt, für das starke Beharrungsvermögen erstarrter Strukturen verantwortlich zu machen.

Die Unterschiede im Entwicklungsstand der drei libanesischen Gebirgsdörfer sind im unterschiedlichen innovationsrezipatorischen Verhalten ihrer Bewohner - im Prinzip ähnlich der unterschiedlichen Innovationsfähigkeit der inneranatolischen Steppenbauern, aber inhaltlich auf andere Weise - zu suchen, wobei durch die Religionen gesetzte Bedingungen hineinspielen.

Als der Hafen von Beirut in der zweiten Hälfte des 19. Jahrhunderts gebaut wurde, war dies eine Zeit, in der im Osmanischen Reich - und der Libanon gehörte damals dazu - Christen verfolgt wurden. Nachdem sich als Reaktion früherer Verfolgungen von Christen und islamischen Sekten diese Bevölkerungsteile in das Gebirge zurückgezogen hatten, wo sie lange mit geringen Unterschieden des Entwicklungsstandes lebten, ergab sich durch den Hafenbau für die christlichen Gebirgsdörfer im Libanon die Möglichkeit der Auswanderung in andere, christliche Länder. Die in der Fremde - zum Teil in Lateinamerika - zu Geld Gekommenen hielten die Verbindung mit den in ihrer alten Heimat, den christlichen Gebirgsdörfern im Libanon, Zurückgebliebenen aufrecht, unterstützten sie finanziell und liessen sich zum Teil im Alter in ihrem Heimatdorf nieder. Mit diesen Einflüssen wurde nicht nur eine wirtschaftliche Basis gerade den christlichen Dörfern im Libanon geschaffen, sondern durch die Auflockerung der Wert- und Normvorstellungen ihrer Bewohner deren Innovationsbereitschaft erhöht. Den islamischen Gebirgsdörfern mangelte es an einem vergleichbaren Entwicklungsanstoss von aussen. Ihr unterschiedlicher Entwicklungsstand muss im Rahmen ihrer unterschiedlichen Agrarverfassungen gesehen werden. Als im Zweiten Weltkrieg die Apfelkulturen im Libanon eingeführt werden konnten, reagierten sowohl die christlichen als auch die islamischen Dörfer ohne rentenkapitalistische Agrarverfassung auf die neue Marktsituation.

Ohne Zweifel haben aber auch weitere, von den Religionen gesetzte, soziale Normen einen Einfluss auf den wirtschaftlichen Entwicklungsstand. Im Christentum ist die Aufnahme von Fremden in die Familie nicht tabuisiert; dadurch wird ein privates Fremdenverkehrsgewerbe möglich, das im Libanon gerade den christlichen Gebirgsdörfern nicht unbeträchtliche, supplementäre Einnahmen verschafft.

Der Islam verbietet eine Beherbergung Familienfremder; die Privatheit der Familie, der Abschluss vor allem der weiblichen Familienangehörigen vor den Augen der Öffentlichkeit ist im Islam ein wichtiges, das soziale und damit auch das wirtschaftliche Leben prägendes Gebot.

Variante IIIb: Das Aures-Gebirge (Nordafrika) als Beispiel eines völkischen Rückzugsgebietes

Die folgenden Ausführungen stützen sich auf:

> H. Achenbach: Agrargeographische Entwicklungsprobleme Tunesiens und Ostalgeriens. Exemplarische Strukturanalyse ausgewählter Reform- und Traditionsräume zwischen Mittelmeerküste und Nordsahara, Jahrbuch der Geographischen Gesellschaft zu Hannover, Hannover 1971

Thematisch handelt es sich um ein völkisches Rückzugsgebiet der Berber - eine Kabylei im Sinne H. Bobeks, die fast keine Entwicklungsanstösse von aussen erfahren hat.

Das Aures-Gebirge ist der östliche Ausläufer des Sahara-Atlas. Es grenzt im Süden an den vollariden saharischen Raum; vom Mittelmeer ist es durch das nordalgerische Küstengebirge und das Hochland der Schotts getrennt. Transsaharische Verkehrswege, die zum Mittelmeer führen, umgehen das Aures-Gebirge im Westen und Osten; es ist auch heute verkehrsmässig unaufgeschlossen und daher seit langem als Rückzugsgebiet prädestiniert.

Das Gebirge ist eines der zahlreichen Rückzugsgebiete der nordafrikanischen Berber, die auch nach ihrem Übergang zur Sesshaftigkeit im Gebirge im Stammesverband siedeln. Die Berber - eine rassisch heterogene Bevölkerungsgruppe - haben sich zur Zeit der islamisch-arabischen Eroberung Nordafrikas im 7./8. Jahrhundert zum Teil in das Gebirge, zum Teil aber auch in schwer zugängliche saharische Oasen zurückgezogen, aber doch den Islam als Religion angenommen, wenn auch mit einigen Abweichungen. So geniesst die Frau - wie übrigens auch bei den Kurden, einem südwestasiatischen, bäuerlichen Rückzugsvolk - mehr Freiheiten; möglicherweise bestand ursprünglich eine matriarchalische Familienverfassung. Das Aures-Gebirge ist einheitlich von Berbern besiedelt - im Gegensatz zum Libanon-Gebirge, in das sich unterschiedliche religiöse Splittergruppen zurückgezogen haben.

Die Problematik des Raumes als völkisches Rückzugsgebiet besteht hauptsächlich aus zwei Teilproblemen, die aber in verknüpfender Beziehung stehen, und zwar einmal der Auseinandersetzung mit den - für die menschliche Nutzung kärglichen - ökologischen Gegebenheiten am Rande der Ökumene, zum anderen dem Bevölkerungswachstum. Über die kaum vermehrbaren Nutzungsareale stehen beide Teilprobleme in rückkoppelnder Beziehung miteinander.

Aus der Lage und Höhe des Aures-Gebirges - genauer: des Gebirgsstockes - ergibt sich das Problem des Erreichens oder

Überschreitens mehrerer ökologisch-ökumenischer Grenzen. In dem bis 2500 m aufragenden Aures-Gebirge wird die Höhengrenze des permanenten Getreideanbaus bei etwa 2000 m erreicht. Als Folge der Nord-Süd-Exposition des Gebirges reicht der permanente Getreideanbau auf der mehr beregneten, also hygrisch besser ausgestatteten Nordseite bis in die Talböden und Ebenen; auf der Südseite hingegen kann nur bis etwa 1500 m hinab permanenter Getreidebau getrieben werden; unterhalb schliesst sich der intermittierende Getreidetrockenfeldbau, nach der Methode des Trockenfarmens, an. Auf der Südseite dringt in den Tälern das vollaride saharische Klima in das Gebirge ein, so dass dort Feldbau nur auf Bewässerungsbasis getrieben werden kann. Dort, am südlichen Gebirgsrand, gedeiht in den Wadis/Oueds die Dattelpalme, die weiter hinauf in das Gebirge als Folge ihrer Kälteempfindlichkeit nicht vorzudringen vermag. Dafür können je nach Kälteempfindlichkeit in den tieferen Lagen Öl-, Feigen- und Aprikosenbäume, in den höheren Lagen Äpfel- und Birnbäume gezogen werden. Angesichts der kärglichen natürlichen Ausstattung werden auch solche Flächen im Gebirge genutzt, die von macchienartiger Vegetation oder degeneriertem Wald bedeckt sind. Sie dienen als Weideflächen, um mittels transhumanter Viehhaltung die Subsistenzwirtschaft der Gebirgsbauern zu stützen.

Durch das Erreichen der Trocken- und Kältegrenzen des Anbaus im Aures-Gebirge stehen der Bevölkerung kaum erweiterbare Nutzungsareale zur Verfügung. Diese Bevölkerung ist aufgrund ihres Subsistenzwirtschaftsniveaus nicht in der Lage - etwa durch Intensivierung des Anbaus - die Produktion zu steigern. Diese Situation wird noch dadurch verschärft, dass sich die Bevölkerung des Aures-Gebirges - wie auch die anderer Kabyleien im Orient - in beträchtlicher Zunahme befindet. Es soll dahingestellt bleiben, ob diese Bevölkerungszunahme - als Folge wahrscheinlich einer verminderten Kinder- und Altensterblichkeit und/oder höherer Gebürtigkeit - nicht doch von aussen, durch eine verbesserte medizinische Versorgung, also als eine Auswirkung des weltweiten Industrialisierungsprozesses, ausgelöst worden ist. Auf alle Fälle bringt die Bevölkerungszunahme eine Verschlimmerung der wirtschaftlichen Situation mit sich. Soweit im Rahmen der stammesverbandlichen Siedlung familiärer Individualbesitz an Wirtschaftsflächen besteht, kommt eine zusätzliche Verschlechterung der wirtschaftlichen Situation noch hinzu. Bei steigender Kinderzahl muss sich als Folge der im Orient generell herrschenden Realteilungserbsitte die Betriebsgrösse schnell vermindern; sobald sie unter ein bestimmtes Mass sinkt, ist die wirtschaftliche Basis der Betriebsfamilie bedroht. Für die meist analphabetischen Gebirgsbauern bleibt dann nur noch der Versuch, durch Abwanderung in die Städte Arbeit zu finden. Angesichts ihres mangelnden Ausbildungsstandes und ihrer für eine städtische Arbeitsaufnahme unbrauchbaren landwirtschaftlichen Erfahrungen steht ihnen nur eine unqualifizierte Tätigkeit - wenn überhaupt - offen.

Variante IIIc: Das türkische Schwarzmeergebiet als Beispiel für Feuchtlandwirtschaft

Die folgenden Ausführungen stützen sich auf:

> E. Winkler: Grundlagen und Entwicklung der Teewirtschaft im türkischen Schwarzmeergebiet, in: Mitteilungen der Österreichischen Geographischen Gesellschaft Wien, Bd 105, Wien 1963 (H. Bobek - Festschrift, Teil II), S. 426-440
>
> Zum Vergleich sei hingewiesen auf:
>
> E. Ehlers: Die Teelandschaft von Labidjan/Nordiran, in: Beiträge zur Geographie der Tropen und Subtropen (H. Wilhelmy - Festschrift), Tübinger Geographische Studien, Heft 34 (Sonderband 3), Tübingen 1970, S. 229-242

Der Teeanbau im türkischen Schwarzmeergebiet kann als Beispiel dienen für das Zusammenspiel von zahlreichen Faktoren, ökologischen, pflanzenphysiologischen, wirtschaftspolitischen, sozialstrukturellen, die bei der Einführung einer Innovationskultur im Rahmen der Feuchtlandwirtschaft eine Rolle spielen. Der Teeanbau ist im türkischen Schwarzmeergebiet erst in den zwanziger Jahren dieses Jahrhunderts eingeführt worden.

Von den zwei Varianten des Teestrauches, die es gibt - "thea sinenses", der chinesische Tee, und "thea assamica", der Assam-Tee -, verlangen beide

> hohe Niederschläge über das ganze Jahr,
> hohe Luftfeuchtigkeit,
> milde Winter,
> kein stehendes Wasser an den Wurzeln,

um optimales Wachstum - und damit günstige Ernten - zu gewährleisten. Innerhalb des Staatsgebietes der Türkei, wie es nach dem Ende des Ersten Weltkrieges abgegrenzt wurde, boten sich derartige Bedingungen der Feuchtlandwirtschaft nur im nordanatolischen Schwarzmeerküstengebiet. Eine entsprechend geringe Höhe (bis 600 m) und der maritime Einfluss (bis 15 km landeinwärts) sorgen für die erforderlichen milden Wintertemperaturen; die Hängigkeit des Geländes erleichtert den Abfluss der über das ganze Jahr verteilten, hohen Niederschläge (bis 2000 mm).

Zur Einführung des Teeanbaus in diesem Gebiet mussten wirtschaftspolitische Anstösse hinzukommen. Das Osmanische Reich, das ja über die südarabischen Kaffeeanbaugebiete im Jemen, im Hinterland der Stadt Mocca, verfügt hatte, ging durch die neue Grenzziehung am Ende des Ersten Weltkrieges dieser Kaffeeanbaugebiete verlustig. Die Sitte des Kaffeetrinkens, von den Türken - über Wien - nach Europa eingeführt, war im Osmanischen Reich und der Türkei zumindest bei den Angehörigen der oberen Schichten weit verbreitet. Wenn man diese Sitte beibehielt, so würde die junge türkische Republik einige Devisen für die Beschaffung des Rohkaffees auszugeben haben. Da das oberste wirtschaftspolitische Ziel in der Türkei nach dem Ersten Weltkrieg die wirtschaftliche Autarkie war, entschloss man sich, den Teeanbau im türkischen Schwarzmeergebiet einzuführen. Heute wird Tee in der ganzen Türkei, wie auch in anderen orientalischen Ländern, aus den charakteristischen kleinen Gläsern getrunken.

Betriebsstrukturell bieten sich für den Teeanbau zwei Möglichkeiten:

in Grossplantagen wie in Indien und auf Ceylon,
kleinbäuerlich wie in China.

Welchen Weg schlug man in der Türkei ein? Beim nordanatolischen Küstengebirge handelt es sich - mindestens in Teilen - um eine Kabylei im H. Bobek'schen Sinne, um ein Gebiet, in das sich christliche Bevölkerungsgruppen des mittelalterlichen Kaiserreiches Trapezunt zurückgezogen hatten. Wie viele dieser - ehemals - christlichen Restgruppen die schon im Osmanischen Reich beginnenden Verfolgungen von Griechen und Armeniern überlebt haben, weiss man nicht. Das Gebiet ist heute überbevölkert und der Herkunftsraum zahlreicher Zuwanderer in den türkischen Grossstädten, vor allem in Istanbul. Bis zur Einführung des Teeanbaus trieb die Bevölkerung überwiegend Selbstversorgungslandwirtschaft mit Mais als hauptsächlicher Kulturpflanze; daneben gibt es Haselnussstrauchkulturen als "cash crop". Aufgrund der sozialstrukturellen Gegebenheiten wurde der Teeanbau nicht in Form von Plantagen - unter staatlicher Regie, was denkbar gewesen wäre - eingeführt, sondern der Teestrauch wird kleinbäuerlich angebaut, auf zahlreichen kleinen, stark zersplitterten Parzellen. Damit ist für den Gebirgskleinbauern des türkischen Schwarzmeergebietes eine binnenmarktorientierte Produktionsausrichtung hinzugekommen. Die notwendige, sofortige Be- bzw. Verarbeitung der Teeblätter nach dem Pflücken in sogenannten Teefabriken brachte zusätzliche Arbeitsplätze in das Gebiet.

Dieser gewollte wirtschafts- und sozialpolitische Effekt hat jedoch für die in starker Zunahme begriffene Bevölkerung des türkischen Schwarzmeergebietes nicht ausreichend Arbeitsplätze schaffen können, so dass dieses Küsten- und Gebirgsgebiet heute das Hauptabwanderungsgebiet innerhalb des ländlichen Raumes der Türkei ist.

5. Die Struktur der ländlichen Siedlungen im Orient

Wenn man nach den Faktoren fragt, die die Struktur der ländlichen Siedlungen, speziell im Orient, bestimmen, so hat man sich zunächst an die wirtschaftlichen Gegebenheiten zu erinnern. Da man davon ausgehen kann, dass die Masse der Gebirgs-, Steppen- und Oasenbauern im Orient im kleinbetrieblichen Rahmen Selbstversorgungs- und binnenmarktorientierte Landwirtschaft treibt, bedeutet dies, dass die Ansprüche an Wirtschaftsgebäude relativ gering sind. Die Erträge liegen meist niedrig und werden bei rentenkapitalistischer Agrarverfassung nach der Ernte abgeliefert. Die Gerätschaften, die verwendet werden, sind wenig umfangreich und bedürfen keiner grossen Unterstellflächen. Grossvieh wird nur im freien Weidegang - bis auf Ausnahmen -, nicht im Stall gehalten; also werden nicht nur keine Stallungen benötigt, sondern auch keine Räumlichkeiten zur Futterlagerung. Höchstens ein Gespann Ochsen oder Pferde muss aufgestallt, das Kleinvieh untergebracht werden; hinzu kommen Koch- und Backeinrichtungen und einige handwerkliche Gerätschaften zum Zwecke der Selbstversorgung. Marktorientierte Produkte, wie Weizen in Inneranatolien oder Baumwolle in Unterägypten, werden nach der Ernte zu zentralen Sammel- und Entkörnungseinrichtungen (Baumwolle) bzw. Silos abtransportiert.

Im Vergleich mit den betriebswirtschaftlichen Ansprüchen sind die sozialen Ansprüche zur Unterbringung der Betriebsfamilienangehörigen schon höher zu veranschlagen. Die soziale Grundeinheit ist im ländlichen Raum des Orients die Grossfamilie, d.h. der Mehrgenerationenhaushalt. Es müssen also zahlreiche Personen untergebracht werden: die älteste Generation, die nur noch wenig aktive Arbeit leistet; die mittlere Generation, die aus mehreren Familien bestehen kann, nämlich den meist zahlreichen Söhnen, von denen einige verheiratet sein können und die - trotz Verheiratung - noch nicht einen selbständigen Haushalt gegründet haben; die junge Generation, bestehend aus meist einer sehr grossen Zahl von Kindern.

Die religiöse Norm und die wirtschaftliche Arbeitsteilung unter den Geschlechtern gebietet eine räumliche Trennung: unter Anweisung der ältesten Mutter haben die weiblichen Personen - von den männlichen getrennt - die häuslichen Arbeiten zu verrichten, während den männlichen Personen die Feld- und Aussenarbeit obliegt. Für die überehelichen Beziehungen der weiblichen Personen im Haushalt ist ein eigener Raum (türkisch: "haremlik"), ebenso für die der männlichen Personen (türkisch: "selamlik") wünschenswert, den sich aber nur reichere Bauern leisten können. Im Extremfall - bei besonders niedrigem Wirtschaftsniveau - steht für wirtschaftliche und soziale Zwecke nur ein Raum zur Verfügung.

Die Struktur und Gestalt der ländlichen Siedlungen (- im physiognomischen Sinne -) wird ausser durch die wirtschaftlichen und sozialen Verhältnisse auch von den ökologischen Gegebenheiten am Ort bestimmt. Sie wirken sich einerseits durch das zur Verfügung stehende Baumaterial - angesichts des wirtschaftlichen Standes wird ganz allgemein nur örtliches Baumaterial verwendet -, andererseits durch die klimatischen Gegebenheiten aus. So erlaubt die extreme Aridität in grossen Teilen des Orients die Flachdachbauweise, und erzwingt die Holz- und Steinarmut in Teilen des Orients die Verwendung von luftgetrockneten oder gebrannten Lehmziegeln. In anderen Teilen des Orients, vor allem in den humideren Gebirgen, stehen Lese- oder Hausteine, teilweise sogar Holz als Baumaterial zur Verfügung, wodurch bisweilen eine mehrgeschossige Bauweise und ein First- oder Walmdach zur besseren Ableitung der höheren Niederschläge errichtet werden kann.

Auch der Befriedungszustand eines Landes ist von bedeutendem Einfluss auf die Gestalt der ländlichen Siedlungen. Während in Nordamerika als Standardtyp der ländlichen Siedlung der Einzelhof durchgängig verbreitet ist, weist der Orient mit ähnlicher Regelmässigkeit nur die geschlossene ländliche Siedlung, das Dorf, auf. In Gegenden, die lange auf die Konstituierung der staatlichen Gewalt haben warten müssen, und in denen durchziehende Nomaden zum Alltagsleben gehören, besitzen die Dörfer noch (Lehmziegel-)Mauern und sind innerhalb der Mauern sehr kompakt, oft verschachtelt, gebaut. Die meist geschlossene Anlage der ländlichen Siedlungen in den besonders ariden Gegenden des Orients geht aber zum Teil auch auf den Bewässerungsanbau zurück, besonders dann, wenn nur ein Qanat oder wenige Brunnen als Wasserspender zur Verfügung stehen. Wird einem Fluss das Bewässerungswasser entnommen, so richten sich die ländlichen Siedlungen - auf den Uferdämmen - linear nach ihm aus (Irak, Ägypten). Demgegenüber herrscht in Gebieten der Trockenlandwirtschaft, wo viel Raum zur Verfügung steht, eine lockerere Bauweise der ländlichen Siedlungen.

Sieht man einmal von zahlreichen Sonderformen der ländlichen Siedlungen im Orient ab, wie sie beispielsweise durch aus Südrussland zurückkehrende, mohammedanische Flüchtlinge in der zweiten Hälfte des 19. Jahrhunderts nach Anatolien mitgebracht wurden oder wie sie die trulliartigen Bauwerke in Syrien, westlich von Palmyra, darstellen, die auf extreme Holzarmut zurückgehen, so dass als Dach domartige Gewölbe aus Lehmziegeln errichtet werden, dann lassen sich nach dem Zusammenspiel der aufgezählten, Einfluss nehmenden Faktoren folgende Haupttypen unterscheiden:

das Oasendorf,
das Steppendorf,
das Gebirgsdorf.

Entsprechend der Aridität und damit auch der Holzarmut des umgebenden Raumes ist das Oasendorf aus Lehmziegeln errichtet, sind seine Häuser meist mit Flachdach versehen; hinzu kommt meist eine kompakte, durch geringen Befriedungsgrad des Landes und durch die Art der Wasserversorgung bedingte, nach aussen abgeschlossene Bauweise. Diese Bauweise führt zu dem eigentlichen Problem des Oasendorfes, nämlich angesichts der zunehmenden Bevölkerungszahl Erweiterungsbauten im Dorf unterzubringen.

Demgegenüber besteht beim Steppendorf gerade diese Problematik nicht. Die lockere Bauweise - ohne deutlichen Abschluss nach aussen - erlaubt die Neuerrichtung eines ländlichen Hauses, wenn die Verselbständigung einer Familie des Mehrgenerationenhaushaltes erfolgen soll. Je nach den örtlichen Verhältnissen wird das Steppendorf aus Lehmziegeln, Lesesteinen oder sogar

Fachwerk errichtet.

Im Gebirge steht eine grössere Zahl von Baumaterialien zur Verfügung; die grössere Humidität und die - bei entsprechender Höhenlage - grössere Kühle oder Kälte erfordern eine solidere Bauweise. Platzmässig ist im Gebirge für die Errichtung der ländlichen Häuser oft wenig ebene Standfläche vorhanden. Dennoch kann in Gebirgsdörfern das Problem der Unterbringung zusätzlicher Grossfamilienhaushalte leichter als bei den kompakten, eingeschossigen Oasendörfern gelöst werden. Die tragfähigeren Baumaterialien erlauben eine mehrgeschossige Bauweise. Im Jemen-Gebirge hat - unter Verwendung von Lese- und Hausteinen - diese Bauweise zu turmartigen Grossfamiliengebäuden geführt, die ländlichen Siedlungen ein städtisch anmutendes Aussehen verleihen.

Literaturhinweise:

U. Planck: Die sozialen und ökonomischen Verhältnisse in einem iranischen Dorf, Forschungsberichte des Landes Nordrhein-Westfalen, Nr. 1021, Köln, Opladen 1962

U. Planck: Die ländliche Türkei. Soziologie und Entwicklungstendenzen, Zeitschrift für ausländische Landwirtschaft, Materialsammlung Heft 19, Frankfurt/Main 1972

E. Wirth: Das ländliche Haus in Irak, in: 30. Deutscher Geographentag Hamburg 1955, Tagungsbericht und wissenschaftliche Abhandlungen, Wiesbaden 1957, S. 416-422

6. Agrarreformen im Orient

In den vorangegangenen Ausführungen wurde die Landwirtschaft der Sesshaften als traditionelle Lebensform dargestellt. In den folgenden Ausführungen soll auf zwei Teilaspekte der wirtschaftlichen Entwicklung und des sozialen Wandels, nämlich die Aspekte Agrarreform und Dekolonisation/Entkolonisierung eingegangen werden. Um die Variationsbreite der Erscheinung Agrarreform im Orient zu erfassen, werden zwei gegensätzliche Beispiele von Agrarreformen, das Beispiel Iran als Agrarreform unter monarchistischem Vorzeichen und das Beispiel Ägypten als Agrarreform unter arabisch-sozialistischem Vorzeichen dargestellt.

Zur Begriffsklärung sei vorweg angemerkt, dass die Begriffe Bodenreform, Agrarreform, Landreform (nach dem englischen "landreform") in der Literatur vielfach synonym gebraucht werden.

Literaturhinweis:

W. Warriner: Land Reform and Development in the Middle East. A Study of Egypt, Syria and Iraq, 2. Aufl., London 1962

Es wäre aber sinnvoll, stärker zu unterscheiden, und zwar zwischen einerseits Bodenreform als Neuregelung nur der Grundbesitzverhältnisse und andererseits Agrarreform als eine Gruppe von viel umfassenderen, über die Neuregelung der Grundbesitzverhältnisse weit hinausgehenden Massnahmen, insbesondere flankierender Art.

a. Das Beispiel Iran als Agrarreform unter monarchistischem Vorzeichen

Die folgenden Ausführungen stützen sich auf:

E. Ehlers: Agrarsoziale Wandlungen im Kaspischen Tiefland, in: 38. Deutscher Geographentag Erlangen-Nürnberg 1971, Tagungsbericht und wissenschaftliche Abhandlungen, Wiesbaden 1972, S. 289-311

E. Ehlers: Bunvar Shami - Siah Mansoor. Methoden und Probleme der Landreform in Khuzistan/Südiran, in: Zeitschrift für Ausländische Landwirtschaft, Jg. 12, Frankfurt/Main 1973, S. 183-200

Vergleiche:

U. Planck: Iranische Dörfer nach der Bodenreform. Sozialorganisation und Sozialökonomik, Schriften des Deutschen Orient-Instituts, Materialien und Dokumente, Opladen 1974

U. Planck: Die Reintegrationsphase der iranischen Agrarreform, in: Erdkunde, Bd XXIX, Bonn 1975, S. 1-9

Iran ist eine konstitutionelle Monarchie, d.h. dem Monarchen steht beim Regieren des Landes ein Parlament zur Seite. Aber gerade im Falle einer auch vom Parlament zu beschliessenden Boden- und Agrarreform ist die Rolle des Parlaments in Iran eher als hinderlich zu bezeichnen, da im Parlament der Anteil der Grossgrundbesitzer, also derjenigen, die bei einer Boden- und Agrarreform Land abzutreten haben, hoch ist. So gehen die Anfänge der Boden- und Agrarreform in Iran allein auf den Monarchen, Shah Reza Pahlevi, zurück.

Wenn man nach den Motiven fragt, die den Shah bewogen haben mögen, zunächst eine Boden-, später auch eine Agrarreform in Gang zu setzen, so mögen zwar philantropische Überlegungen auch eine Rolle gespielt haben, dürften aber nicht letztlich entscheidend gewesen sein. Sehr wahrscheinlich haben weitsichtige staatspolitische und wirtschaftliche Überlegungen den Ausschlag gegeben. Dies wird gerade in den letzten Jahren seit Ingangkommen der Boden- und Agrarreform deutlich, in denen der Shah für Iran eine bedeutende Stellung als Industrienation und Militärmacht im Orient anstrebt. Dem Shah muss es also sehr bewusst geworden sein, dass eine rentenkapitalistische Agrarverfassung jene agrare Mehrproduktion verhindert, die zur Ernährung einer mit der Industrialisierung zunehmenden und in Städten lebenden Bevölkerung aus dem eigenen Land heraus unabdingbare Voraussetzung ist.

Welche Wege wurden zum Aufbrechen der starren rentenkapitalistischen Agrarstruktur, die gerade im von einer osmanisch-feudalistischen Agrarverfassung nie erreichten Iran herrscht, eingeschlagen?

Man begann zunächst im Sinne einer Bodenreform, d.h. mit dem Versuch einer Neuregelung der Grundbesitzverhältnisse, um allmählich - nach dem Feststellen der unzureichenden Wirkung dieser Massnahmen - zu einer Agrarreform überzugehen.

1. Ansatz: 1951. Es beginnt mit einem persönlichen Versuch und Beitrag des Shah zur Bodenreform; er vergibt aus seinem Kronlandbesitz hauptsächlich im Bereich der Feuchtlandwirtschaft am Kaspischen Meer die Betriebsflächen einiger Dörfer an die Teilpächter zum Eigentum. Das Bemühen des Shah findet jedoch nicht die erhoffte Nachahmung auf seiten der Grossgrundbesitzer.

2. Ansatz: 1962. Ein erstes Bodenreformgesetz beschränkt den Grundbesitz einheitlich im ganzen Lande auf ein Dorf; es bleibt jedoch die Möglichkeit offen, innerhalb der Grossgrundbesitzerfamilie auf die verschiedenen - meist zahlreichen - Familienangehörigen je ein Dorf umschreiben zu lassen. Für die Grossgrundbesitzer ist Entschädigung vorgesehen, von der man erhofft, dass sie in den industriellen Aufbau des Landes investiert wird.

3. Ansatz: 1964. Ein weiteres Bodenreformgesetz beschränkt den Grundbesitz und die maximale Betriebsgrösse, nun nicht einheitlich im ganzen Land, sondern den unterschiedlichen ökologischen Gegebenheiten innerhalb des Landes angemessen, auf 150 ha in Gebieten der Trockenlandwirtschaft in Khuzistan und Belutschistan, auf 50 ha im Umkreis der grösseren Städte (- mit vorwiegend Bewässerungslandwirtschaft -) und auf 20 ha im Feuchtlandwirtschaftsbereich (Gilan, Mazanderan).

4. Ansatz: 1968. Es kommt zu einer erneuten Einschränkung der maximalen Betriebsgrössen; die vom Eigentümer zu bewirtschaftende Fläche wird massgebend. Zusätzlich aber werden flankierende Massnahmen von seiten des Staates ergriffen, die die Bodenreform zur Agrarreform erweitern; dazu gehören die Einrichtung eines Genossenschaftswesens und die Bemühungen um die Hebung des Ausbildungsstandes im ländlichen Raum durch die "Armee des Wissens" - entsprechend vorgebildete Soldaten, die einen Teil ihrer Wehrdienstzeit als Lehrer auf den Dörfern ableisten.

Wie haben sich die verschiedenen Ansätze einer Boden- und Agrarreform in Iran ausgewirkt? Erinnern wir uns zunächst an die Ausgangssituation. Sie ist gekennzeichnet durch die rentenkapitalistische Agrarverfassung: die Bearbeitungsbetriebsgrösse der Teilpächter ist zugeschnitten auf die Familienarbeitsleistung; durch das Wirtschaften an der Existenzgrenze wird der Teilpächter mit seiner Familie das Maximale/Optimale erwirtschaften. Diese Wirtschaftsweise wird der Familie des Teilpächters auf Dauer gewährt, damit unterliegt die Teilpächterfamilie der Existenzsicherheit bzw. Existenzunsicherheit - wie man will - auf Lebenszeit. Da sich die Bearbeitungsbetriebsgrösse also kaum ändert, muss die überschüssige ländliche Bevölkerung - bei zunehmender Bevölkerungszahl - aus dem ländlichen Raum, d.h. in die Städte, abwandern. Ein erhebliches Städtewachstum ist also bei dieser Situation im ländlichen Raum eine korrespondierende Erscheinung des Bevölkerungswachstums.

Welche, diese Grundsituation verändernden, wirtschaftlichen Entwicklungs- und sozialen Wandlungsprozesse wurden durch die Boden- und Agrarreform in Iran ausgelöst?

Zunächst wurde Teilpächtern - was die Masse der Teilpächter in Iran betrifft, erst wenigen - der von ihnen bewirtschaftete Grund und Boden als Eigentum übergeben. Das geschah in Khuzistan (in den von E. Ehlers untersuchten Dörfern), indem den Teilpächtern ein Teil der Betriebsflächen geschenkt wurde, einen anderen Teil sollten sie im Laufe der Zeit in Raten bezahlen. Am Kaspischen Meer wurde (in den von E. Ehlers untersuchten Dörfern) den Teilpächtern aller von ihnen bewirtschaftete Grund und Boden gegen Abzahlung übereignet. In Khuzistan ergab sich, angesichts der schwierigen Anbauverhältnisse im Rahmen der Trockenlandwirtschaft, dass die Bauern ihren Abzahlungsverpflichtungen nicht nachkommen konnten; das Land fiel wieder an die Grossgrundbesitzer zurück. Im Feuchtlandwirtschaftsbereich am Kaspischen Meer dagegen konnten die Zahlungsverpflichtungen durch günstige Erträge bei Reis und Orangen und gute Absatzmöglichkeiten in den Städten relativ leicht erfüllt werden. Es kam zur Entstehung und Stärkung eines selbständigen, zum Teil auch selbstbewussten Bauerntums, das durch flankierende Massnahmen der Agrarreform, insbesondere durch die Schaffung von Genossenschaften für Ein- und Verkauf, vor dem starken Einfluss der Händler in der nächsten Stadt geschützt werden konnte. Soweit sind also die Massnahmen der Boden- und Agrarreform zumindest in Teilen Irans als erfolgreich zu bezeichnen.

Es ergab sich jedoch ein Entwicklungs- und Wandlungsprozess, der zum guten Teil die Erfolge der Boden- und Agrarreform wieder zunichte machte. Sobald nämlich die von den ehemaligen Teilpächtern bewirtschafteten Flächen ihre eigenen wurden, setzte die Wirksamkeit der traditionellen orientalischen Erbrechtssitte, die Realteilung, ein, wonach beim Tode des Grundbesitzers eine Aufteilung des Grund und Bodens im Verhältnis 2 : 1 unter alle männlichen und weiblichen Erben erfolgt. Dies ist ein entscheidender Faktor für den neuen Entwicklungs- und Wandlungsprozess. Wenn jungen Bauern eine relativ grosse Betriebsfläche über längere Zeit unverändert erhalten blieb, stellten sich bald bedeutende wirtschaftliche Erfolge ein, die auch zu einer Festigung oder sogar Verbesserung ihrer agrarsozialen Stellung führten. Es konnte aber auch dazu kommen, dass - angesichts der geringen Lebenserwartung - ein schneller Erbfolgegang einsetzte, etwa nach folgendem Muster (nach E. Ehlers):

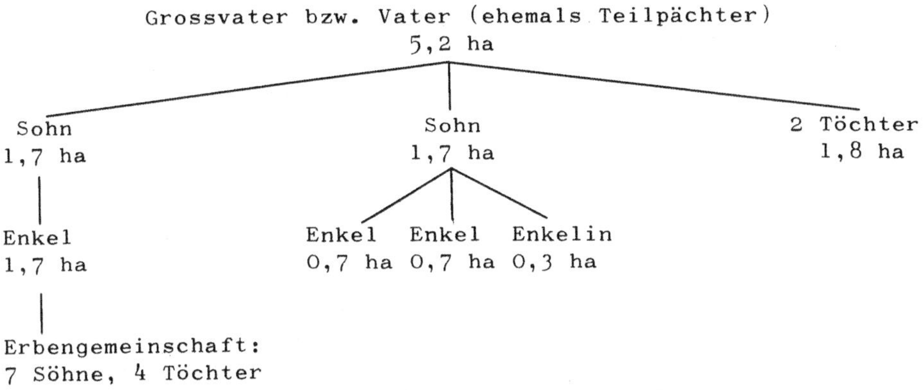

Bei der hohen Kinderzahl (Erbenzahl) verminderte sich die Betriebsgrösse rasch; es kam zu einem Absinken der Betriebsgrössen unter das in der Feuchtlandwirtschaft bei etwa 1,5 ha liegende Familienexistenzminimum, es kam zur "Atomisierung" der Betriebsgrössen. Was im Rahmen der rentenkapitalistischen Agrarverfassung verhindert wurde - dadurch, dass der Teilpächter die bewirtschaftete Fläche nicht als Eigentum besass - trat nun (ungewollt) im Rahmen einer für den Teilpächter gutgemeinten Boden- und Agrarreform ein. Die Verschlechterung der Existenzbedingungen durch Absinken der Betriebsgrössen konnte auch durch die bisherigen flankierenden Massnahmen der Agrarreform nicht verhindert werden.

Nachdem es zunächst, durch die Stärkung des selbständigen bäuerlichen Elementes, zu einer Verdichtung und zum Ausbau der ländlichen Siedlungen im Feuchtlandwirtschaftsbereich am Kaspischen Meer gekommen war, trat mit dem Erbfolgegang eine stärkere agrarsoziale Differenzierung ein: neben die wirtschaftlich erfolgreichen Bauern gesellte sich eine Gruppe, deren Existenz - nun nicht durch die rentenkapitalistische Agrarverfassung, sondern durch die "Atomisierung" der Betriebsgrössen - gefährdet war. Erneut setzte deshalb - nach einer gewissen Stagnationsphase - die Abwanderung aus dem ländlichen Raum heraus in die Städte ein.

Um diese Situation zu steuern, bieten sich zwei Wege an, die in Zukunft wohl beschritten werden sollten. Das ist einmal der sehr schwierige Weg - weil gegen tiefverwurzelte Traditionen gerichtet - der Änderung der traditionellen Erbrechtsitte, der Realteilung, auf ein Anerbenrecht hin. Zum anderen sollte man an die Schaffung einer Klein- oder Heimindustrie im ländlichen Raum denken, um den in ihrer Existenz bedrohten bäuerlichen Familien eine zusätzliche Einkommensmöglichkeit zu bieten, sie damit im ländlichen Raum zu halten und ihre Abwanderung in die Städte zu verhindern, die wieder ihre eigenen, noch darzustellenden Probleme schafft.

b. Das Beispiel Ägypten als Agrarreform unter arabisch-sozialistischem Vorzeichen

Beim Gegenbeispiel Ägypten stützen sich die folgenden Ausführungen auf:

H. Schamp: Sozialismus und Bodenreform in Ägypten, in: 38. Deutscher Geographentag Erlangen-Nürnberg 1971. Tagungsbericht und wissenschaftliche Abhandlungen, Wiesbaden 1972, S. 278-288

Auch hier soll zunächst nach der Motivation des Unternehmens einer Boden- und Agrarreform gefragt werden. Am Ende des Zweiten Weltkrieges war Ägypten Monarchie; der regierende Monarch, Faruk I., war jedoch - im Gegensatz zu den Verhältnissen in Iran - nicht an einem Aufbrechen oder einer Veränderung der bestehenden rentenkapitalistischen Agrarverfassung im Rahmen der in ganz Ägypten herrschenden Bewässerungslandwirtschaft interessiert. Der Anstoss zu einer Boden- bzw. Agrarreform kam erst, als im Jahre 1952 ägyptische Offiziere unter der Führung von Oberst Naguib, der später durch Gamal Abdel Nasser abgelöst wurde, putschten und die Macht übernahmen. Mit dieser Revolution wurden sozialistische Parolen ausgegeben, der sogenannte "arabische Sozialismus" entstand. Die Boden- und Agrarreform in Ägypten stand also unter sozialistischem Vorzeichen.

In diesem Zusammenhang ist es sinnvoll, den Inhalt des Begriffes Sozialismus zu klären, da durch die Variante des arabischen Sozialismus dieser Begriff noch schillernder geworden ist. Zu einem der Ziele des internationalen Sozialismus gehört die Vergesellschaftung, d.h. die Überführung der Produktionsmittel in Staatsbesitz. Produktionsmittel sind im Bereich des sekundären Sektors beispielsweise Fabrikanlagen. Im Bereich des primären Sektors ist der Boden ein wichtiges Produktionsmittel. Man kann also bei sozialistischen Zielsetzungen einer Bodenreform erwarten, dass das Produktionsmittel Boden in Staatsbesitz überführt wird. Dies ist ja eine im Rahmen der Verstaatlichung der Landwirtschaft seit der Machtübernahme der Sowjets in Russland - aber auch in anderen sozialistischen Ländern - bekannte Erscheinung.

Man sollte also bei einer Bodenreform unter sozialistischen Vorzeichen auch in Ägypten eine Überführung des Produktionsmittels Boden in Staatsbesitz erwarten. Dies ist jedoch im Rahmen der ägyptischen Bodenreform nicht geschehen; nur das Grundeigentum des aus dem Lande vertriebenen Monarchen wurde in Staatsbesitz überführt. Der private Bodenbesitz blieb in Ägypten grundsätzlich bestehen; diese Erscheinung ist als besonderes Merkmal des "arabischen Sozialismus" aufzufassen.

Wenn also keine Verstaatlichung des landwirtschaftlichen Grund und Bodens vorgenommen wurde, welche Massnahmen wurden dann im Zuge einer Boden- und Agrarreform getroffen?

1952 wurde in einem ersten Schritt die maximale Grösse des Besitzes an landwirtschaftlichem Boden auf 84 ha - im Rahmen des in Ägypten dominierenden Bewässerungsanbaus - begrenzt. Man erhoffte sich, dass die Grossgrundbesitzer ihre überzähligen Flächen an den Staat und/oder an Kleinbauern verkaufen würden. Aber sowohl der Staat, der sich ja in Ägypten - im Gegensatz zu Iran - nicht auf Einnahmen aus der Ölwirtschaft stützen kann, als auch die Kleinbauern sahen sich finanziell nicht in der Lage, von den Möglichkeiten Gebrauch zu machen. Dennoch wurde in einem weiteren Schritt 1961 die maximale Grösse des Besitzes an landwirtschaftlich nutzbarem Boden auf 42 ha begrenzt.

Bereits in den zwanziger Jahren war in Ägypten das landwirtschaftliche Genossenschaftswesen eingeführt worden, aber im Laufe der Zeit wieder in Verfall geraten. Nach der Revolution von 1952 wurde das Genossenschaftswesen in der Landwirtschaft Ägyptens umfassend erneuert. Als neues Moment kam hinzu, dass alle Bauern, die Land zum Eigenbesitz erhielten, sich verpflichten mussten, einer Genossenschaft beizutreten. In den Genossenschaften übt der Staat die organisatorische Führungsrolle aus. Die Genossenschaften dienen nicht nur dem verbilligten Einkauf des Saatgutes und dem Absatz der Ernte, sondern auch: der Organisation des Arbeitsablaufes in den landwirtschaftlichen Betrieben (bei weiterbestehender Eigenverantwortlichkeit des Betriebsleiters und -besitzers), der inner- und überbetrieblichen Organisation der Bewässerung, der kaufmännischen Betriebsführung, also der Verrechnung der Einnahmen und Ausgaben und der Abführung der Steuern. Auf diese Weise kann der Staat bedeutenden Einfluss auf die Betriebsführung nehmen - bei weiterbestehendem privatem Bodenbesitz.

Sicher war es auch den Initiatoren der ägyptischen Boden- und mit diesen weitergehenden, flankierenden Massnahmen der Agrarreform klar, dass bei weiterbestehendem privatem Bodenbesitz, bei den in der Bewässerungslandwirtschaft überwiegend geringen Betriebsgrössen und bei der herrschenden Realteilungserbsitte ein umfassendes und staatlich gelenktes Genossenschaftswesen allein sich nicht voll auf die Verbesserung der Agrarstruktur des Landes auswirken würde. Die geringen Betriebsflächen werden ja meist aufgeteilt in eine "cash crop" (Baumwolle), eine "subsistence crop" (Weizen, Hirse, Mais) und eine "fodder crop" (meist Klee, als Viehfutter). Dadurch werden die verschieden genutzten Betriebsflächen zu klein, als dass moderne Bewässerungsmethoden oder Maschinen - rentabel - eingesetzt werden können, deren Anwendung sich erst bei grösseren, einheitlich bestellten Betriebsflächen lohnt. Um diese Schwierigkeiten zu beheben oder zu mildern, verfiel man auf die Einführung der "unified crop rotation" (wörtlich: des vereinheitlichten Fruchtwechsels) - eine Art Flurzwang. Man ging dazu über, die Anbauflächen der verschiedenen Feldfrüchte der privaten Betriebe innerhalb einer Gemarkung so anzulegen, dass relativ grosse Areale einer einheitlichen Nutzung entstanden - bei weiterbestehendem privatem Bodenbesitz. Diesen grossen, einheitlichen Arealen konnten dann alle modernen technischen Errungenschaften für die Landwirtschaft zugute kommen - im Rahmen der staatlich gelenkten, genossenschaftlichen Organisation und des privaten Bodenbesitzes.

Nach dieser Charakterisierung hauptsächlich der Zielsetzungen der ägyptischen Boden- und Agrarreform ist eine Darstellung ihrer Auswirkungen nicht möglich, da vergleichbare empirische Untersuchungen, wie sie von E. Ehlers in Iran durchgeführt wurden, fehlen.

Eine Beurteilung der ägyptischen Boden- und Agrarreform kann nur auf dem Wege der Schlussfolgerung geschehen. Im Rahmen der ägyptischen Boden- und Agrarreform wurde Neuland, ausserhalb des Niltales, soweit die geomorphologischen Gegebenheiten eine Bewässerung zulassen, unter Kultur genommen. Bei der Ansiedlung von Bauern auf diesem vom Staat geschaffenen, neuen Kulturland wird sicherlich die Boden- und Agrarreform in vollem Umfang und konform mit den Zielvorstellungen durchgeführt worden sein. Wie weit im Altland die Boden- und Agrarreform zu einer Veränderung oder Verbesserung der Agrarstruktur geführt hat, muss dahingestellt bleiben.

Trotz aller Skepsis, die man gegenüber allen Statistiken - besonders im Orient - haben muss, vermitteln aber doch einige Zahlen einen ungefähren Eindruck vom Erfolg oder Misserfolg der Boden- und Agrarreform in Ägypten (nach H. Schamp, 1971, S. 287).

Ernteergebnisse ausgewählter landwirtschaftlicher Produkte in Ägypten in dz/ha:

	Jahr	Baumwolle	Weizen	Gerste	Mais	Reis
	1930	4,25	27,6	16,4	23,1	31,3
	1950	4,61	27,7	18,5	21,2	42,4
	1960	5,48	24,6	24,9	22,1	50,0
	1968	6,39	25,3	24,6	34,9	51,0
Weltdurchschnitt	1968	3,58	14,6	17,4	23,6	21,5

Aus den Zahlen sprechen ganz erhebliche Produktionssteigerungen; Werte, die beträchtlich über dem Weltdurchschnitt liegen, wurden erreicht.

Eine derartige Produktionssteigerung, die ja auf den ha-Ertrag bezogen ist - und nicht auf die allgemeine Produktionszunahme des Landes -, kann nicht durch die Ausweitung der Anbauflächen erzielt worden sein, sondern muss auf eine Intensivierung des Anbaus zurückgeführt werden. Insofern haben Schlussfolgerungen über positive Auswirkungen der Boden- und Agrarreform in

Ägypten ihre Berechtigung.

7. Dekolonisation und ihre Auswirkungen auf die Landwirtschaft der Sesshaften

Nicht alle heutigen, selbständigen Staaten des Orients sind ehemals Kolonien gewesen. Am Beispiel Algeriens, das am längsten von allen Staaten des Orients kolonialen Einwirkungen ausgesetzt war, soll die Erscheinung der Dekolonisation/Entkolonisierung, d.h. die Auflösung kolonialzeitlicher Agrarstrukturen, dargestellt werden. Die folgenden Ausführungen stützen sich auf:

> H. Achenbach: Der sozialistische und der private Agrarsektor in Algerien, in: 38. Deutscher Geographentag Erlangen-Nürnberg 1971, Tagungsbericht und wissenschaftliche Abhandlungen, Wiesbaden 1972, S. 312-321
>
> H. Achenbach: Die algerische Landwirtschaft und ihre Gegenwartsprobleme, in: Institut für Auslandsbeziehungen, Zeitschrift für Kulturaustausch, Jg. 20, Stuttgart 1970, S. 199-207

Algerien stand von 1839 bis 1962, also über 130 Jahre lang, unter französischer Kolonialherrschaft. Im Laufe dieser Zeit hat sich eine dualistische Struktur in der Agrarwirtschaft herausgebildet, deren Überwindung das Hauptproblem der Dekolonisation darstellt. Auf die Frage, wie es zu dieser dualistischen Agrarstruktur kam, muss man feststellen, dass sich seit der Landnahme und Erschliessung durch französische Siedler in Teilen Algeriens seit 1830 ein eigenständiger agrarwirtschaftlicher Bereich - im räumlichen wie im übertragenen Sinne - herausbildete, während die einheimische Landwirtschaft stagnierte. Dabei erfolgte die französische koloniale Landnahme nicht immer durch Verdrängung und Vertreibung der Einheimischen. Überwiegend nach Aufständen der Einheimischen, z.B. den Aufständen der Rifkabylen von 1864 und 1871, wurden Landkonfiskationen durchgeführt. Vielmehr vollzog sich die Niederlassung der französischen Siedler zum guten Teil auf Staatsland. Da ja die Eroberung Algeriens durch die Franzosen früh stattfand, ging der Besitzwechsel des Staatslandes von einem Eroberer, dem Osmanischen Reich, direkt auf den nachfolgenden Eroberer, die Franzosen, über. Im Zuge der französischen Kolonisation in Algerien wurde überwiegend im ehemaligen Besitz des Osmanischen Reiches befindliches Staatsland okkupiert. Dabei handelte es sich häufig um sumpfige und malariaverseuchte Küstenebenen, vor allem im Hinterland der drei Küstenstädte bzw. küstennahen Zentren Oran, Algier und Constantine, und um Ebenen und Talböden des küstennahen Gebirges, die von den Einheimischen in transhumanter Viehwirtschaft genutzt wurden.

Im Zuge der französischen Besiedlung bildete sich eine eigene Agrarwirtschaft heraus. Die Produktionsziele waren vor allem:

Wein, Zitrusfrüchte, Oliven, Tabak, frühe und späte Gemüsesorten wie Kartoffeln (- in Frankreich Gemüse -), Tomaten, Artischocken, Zwiebeln, grüne Bohnen, und wärmeliebende Obstsorten; ausserdem Getreide, vor allem Weizen. Die französischen Siedler produzierten in mittleren bis sehr grossen Betrieben, die zum Teil monokulturell, d.h. auf den Anbau einer Frucht, ausgerichtet waren. Im Laufe der Zeit hatte sich eine hochgradige Mechanisierung herausgebildet, ein umfangreicher Maschinenpark wurde gehalten. Dennoch stellten diese Betriebe zur Zeit besonders hoher Arbeitsspitzen und bei Erntearbeiten, die sich wenig zur Mechanisierung eigneten, einheimische Saisonarbeitskräfte ein. Die Produktion war überwiegend für den französischen Markt gedacht; dort konnte seit der Gleichstellung der Überseekolonien mit den französischen Departments eine günstige Marktsituation genutzt werden. Mit Ausnahme des Zurückgreifens auf einheimische Saisonarbeitskräfte war der französische Agrarsektor in Algerien mit der einheimischen Agrarwirtschaft nicht verflochten. Der einheimische, algerische Agrarsektor war in hohem Masse durch Selbstversorgungswirtschaft, vor allem in den gebirgigen Kabyleien, bestimmt. Diese zweigeteilte, dualistische Agrarwirtschaft in Algerien bestand bis zum Ende der Kolonialzeit, 1962.

Es ergibt sich die Frage, welche agrarwirtschaftlichen Probleme die Dekolonisation/Entkolonisierung mit sich brachte. Das grösste Problem besteht in der Übernahme des ehemals französischen Agrarsektors in Algerien durch die Einheimischen. Faktisch vollzog sich diese Übernahme in zwei Schüben: Bereits 1962 wurden von Franzosen verlassene Betriebsflächen und Siedlerstellen - bei diesem Schub vor allem im Innern des Landes - von dem neuen algerischen Staat übernommen, also nationalisiert/sozialisiert. 1963 wurde auch das restliche, noch in der Hand von Franzosen befindliche Land in Algerien vom Staat übernommen. Damit trat neben den privaten, einheimischen Agrarsektor in Algerien ein staatlicher, sozialisierter Agrarsektor.

Schwierigkeiten der Übernahme durch den algerischen Staat bestanden einmal durch die Abwanderung, ja Flucht, der französischen Siedler. Mit einem Schlage waren etwa 33.000 Stellen von Unternehmensleitern, etwa 15.000 von höheren, etwa 100.000 Stellen von mittleren Führungskräften und etwa 35.000 Facharbeiterstellen unbesetzt. Um diesen plötzlichen Mangel an qualifizierten Kräften auszugleichen, versuchte es der algerische Staat mit der Einrichtung von Selbstverwaltungsfarmen, d.h. man fasste die etwa 22.000 aufgegebenen landwirtschaftlichen Betriebe der Algerien-Franzosen zu etwa 2.200 Selbstverwaltungsfarmen zusammen. Auf diesem Wege wollte man die zum Teil analphabetischen einheimischen Hilfskräfte an der Betriebsorganisation beteiligen und die wenigen einheimischen, landwirtschaftlichen Führungskräfte auf die - geringe - Zahl von Selbstverwaltungsfarmen verteilen.

Zu diesem Problem der mangelnden landwirtschaftlichen Facharbeitskräfte und den Schwierigkeiten der Betriebsorganisation

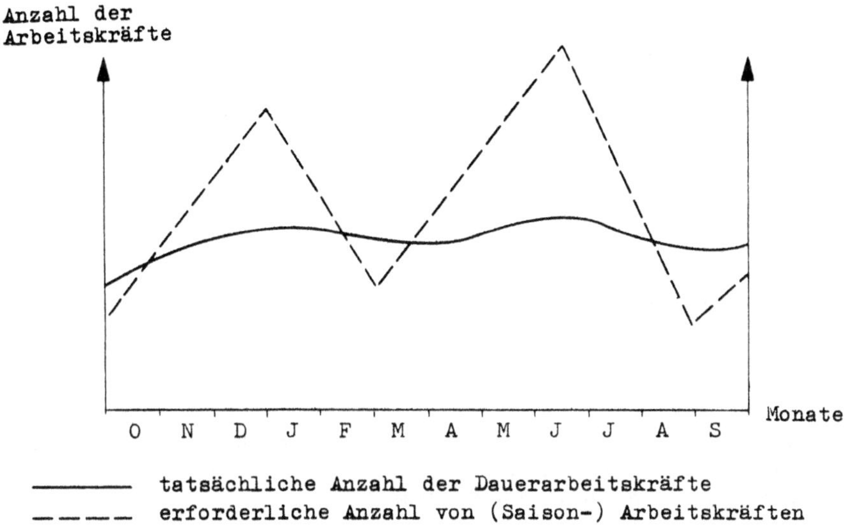

Abb. 30 **Das Verhältnis von tatsächlich beschäftigten Dauer- zu benötigten Saisonarbeitskräften im sozialisierten Sektor der Landwirtschaft Algeriens, 1967/68 (schematisch) (nach: H. Achenbach 1972, S. 316 - verändert)**

kamen weitere Probleme im Rahmen der Dekolonisation der Landwirtschaft. Der französische Agrarsektor in Algerien war auf den französischen Markt hin orientiert. Wegen der übereilten Inbesitznahme der französischen Siedlerstellen in Algerien, unter Bruch der vereinbarten Rückkaufmöglichkeiten durch den französischen Staat, sah sich Frankreich nicht genötigt, Algerien Absatzpräferenzen auf dem französischen Markt einzuräumen. Eine Fortführung der Agrarproduktion der Algerien-Franzosen - nun durch den sozialistischen Agrarsektor Algeriens - hatte also mit beträchtlichen Absatzproblemen zu kämpfen, zumal die einheimische Bevölkerung vom Wirtschaftsniveau her für den Absatz der Agrarprodukte kaum in Frage kam. Ausserdem bedurften die im staatlichen Agrarsektor Algeriens verwendeten Maschinen der Ersatzteile, die nun auf einem ausländischen Markt eingekauft werden mussten.

Ein weiteres Problem der agrarwirtschaftlichen Dekolonisation kam noch hinzu, nämlich das der (einheimischen) saisonalen Arbeitskräfte. Temporäre Arbeitsaufnahme im französischen Agrarsektor Algeriens war eine Möglichkeit zusätzlicher Einnahmen für die durch beträchtliche Zuwachsraten und Realteilung wirtschaftlich hart bedrängte Bevölkerung der Kabyleien gewesen. Im sozialisierten Agrarsektor Algeriens ging man zur Dauerbeschäftigung dieser ehemals saisonalen Arbeitskräfte über; man wollte damit die Not der Kabyleien lindern, aber auch verdienten Veteranen des Befreiungskrieges Arbeitsstellen verschaffen. Aus dieser Massnahme ergab sich für den sozialisierten Agrarsektor

Algeriens die ökonomisch zwiespältige Situation, dass nun Arbeitskräfte beschäftigt wurden, für die - die absatzgünstige Situation der Kolonialzeit vorausgesetzt - nur in einem Teil des Jahres tatsächlich Arbeit zur Verfügung stand. Diese Dauerbeschäftigung von ehemaligen Saisonarbeitern musste sich für die ohnehin mit einer Reihe von Problemen konfrontierten Selbstverwaltungsfarmen wirtschaftlich ungünstig auswirken.

Die auf solche Weise entstehenden volkswirtschaftlichen Verluste lassen sich nicht ohne weiteres aus den Einnahmen der algerischen Ölwirtschaft, dem Export von Erdöl und Erdgas, ausgleichen. Die ausserordentlich stark anwachsende, algerische Bevölkerung kann gar nicht im Masse ihres Wachstums in der Landwirtschaft Arbeitsplätze finden. So muss schon allein aus bevölkerungspolitischen Gesichtspunkten die Industrialisierung vorangetrieben werden, um wenigstens im Bereich des sekundären und tertiären Sektors Arbeitsplätze zu schaffen, wenn in dieser Hinsicht der primäre Sektor nicht mithalten kann. Dafür jedoch werden die Einnahmen aus der algerischen Ölwirtschaft bereits in vollem Masse in Anspruch genommen.

8. Literaturhinweise

Marokko:

W. Gaiser: Berbersiedlungen in Südmarokko, Tübinger Geographische Studien, Heft 26, Tübingen 1968

B. Grohmann-Kerouach: Der Siedlungsraum der Ait Ouriaghel im östlichen Rif. Kulturgeographie eines Rückzugsgebietes, Heidelberger Geographische Arbeiten, Heft 35, Heidelberg 1972

A. Pletsch: Strukturwandlungen in der Oase Dra. Untersuchungen zur Wirtschafts- und Bevölkerungsentwicklung im Oasengebiet Südmarokkos, Marburger Geographische Schriften, Heft 46, Marburg 1971

Algerien/Tunesien:

H. Achenbach: Agrargeographische Entwicklungsprobleme Tunesiens und Ostalgeriens. Exemplarische Strukturanalyse ausgewählter Reform- und Traditionsräume zwischen Mittelmeerküste und Nordsahara, Jahrbuch der Geographischen Gesellschaft zu Hannover, Hannover 1971

Libyen:

N.A. Ahmad: Die ländlichen Lebensformen und die Agrarentwicklung in Tripolitanien, Heidelberger Geographische Arbeiten, Heft 25, Heidelberg 1969

D.L. Johnson: Jabal-al-Akhdar, Cyrenaica. An Historical Geography of Settlement and Livelihood, The University of Chicago, Department of Geography, Research Papers Nr. 148, Chicago 1973

Ägypten:

P. Simons: Die Entwicklung des Anbaus und die Verbreitung der Naturpflanzen in der ägyptischen Nilstromoase von 1800 bis zur Gegenwart. Eine agrargeographische Untersuchung, Kölner Geographische Arbeiten, Heft 20, Wiesbaden 1968

Libanon:

W. Klaer: Eine Landnutzungskarte von Libanon, Heidelberger Geographische Arbeiten, Heft 10, Heidelberg/München 1962

Syrien:

A. Latron: La Vie Rurale en Syrie et au Liban, Beirut 1936

J. Weulersse: Paysans de Syrie et du Proche-Orient, 2. Aufl., Paris 1946

Irak:

E. Wirth: Agrargeographie des Irak, Hamburger Geographische Studien, Heft 13, Hamburg 1962

Saudi-Arabien:

H. Dequin: Die Landwirtschaft Saudisch-Arabiens und ihre Entwicklungsmöglichkeiten, Zeitschrift für ausländische Landwirtschaft, Sonderheft 1, Frankfurt/Main 1963

Türkei:

F. Kolars: Tradition, Season and Change in a Turkish Village, University of Chicago, Department of Geography, Research Papers Nr. 82, Chicago 1963

W.-D. Hütteroth: Ländliche Siedlungen in Inneranatolien in den letzten vierhundert Jahren, Göttinger Geographische Abhandlungen, Heft 46, Göttingen 1968

U. Planck: Die ländliche Türkei: Soziologie und Entwicklungstendenzen, Zeitschrift für ausländische Landwirtschaft, Materialsammlung Heft 19, Frankfurt am Main 1972

Iran:

A.K.S. Lambton: Landlord and Peasant in Persia. A Study of Land Tenure and Land Revenue Administration, Oxford 1953

U. Planck: Die sozialen und ökonomischen Verhältnisse in einem iranischen Dorf, Forschungsberichte des Landes Nordrhein-Westfalen Nr. 1021, Köln, Opladen 1962

A.K.S. Lambton: The Persian Land Reform 1962-1966, Oxford 1969

U. Planck: Iranische Dörfer nach der Bodenreform, Schriften des Deutschen Orient-Instituts, Materialien und Dokumente, Opladen 1974

G. Kortum: Die Marwdasht-Ebene in Fars. Grundlagen und Entwicklung einer alten iranischen Bewässerungslandschaft, Kieler Geographische Schriften, Bd 44, Kiel 1976

Afghanistan:

H. Hahn: Die Stadt Kabul (Afghanistan) und ihr Umland II, Sozialstruktur und wirtschaftliche Lage der Agrarbevölkerung im Stadtumland, Bonner Geographische Abhandlungen, Heft 35, Bonn 1965

H. Toepfer: Wirtschafts- und sozialgeographische Fallstudien in ländlichen Gebieten Afghanistans, Bonner Geographische Abhandlungen, Heft 46, Bonn 1972

D. Das traditionelle Städtewesen

Die folgenden Ausführungen befassen sich allein mit dem (älteren) Städtewesen im Orient als traditionelle Lebensform. Auf die Erscheinungen der wirtschaftlichen Entwicklung und des sozialen Wandels der orientalischen Stadt wird im abschliessenden Kapitel eingegangen.

1. Begriffsklärung: traditionelle, islamisch-orientalische Stadt; mittelalterliche deutsche (europäische) Stadt

In den vorherigen Abschnitten über den Nomadismus und die Landwirtschaft der Sesshaften wurde davon ausgegangen, dass diese beiden Lebensformen auf dem Boden und im Raume des Orients in vor- und frühgeschichtlicher Zeit, d.h. also vor der im 7. Jahrhundert geschaffenen Religion des Islam entstanden sind und sich entwickelt haben. Dabei waren in vorislamischer Zeit diese Lebensformen nicht wesentlich anders strukturiert (- mit gewissen, dargelegten Einschränkungen -) als seit der Entstehung des Islam im Raume des Orients. Der Lebensform des Nomadismus hat die ökologische Grundsituation, der Landwirtschaft der Sesshaften die rentenkapitalistische Agrarverfassung zur Stabilität über sehr lange Zeit verholfen.

Was das Städtewesen betrifft, so müssen wir nicht nur um der formalen Begriffsdifferenzierung willen, sondern auch aus inhaltlichen Gründen fragen, ob das mit der Ausbildung der Herrschaft in der frühen Agrargesellschaft entstandene (ältere) Städtewesen (H. Bobek) sich in gleicher Weise wie die Lebensformen Nomadismus und Landwirtschaft der Sesshaften seit vorislamischer Zeit unverändert erhalten hat. Inhaltlich wird auf diese Frage im nächsten Abschnitt eingegangen; hier sollen zunächst einige formale Differenzierungen vorgenommen werden.

Es scheint sinnvoll zu unterscheiden: die orientalische Stadt, die alt - a u t o c h t h o n (an Ort und Stelle) im Raume des Orients (erstmals) in vor- und frühgeschichtlicher Zeit (- im "Alten Orient" -) entstanden ist - es handelt sich dabei noch nicht um die islamisch-orientalische Stadt -, und die orientalische Stadt, die a l l o c h t h o n entstanden ist; gemeint sind damit jene Städte - und nicht nur ihre materiellen Kulturen, sondern vor allem ihre Organisationsformen -, die in den Raum des Orients von ausserhalb hineingetragen worden sind wie die altgriechische "polis" in Westanatolien, die hellenistische Stadt Südwestasiens, die römische Stadt in vielen Mittelmeerrandländern des Orients oder die byzantinische Stadt. Der altautochthonen und der allochthonen orientalischen Stadt ist gegenüberzustellen die islamisch-orientalische Stadt, also jene Stadt im Raume des Orients, wie sie seit der Entstehung des Islam im 7. Jahrhundert geprägt worden ist; diese Stadt wird hier als traditionelle Lebensform betrachtet, soweit sie noch nicht von der Umprägung durch den weltweiten Industrialisierungsprozess erfasst ist.

Im Rahmen der Klärung des Begriffes islamisch-orientalische Stadt scheint es mir nützlich, auch Begriffsinhalte zu bestimmen, die aufzeigen, was die islamisch-orientalische Stadt nicht ist. In diesem Zusammenhang bietet es sich an, an die mittelalterliche deutsche (europäische) Stadt vergleichend zu denken, die - sehr grob - etwa gleichzeitig mit der islamisch-orientalischen Stadt entstanden ist.

Literaturhinweise:

E. Ennen: Frühgeschichte der europäischen Stadt, Bonn 1953

H. Planitz: Die deutsche Stadt im Mittelalter, 2. Aufl., Köln, Graz 1965

Nach E. Ennen und H. Planitz entstand die deutsche Stadt des Mittelalters - und zwar sowohl als Organisationsform als auch als materielle Erscheinung - aus der Verschmelzung zweier Elemente: dem "civitas"- und dem "wik"-Element. Unter "civitas"-Element ist eine landesherrliche Siedlung zu verstehen, beispielsweise die Burg eines Landesherrn oder Territorialfürsten weltlicher oder geistlicher Art; in einer solchen Siedlung bestand eine hierarchische, herrschaftliche Rechtsordnung; die Siedlung war nach aussen von einer Mauer abgegrenzt. Unter "wik"-Element ist eine Siedlung von Händlern und Kaufleuten, eine Handelsniederlassung, zu verstehen; in ihr herrschte eine genossenschaftliche Rechtsordnung, in der die Mitglieder der Gruppe untereinander gleichberechtigt waren; die Siedlung war nach aussen eventuell durch einen Erdwall abgegrenzt. Die Verschmelzung dieser beiden Siedlungselemente, die im Siedlungsräumlichen als Burg ("urbs"; aber auch "castrum", also römisches Lager) mit unterhalb oder davor gelegenem "suburbium" ("wik") zu denken sind, lässt sich nach den beiden genannten Autoren so vorstellen, dass sie sich im Organisatorischen wie im Physiognomischen vollzog: die unterschiedlichen Rechtsstrukturen der beiden Siedlungen verschmolzen zu der Stadtverfassung der mittelalterlichen deutschen (europäischen) Stadt, in der der freie Bürger ("Stadtluft macht frei") in der gewählten Ratsversammlung seine Anliegen und die seiner gleichberechtigten Mitbürger vertrat. Im Sozialen ist der Bürger die Symbolfigur der mittelalterlichen europäischen Stadt. Diese Stadt war politisches Gebilde, Körperschaft, juristische Person mit Stadtgericht, Marktrecht, Ratsversammlung. Damit trug die mittelalterliche europäische Stadt als Organisationsform und - durch den Bürger - als Sozialgebilde Wesenszüge, die es in der traditionellen islamisch-orientalischen Stadt nicht gegeben hat.

Vergleiche:

E. Wirth: Die orientalische Stadt. Ein Überblick aufgrund jüngerer Forschungen zur materiellen Kultur, in: Saeculum, Bd XXVI, Freiburg, München 1975, S. 45-94 (insbesondere S. 51)

Im Physiognomischen vollzog sich die Verschmelzung von "civitas"- und "wik"-Element in der Form, dass beide Siedlungsteile von einer Mauer, nicht von einem Erdwall, umgeben wurden, einer Mauer, die nicht nur dem Schutz, sondern auch der juristischen Abgrenzung diente. Mit der Rechtstitelverleihung (Verleihung des Stadtrechtes) an die Siedlung durch den Landesherrn, der in der Stadt seinen Sitz nehmen konnte, aber nicht zu nehmen brauchte, wurde eine zeitlich klar fixierbare, historisch-juristische Variante dem allgemeinen, geographischen Stadtbegriff gegeben.

2. Die (Bedeutungs-)Entwicklung des Städtewesens

Zwei Feststellungen wurden bereits getroffen, nämlich dass die Stadt im Orient - nach H. Bobek - mit der Herausdifferenzierung der organisierten Agrargesellschaft entstanden ist und dass auf die alt-autochthone orientalische Stadt die allochthone orientalische Stadt und erst danach - in islamischer Zeit - die (autochthone) traditionelle, islamisch-orientalische Stadt folgte, die hier im Mittelpunkt der Betrachtung steht.

Es stellt sich die Frage, ob oder gegebenenfalls wie weit die traditionelle, islamisch-orientalische Stadt an ihre räumlichen Vorgänger anknüpft, bzw. wie weit eine Diskontinuität der Stadtentwicklung - im Gegensatz zu den Lebensformen Nomadismus und Landwirtschaft der Sesshaften - auf dem Boden des Orients stattgefunden hat. Mit der frühen Ausbildung einer rentenkapitalistischen Agrarverfassung auf dem Boden des Orients lässt sich ein Element der Kontinuität der Stadtentwicklung im Orient und somit ein Anknüpfen der traditionellen, islamisch-orientalischen Stadt an alt-autochthone, orientalische Vorbilder erkennen: im Rahmen der seit vorislamischer Zeit bestehenden rentenkapitalistischen Agrarverfassung ist die Stadt Sitz und Standort der Herrschaft gegenüber der abhängigen Bevölkerung auf dem Lande. Mit dem Kontrastbild der mittelalterlichen deutschen (europäischen) Stadt sollte angedeutet werden, dass im Gegensatz zu ihr in der islamisch-orientalischen Stadt, in der die Gestalt des freien Bürgers fehlt, ein Herrscher-Untertanen-Verhältnis besteht. Auch in dieser Hinsicht knüpft die traditionelle, islamisch-orientalische Stadt an alt-autochthone, orientalische Verhältnisse an, nämlich Standort der Herrschaft zu sein, die gegenüber Untertanen innerhalb und ausserhalb der Stadt ausgeübt wird.

In anderer Hinsicht ist aber eine Diskontinuität der Stadtentwicklung im Raume des Orients zu bemerken. Es kann hier nicht darum gehen, die Organisationsformen der byzantinischen, der römischen, der hellenistischen und der altgriechischen Stadt, wie sie auf dem Boden des Orients bestanden, aufzuzeigen und mit der Organisationsform der traditionellen, islamisch-orientalischen Stadt zu vergleichen, aber wenigstens e i n e solche Organisationsform, die der "polis", soll doch kurz skizziert werden, um ein weiteres Kontrastbild zur Organisationsform der traditionellen, islamisch-orientalischen Stadt und damit ein Element der Diskontinuität der Stadtentwicklung auf dem Boden des Orients aufzuzeigen.

Literaturhinweis:

V. Ehrenberg: Der Staat der Griechen, 2. Aufl., Zürich, Stuttgart 1965

Die "polis" umfasste als Stadtstaat meist eine Siedlung und den sie umgebenden - begrenzten - ländlichen Raum, der keine, auch nur annähernd vergleichbare Siedlung aufwies. Als Organisationsform war die "polis" Gemeinschaft der Freien und Gleichen. Diese Freien und Gleichen trafen sich auf dem öffentlichen Platz im Zentrum der "polis", auf der "agora", um in gleichberechtigter Weise an den Abstimmungen/Wahlen/Entscheidungen über das Gemeinwesen, den Stadt-Staat, teilzunehmen. Diese Stadt und Staat politisch tragende Organisationsform bedeutete nicht, dass alle Menschen, die in einer "polis" wohnten, frei und gleichberechtigt waren; es gab ausser den Freien und Gleichen die Gruppe der Sklaven, die Untertanen waren, aber nicht in einem öffentlich-politischen Sinne, sondern in einem persönlichen, an den Eigentümer des Sklaven gebundenen Untertanenverhältnis.

Von der Organisationsform der altgriechischen "polis" mit ihrem Institut der Freien und Gleichen hat sich die islamisch-orientalische Stadt nicht inspirieren lassen, auch wenn es die Sklavenhaltung in der traditionellen, islamisch-orientalischen Stadt - seit altorientalischen Zeiten - gegeben hat.

Anders verlief die Auseinandersetzung mit den vorislamischen, altgriechischen, hellenistischen, römischen, byzantinischen Städten als materiellen Kulturträgern, die der Islam bei seiner Ausbreitung vorfand. Naturgemäss sind materielle Bestandteile der vorislamischen städtischen Kultur in die traditionelle, islamisch-orientalische Stadt - sich gegenseitig modifizierend - eingegangen.

Angesichts der mit der Ausbreitung des Islam entstehenden, neuen territorialen Situation in den frühen islamischen Reichen, die eine vielfältige Neuorientierung, nicht zuletzt auch der für Städte und Stadtentwicklung immer bedeutsamen Verkehrslinienführungen mit sich brachte, lassen sich verschiedene Formen der Auseinandersetzung mit dem Vorgefundenen unterscheiden. Eine Reihe von altorientalischen und antiken Städten war schon vor der Entstehung und Ausbreitung des Islam zu Ruinenstädten geworden; dazu gehören beispielsweise Palmyra, Petra, Leptis Magna, Milet, Ephesus, Pergamon, von denen der grössere Teil verfiel, weil sich der Verkehr andere Wege suchte. Nur ausnahmsweise und vorübergehend wurden sie als islamisch-orientalische Städte wieder belebt (Beispiel: Pergamon-Bergama). Eine andere Gruppe von Städten, die in der Antike hervorragende Beispiele des materiellen Kulturstandes gewesen waren, wurden bedeutende Zentren islamisch-orientalischer Macht und als Städte entsprechend umgeprägt; zu dieser Gruppe gehören beispielsweise Damaskus (nach 635), Alexandria (nach 641), Konstantinopel/Istanbul (nach 1453). Als dritte Gruppe sind jene islamisch-orientalischen Städte zu nennen, die - ohne Auseinandersetzung mit etwas Vorgefundenem - aus wilder Wurzel gegründet wurden. Das waren verhältnismässig wenige; zu ihnen zählen Fustat (Alt-Kairo), Kufa (heute eine Ruinenstadt westlich des unteren Euphrat), Basra - alles aus Lagern der islamisch-orientalischen Heere hervorgegangene Städte. Sicher kann auch Medina (al-Medina = die Stadt), durch den Auszug des Propheten Mohammed aus Mekka geprägt, insbesondere hinsichtlich der religionsmateriellen Aspekte der traditionellen, islamisch-orientalischen Stadt als normsetzend angesehen werden.

Was die Bedeutungsentwicklung der Lebensform Stadt - sei es nun die alt-autochthon-orientalische, die allochthon-orientalische oder die traditionelle, islamisch-orientalische - in ihrem Verhältnis zu den zwei anderen Lebensformen im traditionellen Orient, Nomadismus und Landwirtschaft der Sesshaften, betrifft, so sind im Rahmen der Darstellung der Lebensformen Nomadismus und Landwirtschaft der Sesshaften eine Reihe von Hinweisen bereits gegeben worden, die hier wieder aufgenommen werden. Der Nomadismus fand trotz seiner phänomenalen Bedeutungszunahme bis in die jüngste Vergangenheit hinein doch eine zweifache Schranke an der Lebensform Stadt. Trotz ihrer hohen Beweglichkeit durch Last- und Reittiere und trotz ihrer straffen, sippen- und stammesorientierten Organisation waren die Nomaden kaum in der Lage oder willens, Städte zu erobern, um von dort aus die Herrschaft auszuüben. Wenn eine solche Entwicklung zur Reichsbildung einsetzte, wie sie im Laufe der Ausbreitung und der Eroberungszüge des türkischen Nomadenstammes der Osmanen sich vollzog, dann wurde mit der Niederlassung in der Stadt die nomadische Lebensweise aufgegeben. Die andere Schranke, die die nomadische Lebensweise an der Lebensform Stadt erfuhr, war - seit der Ausbildung des Islam als tonangebende Religion im Orient - die Nichterfüllbarkeit der religiösen Norm, wenigstens einmal in der Woche (in der Freitagsmoschee) in der grossen, städtischen Gemeinschaft der Gläubigen gemeinsam zu beten. Die ökologischen Grundlagen der nomadischen Lebensweise im Orient hielten die Nomaden im allgemeinen von den Städten fern. So konnte die Lebensform Stadt auch schon vor Einsetzen der Ausstrahlungen des weltweiten Industrialisierungsprozesses in den Orient hinein eine bedeutende Rolle spielen. Gegenüber der Landwirtschaft der Sesshaften übte die Stadt im Rahmen der altorientalischen, rentenkapitalistischen Agrarverfassung sowieso die Herrschaft aus. Es lässt sich somit behaupten, dass die Stadt als Lebensform nicht nur im Raume des Orients entstanden ist, sondern von früh an gegenüber anderen Lebensformen die politische, wirtschaftliche, soziale und religiöse Spitzenstellung eingenommen hat.

3. Politische Administration, handwerkliche Produktion und Handel als Funktionen der traditionellen, islamisch-orientalischen Stadt

Wie schon wiederholt angedeutet ist die politische Administration, d.h. die Ausübung der territorialen Herrschaft, eine Grundfunktion nicht nur der orientalischen, sondern auch der islamisch-orientalischen Stadt. Mit dem Aufkommen des Islam trat die ja ehemals - im Alten Orient - schon theokratisch untermauerte Herrschaftsfunktion wieder mit einer Religion gekoppelt auf. So waren Sitze der Nachfolger Mohammeds bzw. der Kalifen: Medina von 632-657; Damaskus als Omaijaden-Hauptstadt von 657 an; Bagdad als Hauptstadt der Abbasiden von 762/68 an.

Es haben aber nicht nur einige wenige Städte im Orient eine Funktion als politische (und religiöse) Hauptstadt und Residenz ausgeübt. Zwei gegenläufige Tendenzen, einmal die Tendenz der Stärkung der Zentralgewalt eines Staates, zum anderen die Tendenz der Schwächung der Zentralgewalt, haben eine jeweils unterschiedliche Anzahl von Haupt- bzw. Residenz- und Subresidenzstädten hervorgebracht. Als beispielsweise in Anatolien das Reich der Seldschuken mit Konya als Hauptstadt im 12. Jahrhundert verfiel, taten sich viele kleine Fürstentümer örtlicher Grössen auf.

Ibn Battuta, der grosse arabische Reisende, der in dieser Phase Anatolien besuchte, sah sich gezwungen, zahlreichen Lokalfürsten, die sich besonders in dem physisch-geographisch so gekammerten Raum Westanatolien aufgetan hatten, in ihren Residenzen seine Aufwartung zu machen.

Literaturhinweis:

R. Stewig: Versuch einer Auswertung der Reisebeschreibung von Ibn Battuta (nach der englischen Übersetzung von H.H.R. Gibb) zur Bedeutungsdifferenzierung westanatolischer Siedlungen, in: Der Islam, 47. Bd, Berlin, New York 1971, S. 43-58

Mit der Ausbreitung der Osmanen, von Nordwestanatolien aus, verschwanden die zahlreichen Lokalfürsten wieder und mit ihnen verloren ihre kleinen Städte die Residenzfunktion. Später, bei sinkender Zentralgewalt des Osmanischen Reiches, kam es erneut zur Entstehung von "Talfürsten" (türkisch: "derebey"), besonders in entlegenen Gegenden, in denen lokale Grosse, unter Umständen Provinzgouverneure, wie selbständige Fürsten regierten und residierten. Was hier am Beispiel Anatoliens und des Osmanischen Reiches aufgezeigt wurde, gilt im Prinzip auch für andere Teile des Orients.

Auch die Labilität des Standortes einer Hauptstadtfunktion, als Folge labiler innenpolitischer Verhältnisse, führte dazu, dass im Orient mehr als nur eine sehr begrenzte Anzahl von Städten Residenzstadt war und als solche geprägt wurde. In Persien beispielsweise ging die Zentralgewalt von den Safawiden (1501 bis 1722), die sich auf Isfahan als Hauptstadt stützten, auf die Kadscharen (1739-1924) über, die in Nordpersien zu Hause waren und Teheran zur Hauptstadt erhoben. Nach dem Machtwechsel von 1924/25 in Persien, der die heutige Pahlevi-Dynastie an die Macht brachte, wurde Teheran als Hauptstadt beibehalten.

Selbst innerhalb des Osmanischen Reiches bzw. der aus ihm hervorgegangenen türkischen Republik wurde der Standort der Hauptstadt mehrfach verlegt. Als erste feste Haupt- und Residenzstadt wählten die bis dahin nomadisch lebenden Osmanen die erste, 1326 eroberte grössere Stadt in Nordwestanatolien, Bursa, aus, das bis 1360 Hauptstadt blieb, danach Nekropolstadt der frühen osmanischen Sultane wurde. Mit dem Vorstoss auf den Balkan erkoren die Osmanen von 1360 bis 1453 Edirne, nach der Eroberung des Byzantinischen Restreiches von Konstantinopel Istanbul zur Hauptstadt. Dem politischen Untergang des Osmanischen Reiches folgte ein erneuter Wechsel im Standort der politischen Hauptstadt Anatoliens nach Ankara.

Literaturhinweis:

R. Stewig: Ankara. Standortaspekte einer Hauptstadtverlagerung, in: Zeitschrift für Wirtschaftsgeographie, 10. Jg., Hagen 1966, S. 180-185

Die Funktion der handwerklichen Produktion der traditionellen, islamisch-orientalischen Stadt muss im genetischen Zusammenhang mit der Residenzfunktion gesehen werden. Denn es traten spezi-

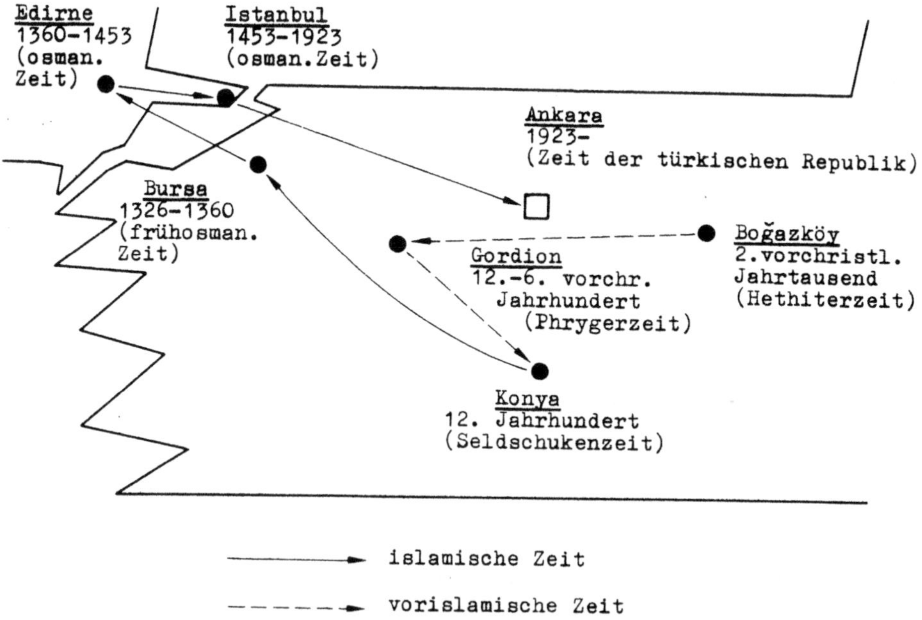

Abb. 31 Die Wanderung des Standortes der Hauptstadtfunktion in Anatolien in vorislamischer und islamischer Zeit (schematisch)

fische, hochspezialisierte Handwerke gerade in den Residenzstädten auf. Dieser Zusammenhang ist in erster Linie durch die Absatzmöglichkeiten begründet, die orientalisch-prunkvolle Hofhaltung bot, darüber hinaus wohl auch in der wahrscheinlich relativ guten Erreichbarkeit anderer hochrangiger politischer Haupt- und Residenzstädte, mit denen ein Austausch der hochspezialisierten handwerklichen Produkte vorgenommen werden konnte. Hinweise auf die Verknüpfung von Residenzfunktion und handwerklicher Produktion sind die Herstellung von hochwertigem Tuch (Damast) und hochwertigen Klingen (Damaszener Stahl) in Damaskus oder die hochspezialisierte Seidentuchproduktion in Nordwestanatolien im Umkreis von Istanbul.

Aus der Koppelung von Residenz- und Hauptstadtfunktion mit handwerklicher Produktion hohen Spezialisierungsgrades leitet sich eine weitere funktionale Koppelung ab, nämlich dass auch der Handel, und zwar sowohl der Fern- und Gross- als auch der Einzelhandel, seinen Standort bevorzugt in islamisch-orientalischen Haupt-, Residenz- und Handwerksstädten nahm. Dem Fernhandel oblag es, die nicht am Ort produzierten Waren heran- und die am Ort überschüssig produzierten Waren abzuführen. Die Kombination Hauptstadt/Residenz, Handel, Handwerk lässt sich in vielfacher Weise, am deutlichsten bei den grösseren Haupt- und Residenzstädten nachweisen.

Auch nach der Entdeckung des Seeweges um das Kap der Guten Hoffnung (1488) führten Transitverkehrswege als Verbindung zwischen Europa, Indien und dem ferneren Asien über den Raum des Orients, besonders im südwestasiatischen Flügel, im Bereich des Fruchtbaren Halbmonds. Gerade die Nomaden waren es ja, die aus der Durchführung des Transitverkehrs Einkünfte erzielten. In welchem Zusammenhang dieser Transitfernverkehr mit den Funktionen der traditionellen, islamisch-orientalischen Stadt zu sehen ist, muss offen bleiben. Sicher hat ein Teil der Transitwaren auch die Residenz- und Hauptstädte des Orients berührt. Ob es reine Fernhandelsstädte (Hafenstädte) gegeben hat, z.B. an den Küsten des Mittelmeeres, des persisch-arabischen Golfes oder des Indischen Ozeans, wo sich Händler und Kaufleute unterschiedlicher Provenienz trafen und ihre Waren umschlugen, soll dahingestellt bleiben.

Wenn in den speziellen Funktionen der traditionellen, islamisch-orientalischen Stadt als Haupt- und Residenz-, Handwerker- und Handelsstadt bereits ihre Beziehungen zum umgebenden Lande im weitesten Sinne zum Ausdruck kommen - denn solche Funktionen wie die angegebenen wurden ja für grosse Räume ausgeübt -, so lässt sich zusätzlich nach den allgemeinen Funktionen der traditionellen, islamisch-orientalischen Stadt in bezug auf das nähere umgebende Land fragen - eine Frage, die in nationalökonomisch-geographischem Zusammenhang (von W. Christaller 1933) als die Frage nach den zentralörtlichen Funktionen einer Stadt gestellt wurde.

Literaturhinweise:

E. Wirth: Die Beziehungen der orientalisch-islamischen Stadt zum umgebenden Lande. Ein Beitrag zur Theorie des Rentenkapitalismus, in: E. Meynen (Hrsg.): Geographie heute. Einheit und Vielfalt, Geographische Zeitschrift, Beiheft (E. Plewe-Festschrift), Wiesbaden 1973, S. 323-333

W. Christaller: Die zentralen Orte in Süddeutschland. Eine ökonomisch-geographische Untersuchung über die Gesetzmässigkeit der Verbreitung und Entwicklung der Siedlungen mit städtischen Funktionen, Jena 1933, 2. Aufl., Darmstadt 1968

Man hat davon auszugehen, dass in einem so ariden Raume wie dem Orient die Existenz von Städten, also die Zusammenballung einer grösseren Zahl von Menschen, das Vorhandensein von Wasser voraussetzt. Wasser wird als Trink- und Brauchwasser und als Bewässerungswasser zur Erzeugung der Nahrungsmittel für die Bewohner dieser Städte benötigt. Die Erzeugung der Nahrungsmittel vollzieht sich zum guten Teil in der unmittelbaren Umgebung der Städte, so dass Stadt und Bewässerungsgartenbau miteinander verzahnt sind und sich eine solche Oasenstadt markant von dem umgebenden, meist anökumenischen Raum abhebt. Damaskus in Syrien, Isfahan in Innerpersien und Konya in Inneranatolien sind einige wenige Beispiele solcher Oasenstädte, bei denen die städtische Siedlung selbst mit Bewässerungsgärten durchsetzt ist und umgeben wird von einem Bewässerungsgartenbaugürtel, der sich deutlich von der Wüste oder Wüstensteppe weiter draussen unterscheidet.

Mit der Einbettung einer Stadt in eine Bewässerungsgartenbauzone ist die Abgrenzung der Stadt zum umgebenden Lande schwierig. Ein Teil der Nahrungsmittel der Stadtbewohner wird in der Oase selbst, ja sogar von den Stadtbewohnern selbst erzeugt, so wie auch in der deutschen (europäischen) Stadt des Mittelalters ein Teil der Nahrungsmittel in den Städten selbst produziert wurde. Aber auch ohne Einbettung in eine Oase wurden in der traditionellen, islamisch-orientalischen Stadt manche Nahrungsmittel selbst erzeugt; in Istanbul beispielsweise wurden die weiten, unbebauten Flächen innerhalb der grossen Landmauer landwirtschaftlich genutzt (- was zum Teil noch heute geschieht).

Mit diesem Verhältnis von Stadt und agrarer Produktion ist eine Art der Beziehungen zwischen traditioneller, islamisch-orientalischer Stadt und umgebendem Land charakterisiert.

Eine weitere Art dieser Beziehungen - die bereits mehrfach angedeutet wurde - steht in engem Zusammenhang mit der Agrarverfassung. Bei rentenkapitalistischer Agrarverfassung ist zunächst das Stadt-Land-Verhältnis parasitärer Art, weil - wie dargelegt - der Grossgrundbesitzer als "absentee landlord" in der Stadt und nicht in seinem Dorf wohnt und seine städtische Lebensweise aus dem Abschöpfen der Ernteerträge des Landes bestreitet. Man darf aber auch bei dieser Agrarverfassung nicht übersehen, dass ja ein grosser Teil der Ernte - eben jener Teil, der an den Grossgrundbesitzer abgeführt werden muss - nicht auf dem Lande verbleibt. Sein Einkommen erzielt der Grossgrundbesitzer durch die Vermarktung der ihm zufallenden landwirtschaftlichen Erträge. In der Stadt aber sitzen diejenigen Beschäftigten, die die politische Administration, die handwerkliche Produktion und den Handel ausüben und die nicht alle ihre Nahrungsmittel aus dem Bewässerungsanbau in der Oasenstadt selbst oder an ihrem Rande gewinnen können. Somit sind einfache, zentralörtliche Marktbeziehungen zwischen Stadt und Umland auch im Rahmen einer rentenkapitalistischen Agrarverfassung nicht ausgeschlossen, und somit braucht das Verhältnis zwischen Stadt und umgebendem Land selbst bei rentenkapitalistischer Agrarverfassung nicht nur parasitär gewesen zu sein.

Bei feudalistischer/lehensmässiger Agrarverfassung ergibt sich - zumindest theoretisch - ein anderes Verhältnis zwischen Stadt und umgebendem Land. Der Lehensträger wohnt auf dem Lande selbst, in einem Gutsbetrieb, nicht in der Stadt. Die Erträge, die er aus seiner Umgebung abschöpft, dienen nicht seinem persönlichen Einkommen, sondern einem staatlichen Zweck. Im Zusammenhang mit der - jedenfalls für den Orient - bisher kaum untersuchten Frage über die Beziehungen zwischen feudalistischer Agrarverfassung und Städtewesen kann davon ausgegangen werden, dass es kein parasitäres Verhältnis zwischen Stadt und umgebendem Lande gegeben haben kann; bei feudalistischer Agrarverfassung bestand möglicherweise ein negativer Einfluss auf die Entwicklung von Städten, weil ja der "Feudalherr" seinen Wohnsitz nicht in der Stadt nahm. Sobald aber das Produktionsniveau der Landwirtschaft das der Selbstversorgung überschreitet, ergibt sich aus der Marktorientierung die Notwendigkeit kleiner Landstädte für die Bewältigung des Umschlages. Wie weit die Stadtentwicklung in Anatolien - dem Kernraum der osmanisch-feudalistischen Agrarverfassung - in diesem Licht gesehen werden kann, sei dahingestellt.

Eine weitere Art von Stadt-Land-Beziehungen lässt sich für die traditionelle, islamisch-orientalische Stadt im Rahmen der handwerklichen Produktion des sekundären Sektors erkennen. Vor allem in Syrien, Marokko, Tunesien, Ägypten, aber auch in Persien wurde (in der vorindustriellen Entwicklungsphase und wird zum Teil noch heute) ein ländliches Heimgewerbe von den Städten aus organisiert. Im Rahmen dieser Organisation, die an Verhältnisse im vor- und frühindustriellen England erinnert, liessen städtische Händler und Kaufleute - wenn entsprechende Absatzmöglichkeiten, zum Teil Fernabsatzmöglichkeiten, bestanden - nicht nur vom städtischen Handwerk produzieren, sondern spannten auch ein ländliches Heimgewerbe in die Produktion ein. Die städtischen Unternehmer kauften und verteilten das Rohmaterial und sammelten die fertigen Produkte wieder ein. Damit erhielten einige Städte im Rahmen einer arbeitsteiligen, handwerklichen Produktion zusätzliche zentralörtliche Funktionen.

Wenn man sich nach diesen Darlegungen über die allgemeinen Stadt-Land-Beziehungen im traditionellen Orient noch an die speziellen Funktionen der Städte erinnert - von denen ja zumindest die der politischen Administration für ein meist klar abgegrenztes Territorium ausgeübt wurde -, dann muss man auch der traditionellen, islamisch-orientalischen Stadt - zumindest in deutlichen Ansätzen - zentralörtliche Funktionen zugestehen und darf ihre Stadt-Land-Beziehungen nicht nur als parasitär klassifizieren.

4. Segregierte Funktionsräume für Arbeiten und Wohnen als Strukturmuster der traditionellen, islamisch-orientalischen Stadt

Im vorangegangenen Abschnitt wurden die typischen Funktionen der traditionellen, islamisch-orientalischen Stadt dargestellt. Sie lassen sich zusammenfassen - wenn man an die Menschen als Träger dieser Funktionen und deren grundlegende Tätigkeiten und Verhaltensweisen denkt - unter dem Begriff "Arbeiten". Diesem Sachverhalt ist der des "Wohnens" gegenüberzustellen, denn die Träger städtischer Funktionen müssen in ihrer Stadt wohnen. Die Erscheinung, dass die Träger städtischer Funktionen ausserhalb der Stadt wohnen und sie - täglich - als Pendler aufsuchen, ist der traditionellen, islamisch-orientalischen Stadt ebenso fremd wie das Institut der "Freizeit" und die damit verbundenen Aktivitäten. Beide Erscheinungen, Pendlerwesen und Freizeit, gehören nicht zur traditionellen Gesellschaft, sondern zur Industriegesellschaft.

Die Grundtätigkeiten bzw. Verhaltensweisen "Arbeiten" und "Wohnen" müssen sich also in der traditionellen, islamisch-orientalischen Stadt niederschlagen. Dieser "Niederschlag" bildet eine Struktur, die aus den Teilen "Arbeiten" und "Wohnen" in einer bestimmten räumlichen Relation besteht. Dieses Strukturmuster ist in der traditionellen, islamisch-orientalischen Stadt nicht nur dadurch gekennzeichnet, dass "Arbeiten" und "Wohnen" - jeweils als Ganzes - gegeneinander deutlich segregiert (getrennt) auftreten, sondern dass auch innerhalb des "Arbeitsraumes" und auch innerhalb des "Wohnraumes" deutlich segregierte Einheiten - nach jeweils anderen Prinzipien segregiert - bestehen.

Nach K. Dettmann 1969 sieht das idealtypische Strukturmuster der traditionellen, islamisch-orientalischen Stadt folgendermassen aus: Ein Strukturelement der Stadt ist die Burg/Zitadelle (in der Türkei: "hisar", "kale"; in Iran: "ark"; in Nordafrika: "kasbah"), der Gouverneurssitz - der Standort der Herrschaft. Dieser Standort kann sich - räumlich - an die Stadtmauer oder an das Zentrum (- den Basar -) der Stadt anlehnen. Dieses Zentrum - ein weiteres Strukturelement - besteht aus der grossen (Freitags-)Moschee mit dem daneben oder umliegenden Basar. Der Standort des Basars und der Standort der Herrschaft bilden zusammen den Funktionsraum "Arbeiten". Ihm gegenüber ist der Funktionsraum "Wohnen" zu unterscheiden; er besteht aus den verschiedenen, zahlreichen Wohnquartieren, die von der mohammedanischen Bevölkerung, aber auch von (ethnisch-)religiösen Gruppen wie Juden, Armeniern, Griechen und anderen eingenommen werden. Da der Islam sich im Zuge der Eroberung ausgebreitet hat, ist gerade im Orient mit vielen, andersgläubigen (Rest-) Gruppen in der traditionellen, islamisch-orientalischen Stadt zu rechnen. Entsprechend ihrer unterschiedlichen Religionszugehörigkeit besitzen die verschiedenen Gruppen bzw. Wohnquartiere eigene Friedhöfe am Stadtrand. In den Wohnvierteln befinden sich - jeweils das Zentrum bildend - eine eigene Viertelsmoschee oder Synagoge oder Kirche und ein kleines Einzelhandelszentrum, meist an der zentralen Wasserversorgung durch Brunnen gelegen. Als Oasenstadt ist eine solche städtische Siedlung mit einer Bewässerungsgartenbauzone umgeben, in der der ländliche Viehmarkt (als offener Markt; türkisch: "pazar") abgehalten wird.

Im Gegenüber von einerseits dem Herrschersitz und der Hauptmoschee, andererseits den Wohnquartieren kommt ein kennzeichnendes Merkmal der traditionellen, islamisch-orientalischen Stadt auch im Räumlichen zum Ausdruck, nämlich das Herrscher-Untertanen-Verhältnis, im Politischen wie im Religiösen. Denn nicht nur im Religiösen hat die Ausbreitung des Islam zur Unterwerfung der Gläubigen unter Allah geführt, die ihren Ausdruck im gemeinsamen Gebet in der (Freitags-)Moschee der Stadt findet, sondern mit der religiösen Eroberung war auch die politische verbunden, die im Herrschersitz in der Stadt ihr Sinnbild erhält. Der Herrscher entschied über die Zusammensetzung der städtischen Bevölkerung; er führte Umsiedlungen und Aussiedlungen mohammedanischer, christlicher oder jüdischer Bevölkerungs-

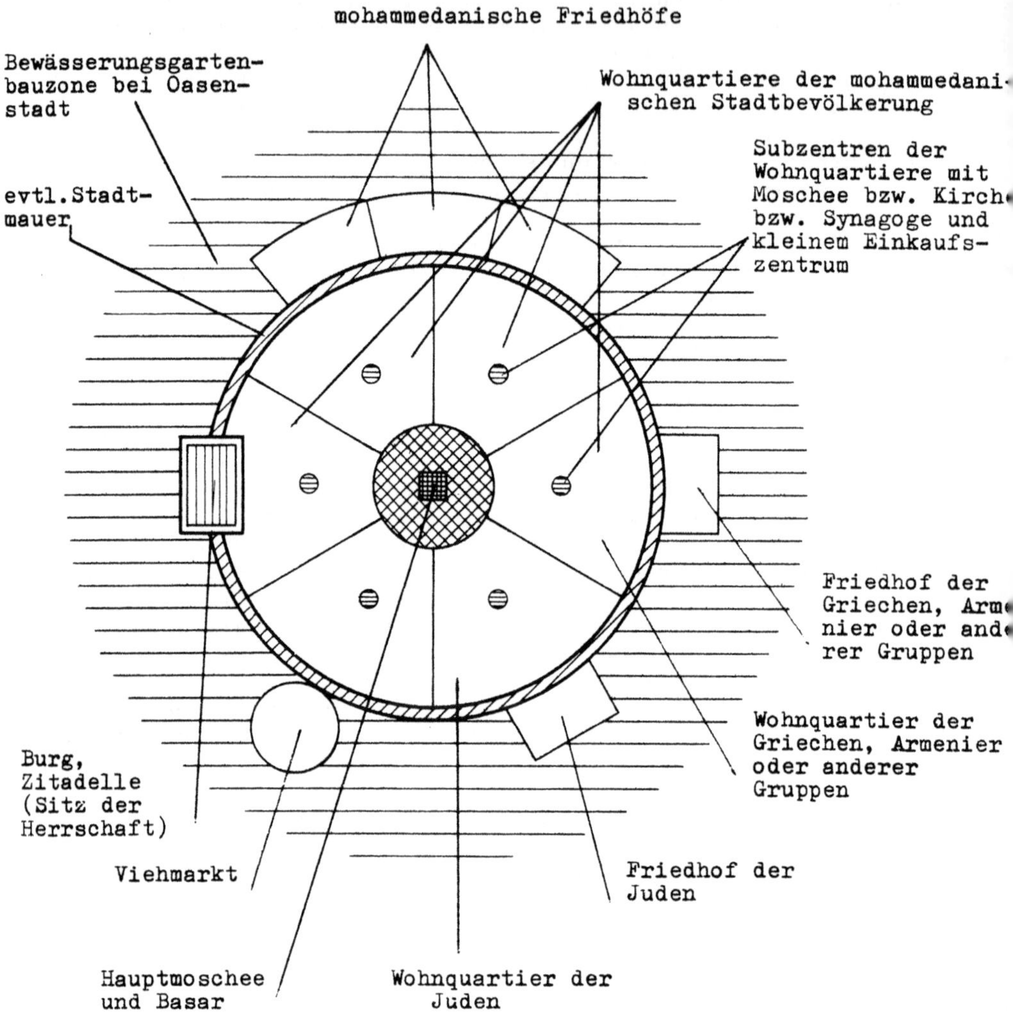

Abb. 32 Das idealtypische Strukturmuster der traditionellen, islamisch-orientalischen Stadt
(nach: K.Dettmann 1969, S. 25 verändert)

teile durch, wenn ihm die eine oder die andere Gruppe in der Minder- oder Überzahl zu sein schien.

Nach diesem Grobüberblick über die Funktionsräume "Arbeiten" und "Wohnen" in der traditionellen, islamisch-orientalischen Stadt sollen nun die Feinstrukturen innerhalb der jeweiligen Funktionsräume, die sich wiederum durch Segregierung auszeichnen, dargestellt werden.

Der Basarbezirk (arabisch: "sûq"; türkisch: "çarşi"), der neben und um die Hauptmoschee der Stadt zu finden ist, bildet den Standort des Gross- und den Hauptstandort des Einzelhandels in der Stadt. Ganz im Gegensatz etwa zur mittelalterlichen deutschen (europäischen) Stadt, in der sich - oft um einen zentralen Marktplatz, der der traditionellen, islamisch-orientalischen Stadt fehlt - Wohnen, Herstellen (Handwerk) und Verkauf (Handel) in Standortidentität vollzogen, ist der Basarbereich der traditionellen, islamisch-orientalischen Stadt ausschliesslich durch Verkaufen (Handel) und Herstellen (Handwerk) charakterisiert, während die Nutzungsart Wohnen im Basarbereich völlig fehlt. Hierin sind bedeutende Einflüsse der Religion zu sehen, die die Privatheit der Familie als absolute Norm setzt. Damit ist die Polarität von Privatheit und Öffentlichkeit, wie sie der Soziologe H.P. Bahrdt als typisch für die moderne (westliche) Stadt überhaupt ansieht, in der traditionellen, islamisch-orientalischen Stadt durch die Ausschliessung des Wohnens aus dem (öffentlichen) Basarbereich schon ausgeprägt vorhanden gewesen.

Literaturhinweis:

H.P. Bahrdt: Die moderne Großstadt. Soziologische Überlegungen zum Städtebau, Hamburg 1969

Innerhalb des Einzelhandels ist im Basarbereich der traditionellen, islamisch-orientalischen Stadt eine deutliche Branchengliederung - und somit eine Segregierung - festzustellen. Unmittelbar neben der Hauptmoschee ist die Branche Devotionalien, d.h. der Verkauf von Gebetsketten, Koranbüchern vertreten. An sie schliesst sich meist die Branche Gold- und Silberwaren an; Gegenstände aus Gold und Silber werden an Ort und Stelle hergestellt und verkauft. In einiger Nähe zur Hauptmoschee folgt die Textilbranche; Tuche werden verkauft, da entsprechend den Verhaltensweisen der Verbraucher einer traditionellen Gesellschaft die Bekleidung entweder selbst oder durch Schneider hergestellt wird; Konfektion ist eine Erscheinung der Industriegesellschaft. So findet sich neben dem Tuchverkauf das Schneiderhandwerk. Schon weiter entfernt von der Hauptmoschee - meist aufgereiht an einer Hauptbasarstrasse - liegen Handwerks- und Verkaufsstände, die feinere Haushaltsgeräte, noch weiter entfernt Handwerks- und Verkaufsstände, die gröbere Gerätschaften herstellen. Dann schliessen sich Handwerker an, bei denen zur Geräuschbelästigung bei der Herstellung auch noch die Geruchsbelästigung hinzukommt (z.B. Gerber).

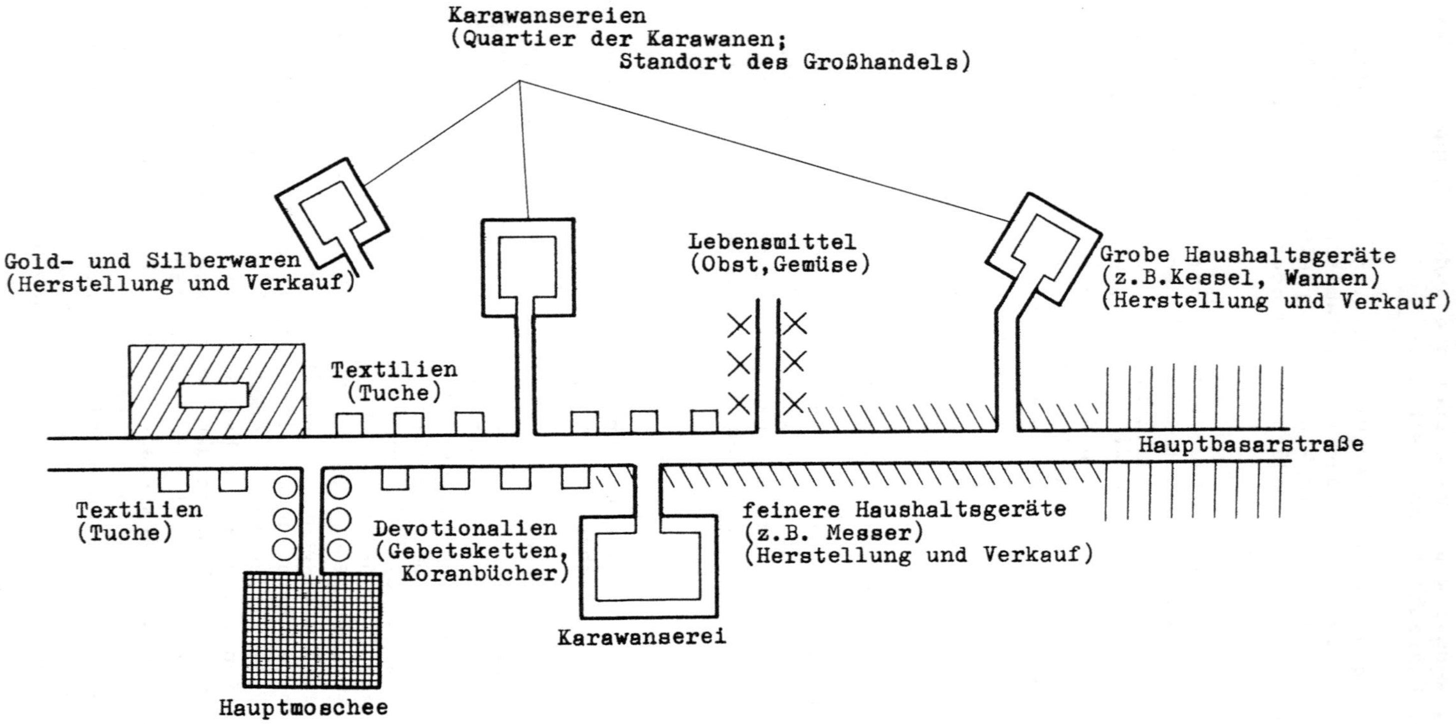

Abb. 33 Das idealtypische Strukturmuster der Branchengliederung des Einzelhandels, der Handwerker und der Standorte des Großhandels im Basarbereich der traditionellen, islamisch-orientalischen Stadt

Literaturhinweise:

G. Schweizer: Tabriz (Nordwest-Iran) und der Tabrizer Bazar, in: Erdkunde, Bd XXVI, Bonn 1972, S. 32-46

R. Stewig: Die räumliche Struktur des stationären Einzelhandels in der Stadt Bursa, in: R. Stewig, H.-G. Wagner (Hrsg.): Kulturgeographische Untersuchungen im islamischen Orient, Schriften des Geographischen Instituts der Universität Kiel, Bd 38, Kiel 1973, S. 143-175

Das Herstellen und Verkaufen vollzieht sich in zur Basarstrasse offenen Boxen ohne eigentlichen Verkaufsraum und ohne Schaufenster; die Waren werden für den Kunden anfassbar angeboten. Nur die Laden- und Handwerksstätten für die wertvollsten Waren - Gegenstände aus Gold und Silber - sind in einem überdachten und abschliessbaren festen Gebäude (türkisch: "bedesten") zusammengefasst.

Diese für den Basar der traditionellen, islamisch-orientalischen Stadt so typische Branchengliederung und die Anordnung der Branchen von der Hauptmoschee aus in zentralperipherer Weise muss als Auswirkung mehrerer Faktoren gesehen werden. Einmal erleichtert eine Zusammenfassung der Einzelhandelsgeschäfte einer Branche dem Käufer den Überblick. Zum anderen wurden Steuern den Angehörigen einer Branche pauschal auferlegt; eine Zusammenfassung der Branchenmitglieder vereinfachte die Verteilung und das Einziehen der Steuern. Es werden aber auch bestimmte Handwerke von bestimmten Bevölkerungsgruppen ausgeübt, so dass auch von dieser Seite her ein Anlass zur Branchengliederung bestand.

Die Anordnung der Branchen untereinander - in ihrem gegenseitigen Verhältnis - wird von ihrer Wertschätzung, ihrem Belästigungscharakter, aber auch ihrer Zweckgebundenheit bestimmt: je stärker die Zweckgebundenheit mit der Ausübung der Religion zusammenhängt, je höher die allgemeine und religiöse Wertschätzung und je geringer die Geräusch- oder Geruchsbelästigung des Gottesdienstes ist, desto näher rücken die Branchen an die Hauptmoschee heran. Grobe Handwerke haben ihren Branchenstandort am weitesten von der Hauptmoschee entfernt.

Um den Einzelhandel herum gruppieren sich - innerhalb des Basarbezirks - Karawansereien (in der Türkei: "han"; in Iran: "khan"; in Afghanistan: "serai"; in Nordafrika: "fondouk"), d.h. massive, zweigeschossige, burgähnliche Gebäude, bei denen das Untergeschoss zur Aufstallung von Tragtieren, das Obergeschoss zur Unterbringung der Fern- und Grosshandelskaufleute diente. In diesen (Stadt-)Karawansereien vollzog sich die Abwicklung des Fern- und Grosshandels, also die Verteilung der ankommenden Waren auf den Einzelhandel der Stadt und der Abtransport der überschüssig in der Stadt produzierten Waren der spezialisierten Handwerke.

Literaturhinweis:

E. Wirth: Zum Problem des Bazars (sûq, çarşi). Versuch einer Begriffsbestimmung und Theorie des traditionellen Wirtschaftszentrums der orientalisch-islamischen Stadt, in: Der Islam, Bd 51, Berlin, New York 1974, S. 203-260; Bd 52, Berlin, New York 1975, S. 6-46

Diesem in mehrfacher Hinsicht segregierten Funktionsraum "Arbeiten" steht der Funktionsraum "Wohnen" der traditionellen, islamisch-orientalischen Stadt an Segregation - nach anderen Prinzipien - nicht nach. Die auffallendste Erscheinung dabei ist die, dass die Wohngebiete der traditionellen, islamisch-orientalischen Stadt - wie man es von der modernen europäischen Stadt (der Industriegesellschaft) gewohnt ist - nicht nach dem sozialen Status ihrer Bewohner gegliedert sind. Vielmehr haben das ethnische und das religiöse Prinzip bei der Gliederung den Vorrang. Es war bereits dargelegt worden, dass durch den Vorgang der Ausbreitung des Islam gerade in die islamisch-orientalische Stadt zahlreiche nichtislamische Gruppen aufgenommen werden mussten. Aber auch die mohammedanische Stadtbevölkerung ist nicht homogen, sondern setzt sich aus sehr heterogenen Gruppen zusammen. Trotz der Zugehörigkeit zur gleichen Religion kommen doch bedeutende Unterschiede der räumlichen Herkunft und ehemaliger oder noch weiterbestehender Stammeszugehörigkeit bei der Ansiedlung in der Stadt zum Tragen. So ist es verständlich, dass es aus religiösen wie aus ethnischen Gründen zum starken Abschluss der einzelnen Wohnquartiere innerhalb der Stadt kam, der sogar soweit ging, dass verschiedene Wohnviertel durch eigene Mauern gegeneinander getrennt waren.

Innerhalb der einzelnen Wohnquartiere scheint eine Feinstrukturierung nach sozialen Gesichtspunkten bestanden zu haben, in dem Sinne, dass die sozial und ökonomisch bedeutsamen Mitglieder der Wohnquartiere bei ihrer Viertelmoschee, -kirche oder -synagoge angesiedelt waren, die weniger bedeutsamen "hinter der Mauer" - in zentral-peripherer Anordnung - wohnten.

Vergleiche dazu:

L. Rother: Die Städte der Çukurova: Adana - Mersin - Tarsus. Ein Beitrag zum Gestalt-, Struktur- und Funktionswandel türkischer Städte, Tübinger Geographische Studien, Heft 42, Tübingen 1971 (besonders S. 119/120)

Um das jeweilige Gotteshaus der Wohnviertel gruppieren sich Einzelhandelsgeschäfte, die besonders der alltäglichen Bedarfsdeckung dienen; hinzu gesellen sich einige Dienstleistungshandwerke.

Alle Einzelhandelsgeschäfte und Handwerke einer höheren Bedarfsdeckungsstufe finden sich innerhalb der Stadt nur im Basarbereich. Somit kommt der innerstädtischen Einzelhandelsstruktur der traditionellen, islamisch-orientalischen Stadt eine Zweistufigkeit zu, die Ausdruck eines geringen Grades von ökonomischer und sozialer Differenziertheit ist. Hinter den zwei Strukturelementen des Einzelhandels in der traditionellen, islamisch-orientalischen Stadt, dem Basarbezirk einerseits und den zahlreichen kleinen Subzentren in den Wohnvierteln andererseits, steht ein zeitlich gestufter und mit den religiösen Bedürfnissen parallel gehender Rhythmus des Aufsuchens: Subzentrum und Viertelsmoschee werden für die tägliche Bedarfsdekkung, Hauptbasar und Stadtmoschee für die seltenere und gehobene Bedarfsdeckung, im Ökonomischen wie im Religiösen, in Anspruch genommen.

5. Der Sackgassengrundriss der traditionellen, islamisch-orientalischen Stadt

Unter dem Begriff Physiognomie wird in stadtgeographischem Zusammenhang Grundriss und Aufriss einer Stadt verstanden. Hier soll besonders auf den Grundriss - den Sackgassengrundriss - als typischer Erscheinung der traditionellen, islamisch-orientalischen Stadt eingegangen werden.

Die Ausführungen stützen sich auf:

> R. Stewig: Bemerkungen zur Entstehung des orientalischen Sackgassengrundrisses am Beispiel der Stadt Istanbul, in: Mitteilungen der Österreichischen Geographischen Gesellschaft Wien, Bd 108, Jg. 1966, S. 25-47

Zu den wesentlichen Merkmalen des orientalischen Sackgassengrundrisses gehören:

- Die Strassen sind schmal; ihre Breite ist auf den Fussgänger- und Tragtierverkehr abgestimmt (dass die Strasse Schutz bieten soll gegen direkte Sonneneinstrahlung, mag zu ihrer geringen Breite beigetragen haben).

- Die Strassen ändern häufig und scheinbar unmotiviert ihre Richtung; nur selten behalten Strassen innerhalb der Stadt über grössere Strecken ein und dieselbe Richtung bei.

- Nicht nur die Richtung der Strassen ändert sich häufig, sie ändern auch oft ihre Breite; weite und enge Strassenstücke wechseln einander ab; die Häuser und Grundstücksfronten fluchten also nicht.

- Es gibt zahlreiche Sackgassen, kurze, lange, verzweigte, unverzweigte; die Sackgassen sind das Hauptcharakteristikum der traditionellen, islamisch-orientalischen Stadt.

Wenn man nach der Erklärung dieser Grundrisseigentümlichkeiten sucht, dann muss man sich zunächst vergegenwärtigen, dass regelmässige Stadtgrundrissformen dem Orient keineswegs fremd sind. In fast allen Basarbezirken der Städte des Orients herrscht ein regelmässiger, rechtwinkliger Grundriss, zumindest

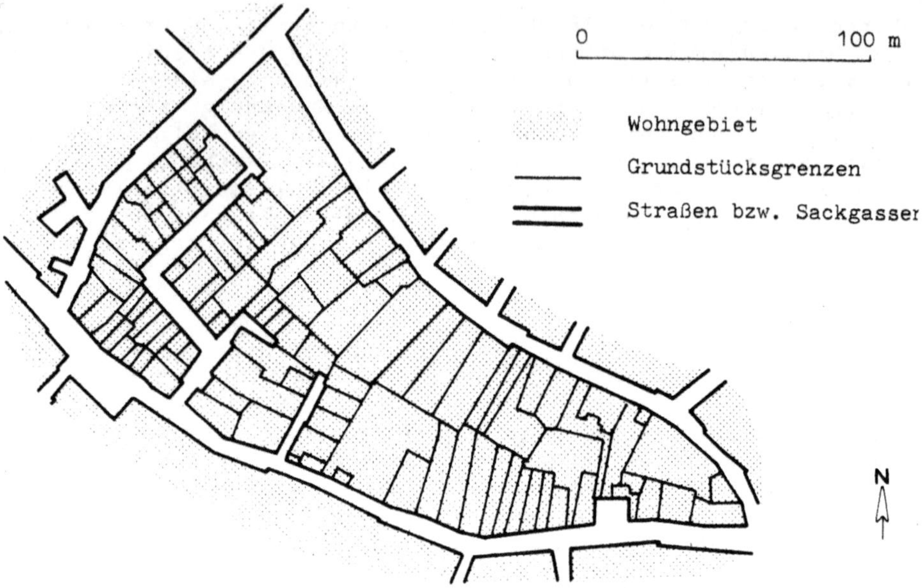

Abb.34 Prinzipskizze zum orientalischen Sackgassengrundriß (nach: R.Stewig 1966, S.32)

in den ausgedehnten, überdachten Gebäudekomplexen - freilich sind diese Anlagen planmässig entstanden. Die Verbreitung des unregelmässigen Sackgassengrundrisses ist kaum im Funktionsraum "Arbeiten", vor allem aber im Funktionsraum "Wohnen" anzutreffen.

Man könnte auf die Idee kommen, dass die Unregelmässigkeit dieses Grundrisses eine Folge von besonders ungünstigen Geländeverhältnissen ist. Es lässt sich jedoch nachweisen, dass der Sackgassengrundriss auch in der Ebene verbreitet auftritt und andererseits, dass selbst in schwierigem Gelände regelmässige Grundrissformen angelegt werden. Es müssen also andere Umstände als die Hängigkeit eines Geländes zur Erklärung des Sackgassengrundrisses herangezogen werden.

Man hat zu berücksichtigen, dass in der traditionellen, islamisch-orientalischen Stadt die Entwicklung der städtischen Grundbesitzstruktur den privaten Interessen überlassen ist. In der traditionellen, islamisch-orientalischen Stadt gibt es keine Behörde, kein Planungsamt, das die Strassenentwicklung einer Gesamtkonzeption unterwirft. Die Unplanmässigkeit der islamisch-orientalischen Stadt ist also eine Voraussetzung für den Sackgassengrundriss.

Eine weitere ist in der - schon aufgezeigten - heterogenen Sozialstruktur zu suchen; die verschiedenen religiösen und ethnischen Bevölkerungsgruppen, die eigene Stadtviertel haben, bemühen sich um Abschluss nach aussen gegenüber der Nachbargruppe. Wenn es nun zur Bevölkerungszunahme der eigenen Gruppe kommt, sei es durch natürliches Wachstum oder durch Zuwanderung, dann wird der Ausbau in das eigene Viertel hinein, nicht nach aussen, wo eventuell eine Stadtviertelsmauer besteht, erfolgen. Die Homogenität der eigenen Gruppe muss gewahrt bleiben.

Nun setzt aber die Religion (der Islam) die Norm der Privatheit der Familie, eine Norm, die auch die Aussonderung des Wohnens aus dem (öffentlichen) Basarbereich veranlasst hat. Im Zusammenhang mit dem Sackgassengrundriss bedeutet diese Norm, dass die Anlage von Durchgängen durch Wohnhäuser - wie man sie als Gänge in der mittelalterlichen deutschen Stadt kennt - nicht praktikabel ist. Auch ein auf der Innenfläche eines Baublocks errichtetes Wohngebäude muss über einen eigenen Zugang verfügen. Diesen Zugang verschafft die Sackgasse.

Hier muss darauf hingewiesen werden, dass es sich bei der Erscheinung des Sackgassengrundrisses nicht um ein allein mit der traditionellen, islamisch-orientalischen Stadt verbundenes Phänomen handelt, welches in dem Masse, wie dieser Stadttyp umgeformt wird, untergeht. Im Rahmen der ungeplanten Zuwanderung, die sich heute an der Peripherie zahlreicher Städte im Orient vollzieht, bildet sich erneut ein - junger - Sackgassengrundriss heraus. Diese Tatsache erweist das Phänomen des Sackgassengrundrisses als das, was es ist: nämlich nicht eine mit einer bestimmten geschichtlichen Periode gekoppelte Erscheinung, sondern eine Reaktionsweise der Menschen in einer bestimmten, durch eine Reihe von Umständen geprägten Situation, die - wenn sich die Umstände wiederholen - wiederum zum gleichen räumlichen Strassenstrukturmuster führt.

6. Die Variationsbreite der traditionellen, islamisch-orientalischen Stadt

Die traditionelle, islamisch-orientalische Stadt wurde bisher in ihren wesentlichen funktionalen, strukturellen und physiognomischen Merkmalen dargestellt. Dabei wurde ein ganz überwiegend einheitliches Bild gezeichnet. Um auch die im Zusammenhang mit dem traditionellen Städtewesen im Orient vorhandenen Abweichungen, Modifikationen, kurz die Variationsbreite zu erfassen, dazu dienen die folgenden Ausführungen. Sie stützen sich zum Teil auf:

> K. Dettmann: Zur Variationsbreite der Stadt in der islamisch-orientalischen Welt, in: Geographische Zeitschrift, 88. Jg., Wiesbaden 1970, S. 95-123

Über die allgemeinen, insbesondere funktionalen Gegebenheiten der traditionellen, islamisch-orientalischen Stadt hinaus, in denen sie mit den funktionalen Wesensmerkmalen der Städte anderer Regionen übereinstimmt, ist die traditionelle, islamisch-orientalische Stadt Ausdruck eines Kulturkreises, eben des orientalischen. So werden Abweichungen von dem idealtypischen Strukturmuster an der Peripherie des orientalischen Kulturkreises in Städten des Orients im Übergangsgebiet zu einem anderen Kulturkreis zu erwarten sein. Gerade an der östlichen Peripherie des Orients, im Übergang zum indischen Kulturkreis, zeigen sich in Afghanistan deutliche Abweichungen von dem idealtypischen Strukturschema der traditionellen, islamisch-orientalischen Stadt. Während im Kerngebiet des Orients zwischen einerseits dem Arbeiten als handwerkliche oder kaufmännische Tätigkeit im Basar und andererseits dem Wohnen eine scharfe räumliche Trennung festzustellen ist, erscheint diese gegenseitige Ausschliessung in afghanischen Städten weniger ausgeprägt. So besteht dort die Tendenz zum Wohnen und Arbeiten im räumlichen Beieinander im Basarbereich.

Auch in anderen Erscheinungen lassen gerade Städte in Afghanistan Abweichungen vom idealtypischen Schema erkennen. Während im Kerngebiet des Orients der Basarbereich in der Draufsicht meist eine kompakte, gedrungene Gestalt aufweist, innerhalb derer die zentral-periphere Branchengliederung auftritt, ist in afghanischen Städten eine lineare Erstreckung des Basarbereiches zu beobachten. Damit verbunden zeigen sich auch Abwandlungen nicht nur in der Anordnung der Branchen, sondern auch beim Standort des Gross- und Fernhandels. Soweit auch dort der Gross- und Fernhandel in Karawansereien abgewickelt wird, liegen diese weniger um den - in Afghanistan linear gestreckten - Basarbereich herum, sondern vielmehr fernverkehrsorientiert an der Peripherie der Stadt.

Über die von K. Dettmann 1970 angegebene Variationsbreite der traditionellen, islamisch-orientalischen Stadt hinaus lassen sich weitere Modifikationen aufzeigen, von denen zwei, die kulturhistorisch und die naturgeographisch bedingten, angedeutet werden sollen. Räumlich treten diese Modifikationen auch im Kernraum des Orients selbst, nicht nur an dessen Peripherie auf.

Soweit die orientalische Stadt ihre Prägung vom Islam erhalten hat und mit dessen Ausbreitung auch ihre Ausbreitung einsetzte, hatte dieser Stadttyp sich mit dem vorgefundenen, materiellen Erbe der Vergangenheit, vor allem der antiken Stadt, zwar nicht mit ihrer Organisationsform, die ja durch die Eroberung vernichtet wurde, aber eben mit ihren materiellen Überresten auseinanderzusetzen. Dadurch wurde auf die islamisch-orientalische Stadt ein variativer (abwandelnder) Einfluss ausgeübt. Der Grundriss der Altstadt von Damaskus ist dafür ein illustratives Beispiel. Der antike Grundriss bestand aus einem deutlich ausgeprägten, rechtwinkligen Muster. Das islamische Damaskus knüpfte zwar an gewisse Vorgaben an - so wurde für den Standort der Hauptmoschee die Stelle des antiken Tempels gewählt und somit eine Kontinuität des heiligen Platzes selbst über unterschiedliche Kulturen und Religionen hinweg gewahrt; auch wurde der Standort der neuen Herrschaft an der alten (Burg/Zitadelle) wieder eingerichtet -, aber zu diesen Standortorientierungen,

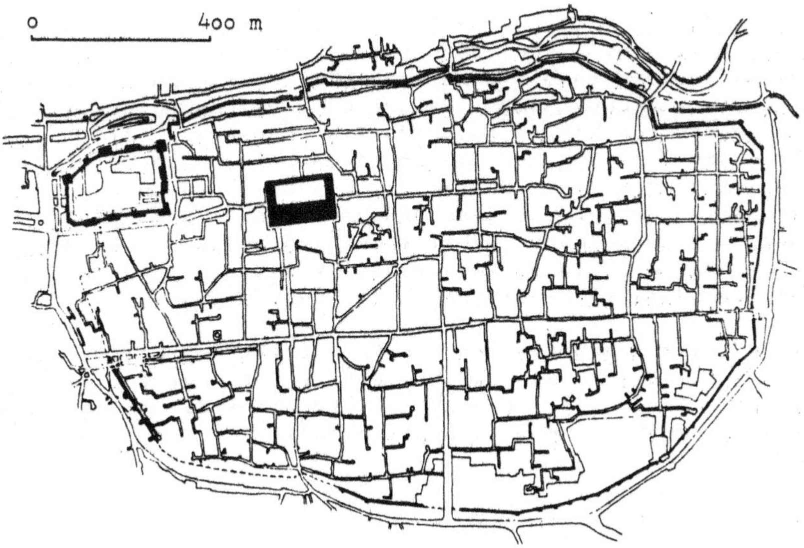

Abb.35 Der Grundriß der Altstadt von Damaskus, 1918, als Beispiel der Überformung eines antiken, regelmäßigen Stadtgrundrisses durch den orientalischen Sackgassengrundriß

(nach: C.Watzinger, K.Wulzinger: Damaskus. Die antike Stadt; Wissenschaftliche Veröffentlichungen des deutsch-türkischen Denkmalschutzkommandos, Heft 4, Berlin, Leipzig 1921, Tafel II)

die ja in das idealtypische Schema der traditionellen, islamisch-orientalischen Stadt passten, kamen auch Veränderungen. Da die Wohngebietsflächen des islamischen Damaskus der Privatinitiative überlassen wurden, entwickelte sich innerhalb der Grobstruktur des regelmässigen, antiken Grundrissnetzes der islamisch-orientalische Sackgassengrundriss. Insofern der Strassengrundriss in der Altstadt des islamischen Damaskus durch einen Restbestand an langen, geraden Strassenführungen - darunter der berühmten "via recta" - geprägt ist, stellt er eine kulturhistorische Modifikation des unregelmässigen, orientalischen Sackgassengrundrisses dar.

Im Aufriss der traditionellen, islamisch-orientalischen Stadt lässt sich in den verschiedenen Teilen des Orients - Oasen, Steppen, Gebirgen - eine Abwandlung je nach dem zur Verfügung stehenden Baumaterial erkennen - im Prinzip eine ähnliche Abwandlung, wie sie bereits im Zusammenhang mit den ländlichen Siedlungen aufgezeigt wurde.

Man kann davon ausgehen, dass das traditionelle Haus der islamisch-orientalischen Stadt eine Übertragung des ländlichen Hauses oder zumindest eine Parallelerscheinung zum ländlichen Haus im gleichen Gebiet ist. Dies gilt vor allem für das Wohnhaus, während öffentliche Gebäude, wie Herrschersitz, Moschee oder Basar, Abweichungen in Richtung auf eine massivere Ausführung - im Rahmen des jeweils von der natürlichen Ausstattung der Umgebung gebotenen Baumaterials - erkennen lassen. In Oasenstädten verwendet man zum Bau der Wohnhäuser luftgetrocknete oder gebrannte Lehmziegel, ähnlich wie in ländlichen Oasensiedlungen. Bei Städten, die in der Nähe (ehemals) bewaldeter Gebiete liegen, hat das Fachwerkhaus, das wegen der Tragfähigkeit des Holzes auch mehrgeschossig ausgeführt werden kann, oft sogar mit einer Holzverschalung der Aussenwände, Einzug gehalten. Im Gebirgsraum stehen Lese- und Hausteine zur Verfügung und erlauben eine massive, sogar vielgeschossige Bauweise der städtischen Häuser, die im äusseren Habitus und von der Sozialstruktur ihrer Bewohner als Sippen(hoch)häuser von den Wohntürmen entsprechender ländlicher Siedlungen kaum abweichen.

Die vom Islam gesetzte Norm der Privatheit der Familie bewirkt, dass das städtische Wohnhaus in der traditionellen, islamisch-orientalischen Stadt nur einer (Gross-)Familie, einem Mehrgenerationenhaushalt, als Unterkunft dient.

7. Literaturhinweise

F. Benet: The Ideology of Islamic Urbanization, in: N. Anderson (Hrsg.): Urbanism and Urbanization, International Studies in Sociology and Social Anthropology, Bd II, Leiden 1964, S. 111-126

R. Busch-Zantner: Zur Kenntnis der osmanischen Stadt, in: Geographische Zeitschrift, 38. Jg., Leipzig, Berlin 1932, S. 1-13

C. Cahen: Zur Geschichte der städtischen Gesellschaft im islamischen Orient des Mittelalters, in: Saeculum, Bd IX, Freiburg, München 1958, S. 59-76

L. Gardet: La cité musulmane. Vie sociale et politique, Paris 1969

G.E. Grunebaum: Die islamische Stadt, in: Saeculum, Bd VI, Freiburg, München 1955, S. 138-153

H. Heimann: Konya. Geographie einer Oasenstadt, Diss. Berlin, Hamburg 1935

A.H. Hourani, S.M. Stern (Hrsg.): The Islamic City, Oxford 1970

I.M. Lapidus: Muslim Cities in the Later Middle Ages, Cambridge/Mass. 1967

S. Passarge: Stadtlandschaften im islamischen Orient, in: S. Passarge (Hrsg.): Stadtlandschaften der Erde, Hamburg 1930, S. 71-83

X. de Planhol: Le monde islamique. Essai de géographie religieuse, Paris 1957

X. de Planhol: Kulturgeographische Grundlagen der islamischen Geschichte, Zürich, München 1968

E. Wirth: Die soziale Stellung und Gliederung der Stadt im Osmanischen Reich des 19. Jh., in: Konstanzer Vorträge und Forschungen, Bd XI, Konstanz, Stuttgart 1968, S. 403-427

E. Wirth: Zum Problem des Bazars (sûq, çarşi). Versuch einer Begriffsbestimmung und Theorie des traditionellen Wirtschaftszentrums der orientalisch-islamischen Stadt, in: Der Islam, Bd 51, Berlin, New York 1974, S. 203-260; Bd 52, Berlin, New York 1975, S. 6-46

E. Wirth: Die orientalische Stadt. Ein Überblick aufgrund jüngerer Forschungen zur materiellen Kultur, in: Saeculum, Bd XXVI, Freiburg, München 1975, S. 45-94

IV. DIE WIRTSCHAFTLICHE ENTWICKLUNG UND DER SOZIALE WANDEL IM ORIENT (DER ORIENT ALS SOZIOSYSTEM II)

In den vorausgegangenen Kapiteln wurde der Orient im Sinne der eingangs gegebenen Definition in einer Reihe von Aspekten dargestellt. Das physische Merkmal der Aridität war das Leitthema im Kapitel über den Orient als Ökosystem. Das kulturhistorische Merkmal des Orients, Innovationsraum der frühen Kulturstufenentfaltung der Menschheit gewesen zu sein, und das sozialstrukturelle Merkmal, die Prägung durch die drei Lebensformen Nomadismus, Landwirtschaft der Sesshaften und traditionelles Städtewesen, waren Leitthemen der Darstellung im vorherigen Kapitel. Es fehlt noch - im Rahmen der Definition des Orients - seine Erfassung und Darstellung als heutiger Rezeptionsraum des (weltweiten) Industrialisierungsprozesses. Mit diesem Thema befasst sich das folgende Schlusskapitel. Die wirtschaftliche Entwicklung und der soziale Wandel im Orient heute werden als durch den weltweiten Industrialisierungsprozess verursacht angesehen. Wirtschaftliche Entwicklung und sozialer Wandel sind dabei zwei miteinander gekoppelte Aspekte e i n e s Phänomens.

Was die traditionelle Lebensform Nomadismus betrifft, so wurden die Aspekte der wirtschaftlichen Entwicklung und des sozialen Wandels in Gestalt der Erscheinungen der Sedentarisation, sozialen Integration bzw. Desintegration und Detribalisation schon dargelegt. Auch was die traditionelle Landwirtschaft der Sesshaften betrifft, so sind einige Aspekte der wirtschaftlichen Entwicklung und des sozialen Wandels, nämlich die Erscheinungen der Agrarform und der Dekolonisation/Entkolonisierung, bereits aufgezeigt worden. Jedoch wurden die von der Industrialisierung ausgelöste wirtschaftliche Entwicklung und der damit gekoppelte soziale Wandel noch nicht systematisch verfolgt; diesem Zwecke dienen die folgenden Abschnitte über die Entstehung des industriell-sekundären Sektors im Orient und über die Auswirkungen der Industrialisierung einerseits im ländlichen, andererseits im städtischen Raum des Orients.

A. Die Industrialisierung im engeren und weiteren Sinne

Mit dem Begriff "Industrialisierung" wird im allgemeinen die Entstehung des sekundären Sektors gemeint. Da aber - über diesen engeren Sinn des Begriffes hinaus - der Begriff Industrialisierung eine ausserordentliche Komplexität und Vielschichtigkeit und eine unterschiedliche Verwendung in verschiedenen Wissenschaftsdisziplinen aufzuweisen hat, bedarf es zunächst einer Klärung dieses weiten Begriffsinhaltes.

1. Begriffsklärung: Industrialisierung; Industriebetrieb

Die folgenden Ausführungen stützen sich auf:

> R. Stewig: Industrialisierungsprozesse als Forschungs- und Lehrgegenstand der Hochschul- und Schulgeographie, in: Geographische Rundschau, Beihefte, Beiheft 3/1974, Braunschweig 1974, S. 15-23

Der herkömmliche Ansatz der geographischen Wissenschaft beschränkte sich - was die Beschäftigung mit der Industrie betrifft - auf zwei Aspekte: zum einen den standorttheoretischen, zum anderen den der räumlichen Verflechtung der Industrie. Beide Aspekte haben in erster Linie auf der lokalen Ebene den einzelnen Industriebetrieb, auf der (klein-)regionalen Ebene eine begrenzte Gruppe von Industriebetrieben bzw. die Industrielandschaft im Blick, kaum die nationale und die globale Ebene des Industrielandes bzw. der Industrie- und Entwicklungsländer. Der standorttheoretische Aspekt ist eine Übernahme aus den Wirtschaftswissenschaften; dieser Aspekt verschliesst den Blick vor sozialen Phänomenen im Zusammenhang mit der Industrie, es sei denn, sie erscheinen in betriebswirtschaftlichen Rechnungen als Kosten.

Der Aspekt der räumlichen Verflechtung der Industrie zielt darauf ab, das Herkunftsgebiet der Rohstoffe, den Anlieferungsraum der Energie, den Einzugsbereich der Arbeitskräfte und die Absatzregion der Produkte eines Industriebetriebes zu untersuchen (A. Kolb 1951). Insofern als bei diesem Aspekt der Blick auch auf die Arbeitskräfte gerichtet ist, werden schon eher soziale Akzente gesetzt, wenn auch überwiegend vom Betrieblichen her.

So sehr diese beiden Aspekte der Untersuchung der Industrie im Kleinräumlichen, als Mikroansatz, berechtigt bestehen, versagen sie doch, wenn es gilt, im grösseren räumlichen Zusammenhang, also im Makroansatz, auf der nationalen und der globalen Ebene, Wesensunterschiede der industrialisierten und der (noch) nicht industrialisierten Räume/Länder herauszuarbeiten.

Um dieses Ziel zu erreichen, hilft nur ein übergreifender Ansatz, der die Industrie nicht nur als ein standorttheoretisches und räumlich verflochtenes, sondern als ein prozessual-dynamisches, also zeitlich-dimensioniertes, umfassendes ökonomisches und soziales Phänomen sieht. Nur ein solch weitausgreifender Ansatz, der von der Entstehung des industriell-sekundären Sektors, d.h. der Industrialisierung im engeren Sinne, bis hin zur Herausbildung und Weiterentwicklung der Industriegesellschaft, d.h. der Industrialisierung im weitesten Sinne, führt und die Erscheinung der Industrialisierung als einen weltweiten Prozess auffasst, lässt - wenigstens in der Zielsetzung - erwarten, dass die Fülle der Wechselbeziehungen von Sachverhalten aufgedeckt wird, die die verschiedenen Wissenschaftsdisziplinen bei ihren bisher einzelnen, getrennten, additiven Untersuchungen nicht erfassen können. Denn es ist eine Fülle von Wechselbeziehungen zwischen unterschiedlichsten Sachverhalten, die die Anstösse zu, den Verlauf und die Auswirkungen von Industrialisierungsprozessen ausmachen. Einen einzigen, alles in Gang setzenden "prime mover" suchen zu wollen, ist überholt.

Aus einer solchen Zielsetzung ergibt sich - notgedrungen -, dass Soziologen, Wirtschaftswissenschaftler, Politologen, Historiker und Geographen - wie es auf dem Gebiet der Urbanistik bereits geschieht - ihre fachspezifischen Ansätze zusammenlegen und integrieren müssen, wenn sie Industrialisierungsprozesse und damit nicht zuletzt das Problem der Industrialisierung von Industrie- und Entwicklungsländern erfassen, darstellen und vielleicht auch lösen wollen.

Inhaltlich hat ein solcher, übergreifender Ansatz zur Erfassung und Darstellung von Industrialisierungsprozessen etwa folgende Aspekte zu berücksichtigen:

Auf der Seite der Voraussetzungen (insbesondere beim Ingangkommen eines Industrialisierungsprozesses):

- die Rolle der Ausstattung eines Raumes mit Rohstoffen und Energieträgern (Ressourcen);

- die Rolle der klimatischen Ausstattung eines Raumes; z.B. in ihrer Bedeutung als Anbauschranke für Kulturpflanzen und den Nahrungsspielraum;

- die Rolle des primären Sektors und der Agrarverfassung; z.B. das Vorhandensein oder Nichtvorhandensein einer marktorientierten Produktion;

- die Rolle des handwerklich-sekundären Sektors; z.B. der organisatorische/arbeitsteilige und technische Spezialisierungsgrad;

- die Rolle des tertiären Sektors, insbesondere des Handels, eventuell des Übersee- oder Aussenhandels, etwa im Zusammenhang mit der Kapitalakkumulation;

- die Rolle der Bevölkerungsentwicklung und Bevölkerungsstruktur;

- die Rolle der Sozialstruktur; das Vorhandensein oder Nichtvorhandensein von sozialen Sondergruppen mit Katalysatorfunktion für den Industrialisierungsprozess;

- die Rolle des Wirtschaftsgeistes; z.B. die Bewertungsskala verschiedener Arten von Tätigkeiten;

- die Rolle von angewandter Wissenschaft und Technologie;

- die wirtschaftspolitische Rolle des Staates;

- die Rolle des Unternehmertums;

- die Rolle der infrastrukturellen Ausstattung des Raumes zur Verbindung disperser Ressourcen bzw. von Produktions- und Verbraucherstandorten;

- die Rolle der Ausbildungs- und Bildungseinrichtungen;

- die Rolle der Nachfrage nach Industrieprodukten durch Private oder durch den Staat.

Auf der Seite der A u s w i r k u n g e n eines Industrialisierungsprozesses:

- die Veränderungen der Arbeitsplatzsituation vom primären und handwerklich-sekundären zum industriell-sekundären Sektor ("domestic system" - "factory system");

- die vertikale Mobilität (sozialer Aufstieg oder Abstieg des Einzelnen) im Zusammenhang mit dem Arbeitsplatzwechsel innerhalb des sekundären oder zum sekundären und tertiären Sektor;

- die horizontale Mobilität, d.h. die Erscheinung der Migrationen im Zusammenhang mit der im Zuge der Industrialisierung einsetzenden Stadtwanderung;

- die Lebens- und Wohnverhältnisse der Industriestadtbevölkerung; die eventuelle Verslumung, Verelendung;

- die Industriestadt-, -revier-, -gebietsbildung;

- die gesellschaftliche Umstrukturierung; die Herausbildung neuer sozialer Gruppen, Schichten, Klassen;

- die Neuordnung der Landwirtschaft, d.h. die produktionsniveauliche und raumstrukturelle Veränderung des primären Sektors;

- neue generative Verhaltensweisen, die die Statik bzw. Dynamik der Bevölkerungsentwicklung beeinflussen;

- die Änderungen der infrastrukturellen Ausstattung des Landes;

- die Entstehung neuer Lebensqualitäten, z.B. die Institutionalisierung der Freizeit;

- die Änderung der Norm- und Wertvorstellungen der Bevölkerung.

Es muss hier nachdrücklich festgestellt werden, dass die aufgestellte Liste sowohl auf der Seite der Voraussetzungen als auch der Seite der Auswirkungen verlängerbar und um den Aspekt "Verlauf des Industrialisierungsprozesses" erweiterbar ist. Ausserdem bedarf es des Hinweises, dass die genannten und nicht genannten Sachverhalte miteinander in Beziehung gesetzt werden müssen, woraus sich eine sich potenzierende Vielzahl von Beziehungen unterschiedlichster, linearer, schleifenbildender und rückkoppelnder Art ergibt. Die Forschung steht erst am Anfang derartiger Untersuchungen; die Quantifizierung der Fülle der Sachverhalte und ihrer Beziehungen ist noch nicht absehbar. Es kann sich hier also überwiegend nur um die Charakterisierung eines zukünftigen Zieles der Erfassung und Darstellung von Industrialisierungsprozessen im Makroansatz handeln.

Nachdem den verschiedenen Abschnitten der bisherigen Ausführungen einleitend begriffsklärende Erläuterungen vorangestellt wurden, die besonders von den bekannteren, europäischen Verhältnissen den Einstieg in die weniger vertrauten Verhältnisse des Orients erleichtern sollen, wird auch im folgenden - im Mikroansatz - eine Einführung in die Problematik des Begriffes Industriebetrieb gegeben, wobei die Problematik in der unterschiedlichen Auslegung des Begriffes in hochindustrialisierten und weniger industrialisierten Regionen besteht.

Literaturhinweis:

K. Hartmann, F. Philipp: Handwerksrecht, Handwerksordnung. Gesetz zur Ordnung des Handwerks (Handwerksordnung) vom 17. September 1954, Berlin 1954

Der Inhalt des Begriffes Industrie- bzw. Handwerksbetrieb ist abhängig vom jeweiligen Entwicklungsstand des Landes und unterliegt also einem Wandlungs- und Entwicklungsprozess. In Mitteleuropa hat sich etwa seit 1900 folgende typische Entwicklung eines Handwerksbetriebes vollzogen:

- Zunahme der Betriebsgrösse (nach der Zahl der Beschäftigten),

- Verlagerung der Mitarbeit des Betriebsinhabers von der innerbetrieblichen auf die Aussentätigkeit,

- beträchtliche Zunahme der Arbeitsteilung,

- stärkere Verwendung von mechanischen Antriebskräften und elektrischen Arbeitsmaschinen,

- Entwicklung von der Einzelstückfertigung zur Arbeit auf Vorrat und Lager,

- Erweiterung des Absatzes über den lokalen Rahmen hinaus bis zum Export,

- Zunahme des Kapitalbedarfs (zur Vorfinanzierung, für Investitionszwecke),

- Verstärkung der kaufmännischen Einrichtungen (für Buchführung; Hilfspersonal).

Mit dieser Merkmalsliste ist die Spannweite vom Handwerks- bis zum Industriebetrieb aufgezeigt. Was sich seit 1900 - anscheinend - zum Industriebetrieb entwickelt hat, ist doch im Verhältnis zur Industrie in Europa Handwerksbetrieb geblieben. Angesichts dieser Dynamik in Industrieländern ist der Vergleich mit den Verhältnissen eines traditionellen Raumes wie dem Orient schwierig, wenn nicht gar unmöglich. Ein Betrieb mit den fortgeschrittenen Merkmalen eines mitteleuropäischen Handwerksbetriebes von heute wird im Orient im allgemeinen als Industriebetrieb angesehen. Ein quantitativer Vergleich des Industrialisierungsstandes etwa zwischen Europa und dem Orient ist deshalb - aufgrund der falschen Eingangsvoraussetzungen der Statistik - nicht sinnvoll. Auch die weltumspannenden Industriestatistiken der Vereinten Nationen sind von einer sachgerechten Vergleichbarkeit weit entfernt.

2. Die sozioökonomischen Verhältnisse als Voraussetzungen der Industrialisierung im Orient

Im Zusammenhang mit den Ausführungen über den Inhalt des Begriffes und das Phänomen Industrialisierungsprozess wurden sehr zahlreiche Sachverhalte genannt. Von ihnen können hier nur einige auf ihre Qualität als Voraussetzungen des Industrialisierungsprozesses im Orient untersucht werden. Dabei wird zur - kontrastierenden - Erhellung der Situation im Orient vergleichend von den bekannteren Verhältnissen der Industrialisierung Englands ausgegangen.

a. Wirtschaftsgeist, Gesellschaftsstruktur, Unternehmertum, politische Verhältnisse

In England war für das Ingangkommen des Industrialisierungsprozesses seit der Mitte des 18. Jahrhunderts eine wichtige Voraussetzung das freie Unternehmertum, die Privatinitiative des Einzelnen. Diese Voraussetzung wurde von zwei Seiten gefördert und motiviert. Einerseits schuf die auf wirtschaftstheoretische Überlegungen von Adam Smith zurückgehende Nichteinmischung des Staates in die Wirtschaft - die Theorie der unsichtbaren Hand - einen Freiraum für das Unternehmertum. Zum anderen waren bestimmte sozialethische Bedingungen eine Motivation für den Einzelnen. Letztlich auf der Lehre des Calvinismus basierend galt derjenige als von Gott auserwählt, der im Diesseits wirtschaftlichen Erfolg aufzuweisen hatte. Zum Wirken konnte diese sozialethische Normsetzung kommen, weil dafür günstige sozialstrukturelle Voraussetzungen gegeben waren: Es stand im England des 18. Jahrhunderts nicht eine kleine Gruppe reicher Grossgrundbesitzer einer grossen Gruppe in der Landwirtschaft beschäftigter Untertanen gegenüber, sondern es gab eine breitangelegte Mittelschicht von Bürgern, die sich aus Kaufleuten, Händlern und Handwerkern zusammensetzte, und die - zum Teil - von diesen sozialethischen Normvorstellungen ergriffen war. Innen- und aussenpolitisch herrschten stabile Verhältnisse.

Demgegenüber zeichnet sich in der traditionellen Gesellschaft des Orients für den gleichen Komplex von Sachverhalten ein anderes Bild ab. In der traditionellen orientalischen Gesellschaft stehen sich Herrscher und Untertanen im politischen, Grundbesitzer und Fellachen im wirtschaftlichen Bereich - soweit die rentenkapitalistische Agrarverfassung dominiert - gegenüber. Der wirtschaftlich saturierte Grossgrundbesitzer einerseits und der an der Existenzgrenze wirtschaftende Fellache andererseits verspüren keinen Anreiz bzw. verfügen nicht über die Möglichkeiten einer wirtschaftlichen Weiterentwicklung und nehmen diese Verhältnisse weitgehend fatalistisch hin. Wirtschaftlicher Erfolg im Diesseits ist in der Religion des Islam kein Garant für ein Leben im Paradies nach dem Tode. Zusätzlich hat auch das (Wucher-)Zinsverbot des Koran (Sure 2, Vers 275) einen auf die Kapitalakkumulation als eine Voraussetzung der Industrialisierung ungünstigen Einfluss ausgeübt. Zwar gab es viele Möglichkeiten der Umgehung dieses Verbotes (Scheinkauf), aber insgesamt ist doch zu beobachten, dass - zumindest in Teilen des Orients - das Bankgeschäft in Händen von Nichtmuslimen (insbesondere Juden), aber auch Griechen und Armeniern lag und liegt. Zu dem sozialethisch-religiös bedingten, vergleichsweise geringeren Leistungsansporn des Islam kommt gesellschaftsstrukturell das Fehlen eines Bürgertums. Zwar sind auch in der traditionellen orientalischen, insbesondere städtischen Gesellschaft Kaufleute, Händler und Handwerker zu finden, ihre gesellschaftliche Stellung und Bedeutung ist dennoch nicht mit der des Bürgers der traditionellen, europäischen, städtischen Gesellschaft vergleichbar. Allein die geringe Bewertung der Handarbeit im Orient hatte die gesellschaftliche Abwertung des Handwerkerstandes - verglichen mit Europa - zur Folge, und Kaufleute, die sich über das Niveau des städtischen Einzelhändlers erhoben, spielten in der Gesellschaftsstruktur keine tragende Rolle. Hinzu kommen die instabilen politischen Verhältnisse. Erst heute, im Laufe des 20. Jahrhunderts, beginnen sich die orientalischen Staaten - mühevoll - zu konstituieren und zu konsolidieren. Der Orient war über Jahrhunderte durch innen - und aussenpolitische Instabilität gekennzeichnet. Damit bestand kein Anreiz, um nach rentenkapitalistischer Manier akkumuliertes Kapital in langfristige Objekte mit geringer Verzinsung - wie sie nun mal Industrieanlagen darstellen - zu investieren, sondern vielmehr das Bestreben, durch persönlichen Geldverleih die Einkünfte zu mehren. Diese Art des Geldverkehrs wird durch die traditionelle Familien- und persönliche Beziehungsorientiertheit in der orientalischen Gesellschaft noch unterstützt. Es war kein Nährboden für die Entstehung eines - mit dem frühindustriellen England vergleichbaren - Unternehmertums im Orient vorhanden.

Literaturhinweise:

A. Rühl: Vom Wirtschaftsgeist im Orient, Leipzig 1925

E. Wirth: Der heutige Irak als Beispiel orientalischen Wirtschaftsgeistes, in: Die Erde, Bd VIII, Berlin 1956, S. 30-50

Y.A. Sayigh: Towards a Theory of Entrepreneurship for the Arab East, in: Explorations in Entrepreneurial History, Bd 10, Cambridge/Mass. 1958, S. 123-127

M. Rodinson: Islam et Capitalism, Paris 1966

b. Bevölkerungsentwicklung, Agrarverfassung, Arbeitskräfte

In England ging mit dem Einsetzen des Industrialisierungsprozesses eine deutliche Bevölkerungszunahme einher, wesentliche Veränderungen der mittelalterlichen Agrarverfassung waren vorausgegangen. Infolge dieser zeitlichen Unterschiede lässt sich von den Veränderungen der Agrarverfassung behaupten, dass sie eine Voraussetzung des Industrialisierungsprozesses waren; jedoch kann man, was die Bevölkerungszunahme betrifft, heute noch nicht sagen, was - im Zusammenhang mit dem Industrialisierungsprozess - Ursache und was Wirkung ist. In England kam es - aus Gründen, die hier darzulegen zu weit führen würde - sehr früh zur Aufhebung der traditionellen Agrarverfassung. Diese Aufhebung brachte früh die Lösung der Bindung der in der Landwirtschaft Tätigen an die Scholle und schuf damit eine Voraussetzung der Industrialisierung, nämlich die Abwanderungsmöglichkeit ländlicher Bevölkerung, also von Arbeitskräften, in die Städte. Gleichzeitig setzte besonders früh in England - verglichen mit kontinentaleuropäischen Ländern - die Kommerzialisierung der Landwirtschaft ein, und damit war die Entstehung eines Produktionsanreizes verbunden, der früh zur Überschreitung des Selbstversorgungsniveaus in der Landwirtschaft führte. Damit war eine weitere Voraussetzung der Industrialisierung erfüllt, weil nun die in die Stadt abwandernde, ehemals ländliche Bevölkerung aus dem eigenen Land heraus ernährt werden konnte. Was die mit dem Industrialisierungsprozess einsetzende Bevölkerungszunahme in England betrifft, so kann - wie angedeutet - über die Ursachen nur spekuliert werden; sie erfolgte zunächst durch eine absinkende Sterberate bei unvermindert hoher Geburtenrate, so dass sich auf eine allgemein verbesserte medizinische Versorgung der Bevölkerung schliessen lässt (- auch wenn die Wohnverhältnisse in den frühen englischen Industriestädten ungünstig waren).

In der Landwirtschaft der Sesshaften gab es im Orient nicht - auch im Rahmen der rentenkapitalistischen Agrarverfassung nicht - die Erscheinung der Leibeigenschaft (der mittelalterlichen europäischen Agrarverfassung) und damit auch nicht die institutionelle Bindung des Fellachen an die Scholle, wenn auch dessen wirtschaftliche Bindung an die Betriebsflächen als Existenzgrundlage ausgeprägt vorhanden war und ist. Angesichts der hohen Sterberate in der traditionellen orientalischen (Agrar-)Gesellschaft wurden im Rahmen der Agrarverfassung kaum Arbeitskräfte für eine Stadtwanderung freigesetzt; die heutige Erscheinung der Stadtwanderung gehört nicht zur traditionellen orientalischen (Agrar-)Gesellschaft.

Heute jedoch lässt sich für den Orient klar feststellen, dass bei nur zögernd einsetzender Entstehung des sekundären Sektors die Bevölkerungszunahme in vollem Gange ist. Im Gegensatz zu den Verhältnissen im frühindustriellen England geht also heute im Orient die Bevölkerungszunahme dem Industrialisierungsprozess voraus. Man kann diese Erscheinung als Ausstrahlung des weltweiten Industrialisierungsprozesses werten, die - in ehemals kolonialen Staaten des Orients vielleicht früher als in nichtkolonialen - eine allgemeine Verbesserung der medizinischen Versorgung und damit ein Absinken der Sterberate bei unvermindert hoher Geburtenrate gebracht hat. Somit stehen heute im Orient durch die dem Industrialisierungsprozess vorausgehende Bevölkerungszunahme überreichlich Arbeitskräfte für eine zu schaffende Industrie zur Verfügung, selbst wenn traditionelle Agrarstrukturen und Agrarverfassungen weiterbestehen und selbst wenn aus den traditionellen religiösen Gegebenheiten heraus die Frau (noch) nicht in den öffentlichen Wirtschaftsbereich (ausserhalb des Hauses) eingegliedert ist. Um so schwerer wiegt bei diesen Verhältnissen das Problem des rückständigen agraren Produktionsniveaus der Selbstversorgung, das nicht in der Lage ist, die zunehmenden Bevölkerungen zu versorgen. Mit den Absatzmöglichkeiten von Agrarprodukten im eigenen Land besteht aber ein bedeutender Anreiz für die Überwindung gerade der agraren Subsistenzwirtschaft.

Literaturhinweise:

H. Wander: Bevölkerungsprobleme im Wirtschaftsaufbau kleiner Länder. Das Beispiel Jordanien, Kieler Studien, Bd 99, Kiel 1969

John I. Clarke, W.B. Fisher (Hrsg.): Populations of the Middle East and North Africa. A Geographical Approach, London 1972

c. Tertiärer Sektor, Aussenhandel, Kapitalakkumulation

Im frühindustriellen England gab es eine deutliche Beziehung zwischen überseeischem Handel, Kapitalakkumulation im Mutterland und Kapitaltransfer zur Investition im entstehenden sekundären Sektor. Die Erschliessung überseeischer Gebiete durch englische Kaufleute führte nicht nur zur Gewinnung eines Rohstoffes, der Baumwolle, der zur Grundlage des ersten Industriezweiges überhaupt wurde, sondern brachte durch Warenabsatz oder -tausch - erinnert sei an den Dreieckshandel - einen derartigen Gewinn, dass der Zinssatz im Mutterland gerade zur Zeit des Einsetzens des Industrialisierungsprozesses fiel, wodurch Investitionen erleichtert wurden. Die unternehmerische Flexibilität des englischen Kaufmanns - in Gestalt des "merchant manufacturers" - erlaubte es ausserdem, sich neuen Wirtschaftszweigen im Heimatland zuzuwenden; beispielsweise investierten Bristoler Überseekaufleute in den Bergbau und die Eisenindustrie von Südwales.

Im traditionellen Orient besteht auch heute noch keine vergleichbare Situation. Zwar spielte sich im Raume des Orients ein bedeutender Handelsverkehr ab, aber es war ein Transithandel zwischen Europa und Südasien, der durch den Raum des Orients führte. Ein Aussenhandel aus dem Raum des Orients heraus ist - nach Ostafrika und Indien gerichtet - nur in bescheidenem Umfang erfolgt. Die arabische Handelsexpansion in Ostafrika hat nicht zu einer Kapitalakkumulation im Orient geführt, sondern zur Bereicherung der an der Küste Ostafrikas sesshaft werdenden Araber. Kein orientalischer Staat hat eine Mutterland-Kolonialland-Beziehung unterhalten, sondern seine jeweilige Macht in direkte Eroberung, Einverleibung und Unterwerfung von Territorien umgesetzt. Dagegen sind grosse Teile des Orients, vor allem der ganze nordafrikanische Flügel und Teile des südwestasiatischen Flügels einer europäischen Mutterland-Kolonialland-Beziehung unterworfen gewesen, von der es (zunächst) dahingestellt bleiben soll, ob sie dem orientalischen Teil mehr Nachteile als Vorteile gebracht hat. Ein Transfer eventuell im tertiären oder primären Sektor akkumulierten Kapitals etwa in den handwerklich-sekundären Sektor war der segregierten, traditionellen, orientalischen Gesellschaft wesensfremd.

d. Kolonisation, Eigenstaatlichkeit, Handwerk

Im vorindustriellen England hatte das Handwerk einen hohen Stand an arbeitsteiliger Entwicklung erreicht. Beim Tuchhandwerk wurden die verschiedenen Arbeitsgänge wie Kämmen, Spinnen, Weben, Färben oft nicht in einem Handwerksbetrieb allein durchgeführt, sondern auf verschiedene Betriebe verteilt, wobei eventuell das Rohmaterial von einem städtischen Kaufmann gestellt und das fertige Tuch von ihm wieder eingesammelt und später verkauft wurde.

Mit dem hohen Entwicklungsstand des Handwerks und seiner Differenziertheit waren arbeitsteilige, industrielle Organisationsformen bereits vorweggenommen, so dass in England die Industrialisierung aus handwerklichen Wurzeln heraus erfolgen konnte. Die politische Selbständigkeit des Landes schützte das einheimische Handwerk vor negativen Einflüssen von aussen.

Auch was diesen Komplex von Sachverhalten betrifft, sind die Verhältnisse im Orient anders. Einerseits waren gerade im Orient grosse Teile der Region in politische Abhängigkeit geraten, d.h. Kolonien europäischer Mächte geworden: Algerien ab 1830, Tunesien ab 1881, Ägypten ab 1882, Marokko ab 1911, Libyen ab 1911; am Ende des Ersten Weltkrieges gerieten Teile Südwestasiens, Syrien, Libanon, Jordanien, Irak, unter die Oberhoheit europäischer Mächte. Nur wenige Gebiete des Orients, wie die Türkei bzw. das Osmanische Reich und Iran, erfuhren - im Staatsrechtlichen - keinen kolonialen Status oder wurden nur kurzfristig von landfremden Mächten besetzt. Durch die politische Unselbständigkeit und mit der Anwendung klassischer Kolonialpolitik der europäischen Mutterländer wurde den abhängigen Gebieten die Funktion, als Rohstofflieferant und Abnehmer der eigenen Industrieproduktion zu dienen, auferlegt. Eine Industrialisierung der Kolonien liess die europäische Kolonialpolitik nicht zu.

Aber selbst wenn Teile des Orients, wie das Osmanische Reich bzw. die Türkei, keine Kolonien waren, so wirkte sich doch der Phasenvorsprung der europäischen Länder auf dem Weg der Industrialisierung aus. Industriell konnten - beispielsweise Tuche - so billig produziert werden, dass durch den Export dieser Produkte in den Orient das entsprechende einheimische Handwerk nicht mehr konkurrenzfähig war. Also auch in den Gebieten des Orients, die nicht kolonialen Status aufwiesen, führten die Importe von Industriewaren zu einer weitgehenden Schädigung bis Zerstörung des einheimischen Handwerks. Damit war eine mögliche Entstehung der Industrie, die sich gerade in England als vorteilhaft erwiesen hatte, - nämlich aus dem Handwerk heraus - im Orient kaum gegeben. Hierin ist deutlich ein negativer, exogener Einfluss der Industrieländer auf die noch nicht industrialisierten Länder des Orients festzustellen. Die Erringung der politischen Selbständigkeit ist für die Länder des Orients somit eine unabdingbare Voraussetzung ihrer Industrialisierung.

Literaturhinweis:

O. Nebioglu: Die Auswirkungen der Kapitulationen auf die türkische Wirtschaft, Probleme der Weltwirtschaft, 68, Jena 1941

e. Technologie und Wissenschaft

Auch was diese Zusammenhänge angeht, unterscheiden sich die Verhältnisse im frühindustriellen England von denen im heutigen Orient ganz wesentlich. Die Technik, insbesondere die Entwicklung neuer Produktionsmaschinen, spielt für einen Industrialisierungsprozess eine wichtige Rolle. Vielfach wird sogar - in übersteigerter Weise - in der Produktionsmaschine der Inbegriff der Industrialisierung überhaupt gesehen. In England erfolgte die Entwicklung neuer Produktionstechniken und entsprechender Maschinen aus zwei unterschiedlichen Ansätzen heraus, nämlich einerseits aus handwerklichem Probieren, zum anderen durch bewusste und planmässige Anwendung naturwissenschaftlicher Erkenntnisse, wie dies z.B. bei der Entwicklung der Dampfmaschine durch James Watt geschah.

Diese Situation ist heute im Orient nicht wiederholbar. In den Industrieländern steht als Folge ihres bedeutenden Phasenvorsprungs in der Industrialisierung eine hochentwickelte Produktionstechnik bereit, die auch im allgemeinen - gegen Bezahlung - Entwicklungsländern zur Verfügung gestellt wird. Was die Übernahme solcher Produktionstechniken durch Entwicklungsländer betrifft, so stellen sich einige Bedingungen. Die hohen Kosten für das "know how" der Produktionstechnik, die anleitenden Experten und die importierten Maschinen selbst bewirken eine Selektion der Übernahmeländer in solche, die es sich leisten können, und andere. Zu den kapitalstarken Ländern gehören im Orient diejenigen, die beträchtliche Einnahmen aus der Ölwirtschaft erzielen, also vor allem Iran, Irak, Saudi-Arabien, Libyen und Algerien, wenn man nur die Flächenstaaten berücksichtigt und von den kleinen, kapitalstarken Stadtstaaten/Scheichtümern absieht. Andere Länder des Orients (Marokko, Tunesien, Ägypten, Libanon, Jordanien, Syrien, Türkei, Afghanistan, Jemen) sind in einer weniger günstigen Situation beim "know how"- und Maschinenimport als Voraussetzung der Industrialisierung. Aber ein Problem stellt sich auch für jene Länder, die sich den Technologieimport leisten können. Sie stehen vor der Alternative, die ein deutliches Abwägen verlangt zwischen einerseits dem Import höchstentwickelter Maschinen, die höchste Produktionsrentabilität versprechen, dafür aber wenig Arbeitsplätze schaffen, und andererseits dem Import und der Anwendung von weniger hochentwickelten Produktionstechniken, die dem Land mehr Arbeitsplätze bringen, deren Produkte aber - mindestens auf dem Weltmarkt - kaum konkurrenzfähig sind.

f. Infrastruktur

Zum Inhalt des Begriffes Infrastruktur zählen im weitesten Sinne fast alle Einrichtungen des tertiären Sektors, die dem sekundären Sektor eine flankierende Hilfestellung geben, also von der Verwaltung über medizinische, schulische, ja sogar religiöse Einrichtungen bis hin zur Verkehrsausstattung. Hier soll der Begriff im engeren Sinne nur die Verkehrsinfrastruktur umfassen.

In England gingen eine Reihe von Verbesserungen der Verkehrseinrichtungen, so vor allem der Kanal- und der Strassenbau, der Industrialisierung voraus, andere Verkehrseinrichtungen, wie die Eisenbahn, entstanden mit und als Folge der Industrialisierung und übten dabei einen rückkoppelnden Impuls auf die Fortführung und Steigerung des Industrialisierungsprozesses aus.

Der Orient ist im Gegensatz zum frühindustriellen England durch eine überaus ungleichmässige Bevölkerungsverteilung geprägt, eine Folge der ökologisch bedingten Dispersität der landwirtschaftlich nutzbaren Areale. Diese Gebiete liegen oft in ausgesprochener Isolation zueinander. Die übrigen Ressourcen, also die mineralischen Rohstoffe und Energieträger, sind ebenfalls stark über den Raum des Orients gestreut. Insofern ist eine fortgeschrittene verkehrsinfrastrukturelle Ausstattung des Orients eine unabdingbare Voraussetzung der Industrialisierung. Aber durch die politische Entwicklung im Raum des Orients ist gerade die Schaffung eines einheitlichen, die verschiedenen Teile des Orients miteinander verbindenden Verkehrsnetzes unterblieben. Die lange politische Abhängigkeit, vor allem der nordafrikanischen Gebiete des Orients, hat zu einer aussenwirtschaftlichen Orientierung der Verkehrsnetze geführt, soweit man überhaupt von Verkehrsnetzen sprechen kann. Durch die kolonialwirtschaftliche Verflechtung von Kolonialraum (im Orient) und Mutterland wurden die Verkehrslinien der verschiedenen Teile des Orients überwiegend nach ihren zugehörigen Küstenstrecken und Haupthäfen hin angelegt. Damit ist wiederum eine ungünstige Voraussetzung der Industrialisierung im Orient zu nennen, die auf die Einflussnahme landfremder, exogener, kolonialer Mächte zurückgeht.

g. Ressourcen (Rohstoffe und Energieträger)

Zur begrifflichen Erläuterung sei vermerkt, dass sich der Inhalt des Begriffes Rohstoffe differenzieren lässt in mineralische, agrare, wald-, forst- und fischereiwirtschaftliche Rohstoffe; an Energieträgern werden die Primärenergieträger Steinkohle, Braunkohle, Erdöl, Erdgas, Atomkraft, Wasserkraft, Windkraft und der Sekundärenergieträger Elektrizität unterschieden.

Nicht nur in der wirtschaftsgeographischen Literatur ist den Rohstoffen und Energieträgern bisher eine übergebührlich grosse Bedeutung im Zusammenhang mit dem Thema Industrialisierung insbesondere der Entwicklungsländer eingeräumt worden; um ihre Rolle in die rechten Proportionen zu rücken, werden sie hier nur als eine unter vielen Voraussetzungen der Industrialisierung behandelt.

Die Relativität der Bedeutung der Ressourcen eines Landes im Zusammenhang mit dem Industrialisierungsprozess zeigt selbst das Beispiel England. Die Rohstoffgrundlage für einen der beiden ersten Industriezweige der frühen Industrialisierung in England, die Baumwollindustrie, stand nicht im eigenen Lande zur Verfügung; überseeische Handelsverbindungen jedoch können einen im Lande selbst fehlenden Rohstoff substituieren. Andererseits, als der Rohstoff Holz - zur Verhüttung von Eisen - im eigenen Lande zur Neige ging, sah man Anlass genug, nach anderen, das Holz substituierenden Rohstoffen - in England selbst, nämlich Steinkohle - Ausschau zu halten und entsprechende Produktionstechniken zu entwickeln.

Noch um die letzte Jahrhundertwende wurde der Orient als arm an industriell verwertbaren Rohstoffen und Energieträgern angesehen. Der aus dem Altertum bekannte Mineralreichtum - vor allem der Bergländer Südwestasiens - erwies sich im Rahmen einer auf industrielle Verarbeitung orientierten, bergwirtschaftlichen Erschliessung nur begrenzt als lohnend. In der Türkei beispielsweise werden weniger häufige Erze wie Chrom, Wolfram, Borax abgebaut und in sortierter oder angereicherter Form exportiert. Mit der Entwicklung des Kraftfahrzeugverkehrs und entsprechender Industrien in den hochindustrialisierten Ländern stieg die Nachfrage nach Erdölprodukten ganz beträchtlich; deshalb wurde die Erdölexploration vor allem seit 1900 im Orient vorangetrieben. In zwei Grosszonen entdeckte man Erdöllagerstätten, und zwar einmal im Bereich des mesopotamischen Troges, der sich als gewaltige Geosynklinale dem Zagros-Faltengebirge im Südwesten vorlagert und der in seinem nördlichen Teil landfest, in seinem südlichen Teil vom persisch-arabischen Golf bedeckt ist. Nach dem derzeitigen Stand der Exploration ziehen sich die Erdöllagerstätten im Bereich des mesopotamischen Troges von der arabischen Seite des Golfes - nach Norden versetzt - über die Vorhügelzone des Zagros-Gebirges bis in den syrisch-türkischen Raum in südost-nordwestlicher Richtung hin. Die zweite erdöl- und erdgashäufige Grosszone des Orients liegt im algerisch-libyschen, saharischen Schichtstufenraum.

Die Entwicklung der Ausbeutung vollzog sich in drei Phasen:

- Vor dem Ersten Weltkrieg wurde das erste Erdöl im persischen Anteil des mesopotamischen Troges entdeckt;

- zwischen den beiden Weltkriegen setzte dort die Förderung ein; im irakischen Anteil des mesopotamischen Troges entdeckte man die ersten Erdöllagerstätten und begann zu fördern; kurz vor Beginn des Zweiten Weltkrieges wurde auch im saudiarabischen Anteil des mesopotamischen Troges Erdöl entdeckt;

- nach dem Zweiten Weltkrieg setzte in Saudi-Arabien die Förderung ein; neue Lagerstätten wurden in einer Reihe von Golfscheichtümern entdeckt und in Förderung genommen; nach dem Zweiten Weltkrieg erfolgte auch die Entdeckung, Erschliessung und Förderung von Erdöl und Erdgas in Algerien (seit 1959) und Libyen (seit 1961).

Damit wurde einigen Ländern des Orients (Algerien, Libyen, Saudi-Arabien, Irak, Iran) eine ganz neue, wirtschaftliche Situation beschert, während andere Länder des Orients (Marokko, Tunesien, Ägypten, Libanon, Jordanien, Syrien, Türkei, Afghanistan, Jemen) in der traditionellen Situation der geringen Ausstattung mit industriell verwertbaren Rohstoffen und Energieträgern verharrten.

Die Bedeutung der gegenwärtigen - aber doch vorübergehenden - Gunstsituation der Ausstattung einiger Länder des Orients mit gefragten Primärenergieträgern ist nicht in erster Linie in dem unmittelbaren Nutzen zu sehen, dass eine Reihe von Erdölraffinerien errichtet werden kann - diese arbeiten vollautomatisch und bringen ihren Ländern nur eine sehr begrenzte Zahl von Arbeitsplätzen -; die Bedeutung des Erdölexports für einige Länder des Orients liegt vielmehr in der Kapitalakkumulation als einer wesentlichen Voraussetzung der Industrialisierung in einer Zeit, in der kaum noch - wie ehemals in England - die Industrialisierung aus handwerklichen Wurzeln heraus eingeleitet werden kann, sondern in der auf den - kapitalintensiven - Import von "know how" (Produktionstechniken, Experten) und Maschinen zurückgegriffen werden muss. Mit diesem "know how" ist der Aufbau von Industriezweigen möglich, die die mineralischen Rohstoffe verwerten (wie die petrochemische Industrie) und die

die am Gestehungsort besonders billigen Primärenergieträger nutzen (wie die Aluminiumindustrie).

Angesichts der faszinierenden, aber auch schnell wechselnden Erdölszenerie im Orient sollte nicht übersehen werden, dass einige Länder des Orients auch über die klassischen Rohstoffe und Energieträger (Eisenerz und Steinkohle) verfügen, die einen Grundstein der Industrialisierung Englands gelegt haben. So können die Türkei und Iran auf derartige Ressourcen zurückgreifen und haben es zum Aufbau einer Eisen- und Stahlindustrie getan. Andere Länder wie Marokko und Jordanien verfügen über umfangreiche Phosphatlagerstätten, die die Rohstoffe zum Aufbau einer Düngemittelindustrie (und entsprechender Intensivierung der landwirtschaftlichen Produktion) im Orient abgeben. Der Baumwollanbau, vor allem in Ägypten, in der Türkei und in Iran, liefert einen agraren Rohstoff, der einer heimischen Textilindustrie als Rohstoffbasis dient.

Literaturhinweise:

H. Boesch: Wasser oder Oel. Ein Buch über den Nahen Osten, Bern 1944

I. Djazani: Wirtschaft und Bevölkerung in Khuzistan und ihr Wandel unter dem Einfluss des Erdöls, Tübinger Geographische Studien, Heft 8, Tübingen 1963

St.L. Longrigg: Oil in the Middle East, 3. Auflage, London 1968

D.E. Totten: Erdöl in Saudi-Arabien, Heidelberger Geographische Arbeiten, Heft 4, Heidelberg, München 1972

A. Menezi: Die Bedeutung der Erdölwirtschaft für die wirtschaftliche Entwicklung der ölfördernden Entwicklungsländer, Diss. Köln 1972

K. Schliephake: Erdöl und regionale Entwicklung. Beispiele aus Algerien und Tunesien, Hamburger Beiträge zur Afrika-Kunde, Bd 18, Hamburg 1975

F. Mayer: Erdöl-Weltatlas, Braunschweig 1966

3. Privatwirtschaft und Staat als Träger der Industrialisierung im Orient

Wenn man zunächst einen Blick auf den Verlauf des Industrialisierungsprozesses in Europa wirft, so wird die ganze Spannweite der Möglichkeiten deutlich. Es gibt auf der einen Seite der Extreme den Fall England, wo in der Frühphase des Industrialisierungsprozesses und lange über diese Phase hinaus der Staat im Sinne der Theorie von A. Smith nicht in das wirtschaftliche Geschehen eingriff, allenfalls als Nachfrager für bestimmte industrielle Produkte (Rüstungsgüter) auftrat. Auf der anderen Seite zeigt das Beispiel der Industrialisierung der Sowjetunion die tragende Rolle des Staates beim Ingangkommen und beim weiteren Verlauf eines Industrialisierungsprozesses. Wie lässt sich zwischen diesen Extremen der Orient einordnen?

a. Die Rolle der Privatwirtschaft

Grundsätzlich sind zwei Formen der Privatwirtschaft in den Ländern des Orients zu unterscheiden: die einheimischen und die ausländischen Unternehmen. Welcher Form der Privatwirtschaft eine führende Rolle zukommt - wenn überhaupt Privatwirtschaft vorhanden oder zugelassen ist - hängt in hohem Masse von der politischen Selbständigkeit und den Zielen der Wirtschaftspolitik ab. Länder des Orients, die lange im kolonialen Status verharrten, wie beispielsweise Marokko, Algerien, Tunesien, kamen im Industrialisierungsprozess nur wenig voran, auch wenn grundsätzlich die Privatwirtschaft sowohl im Rahmen einheimischer wie ausländischer/kolonialherrschaftlicher Unternehmen zugelassen war. Die Kolonialpolitik Frankreichs förderte selbst französische industrielle Unternehmungen in Nordafrika nicht; erst kurz vor der Erringung der Unabhängigkeit der nordafrikanischen Kolonien wurde diese Politik geändert.

Länder des Orients mit politischer Selbständigkeit, wie das Osmanische Reich, lassen im 19. Jahrhundert Beispiele für eine durch ausländische Unternehmer in das Land getragene - begrenzte - Industrialisierung erkennen. Zur Versorgung ihrer eigenen Seidenindustrie in Südfrankreich und Oberitalien waren französische, italienische und schweizer Unternehmen an einer Produktion von Rohseide (Seidengarn) in Nordwestanatolien (- wo der Maulbeerbaum gut wächst und Seidenraupenzucht getrieben wurde -) interessiert. Zu diesem Zweck investierten sie z.B. in der nordwestanatolischen Stadt Bursa, um Seidenspinnereien/-haspeleien (- aber keine Seidenwebereien -) errichten zu lassen. Auch in Ägypten wurden - wohl als Folge der weniger strengen kolonialpolitischen Abhängigkeit verglichen mit den Maghrebländern - im 19. Jahrhundert die Anfänge der Industrialisierung durch ausländische Investoren in das Land getragen und bis nach dem Ersten Weltkrieg weiter ausgebaut.

Nach dem Zweiten Weltkrieg übernahm die Privatindustrie eine Rolle als Träger der Industrialisierung in jenen Ländern des Orients, die nicht die Wendung zu sozialistischer Planwirtschaft vollzogen haben (- wie Ägypten, Algerien, Syrien, Irak -), sondern vielmehr aus aussenpolitischen Zusammenhängen heraus eine Öffnung zu kapitalistischen Industrieländern hin (- wie die Türkei, Iran, Saudi-Arabien -) vornahmen. Die privatwirtschaftliche Initiative erscheint in solchen Fällen einerseits in Form ausländischer Unternehmen und Investoren, die - hauptsächlich in Gestalt von Tochtergesellschaften der grossen, internationalen Konzerne ("Multis") - auf der Basis ihrer günstigen Kapitalausstattung, teilweise unter Beteiligung einheimischer Unternehmer, Zweigniederlassungen, wirtschaftlich zuständig für das jeweilige Land, errichteten. Zu dieser Form der Privatwirtschaft gesellten sich einheimische, meist kleinere Unternehmen. Sie bedürfen - wegen ihrer oft schwachen Kapitalausstattung - der finanziellen Förderung und des Schutzes ihres Staates. Als Zulieferanten grösserer ausländischer oder einheimischer staatlicher Unternehmen haben sie eine existentielle Chance und legen für die Wirtschaft des Landes unter Umständen die Grundlage industrieller Verflechtung und Kooperation. Einen Impuls für das privatwirtschaftliche Kleinunternehmertum können in Europa tätig gewesene Gastarbeiter beispielsweise in die Türkei oder in nordafrikanische Länder mitbringen, indem sie nicht nur die finanzielle Basis für industrielle, privatwirtschaftliche Kleinbetriebe im Orient schaffen, sondern auch das mitgebrachte "know how" investieren.

b. Die Rolle des Staates

Einmischung in wirtschaftliche Angelegenheiten und Übernahme der Produktion war dem Staat im Orient traditionell wesensfremd. Es konnten jedoch bestimmte Bedingungen eintreten, die den Staat zur Aufgabe dieser Zurückhaltung veranlassten.

Eine dieser Bedingungen waren militärpolitische Überlegungen. Im Osmanischen Reich des 19. Jahrhunderts hatten die sogenannten "Kapitulationen", d.h. Zugeständnisse an ausländische Kaufleute, zur umfangreichen Einfuhr europäischer, industrieller Erzeugnisse und damit zur starken Beeinträchtigung einheimischer Handwerkszweige geführt. Um nun wenigstens in der Versorgung der eigenen Armee vom Ausland unabhängig zu sein, entschloss sich der Staat, Fabriken für die Herstellung von Bekleidung und Schuhzeug, zum Teil auch Waffen, in eigener Regie zu errichten. Aus ganz ähnlichen militärpolitischen Überlegungen bemühte man sich im Ägypten des 19. Jahrhunderts (Mohammed Ali), ein Gegengewicht gegen das ausländische Unternehmertum im Lande zu schaffen. In solchen Tätigkeiten des Staates sind neben den dargelegten Aktivitäten der ausländischen Privatwirtschaft die Anfänge der Industrialisierung im Orient überhaupt zu sehen.

Aber auch andere, rein wirtschaftliche Motive konnten den Staat veranlassen, eine Rolle im Industrialisierungsprozess zu übernehmen. Nach dem Ende des Ersten Weltkrieges war das oberste wirtschaftliche Ziel der neuen türkischen Republik - nicht zuletzt aufgrund der Erfahrungen des Osmanischen Reiches mit den Kapitulationen - das der Autarkie; kontemporäre Vorbilder in Deutschland und der Sowjetunion mögen zur Entstehung dieser Zielvorstellung beigetragen haben. Angesichts der desolaten Lage der Privatwirtschaft in der Türkei nach dem Ersten Weltkrieg, die beträchtliche Gebiets- und Menschenverluste erlitten hatte, übernahm der Staat die Rolle als Träger der Industrialisierung. Über staatliche Banken wurden jene Industriezweige geschaffen, für die - wie bei der Eisen- und Stahlindustrie - heimische Steinkohle und Erze zur Verfügung standen oder - wie bei der Baumwollindustrie - heimische Rohstoffe durch Anbau geschaffen werden konnten. Auch in Ägypten suchte der Staat in der Zeit nach dem Ersten Weltkrieg durch die Gründung einer Grossbank (Misr-Bank) als staatliche Holdinggesellschaft Einfluss auf die von ausländischen Unternehmen beherrschte Wirtschaft des Landes zu nehmen.

Nach dem Zweiten Weltkrieg hat in einigen Ländern des Orients - in Algerien, Ägypten, dem Irak und Syrien - der Staat unter sozialistischem Vorzeichen die Rolle des Industrialisierungsträgers übernommen. Im Gegensatz zu den vermeintlich sozialistischen Zielen der Agrarreform in den arabisch-sozialistischen Ländern, die privaten Bodenbesitz grundsätzlich weiter bestehen lassen, wurde das Produktionsmittel Industriebetrieb - zumindest soweit es sich um echte, d.h. grössere Industriebetriebe handelte - in den Besitz des Staates überführt. Im Bereich des industriell-sekundären Sektors kann also bei den entsprechenden Staaten des Orients schon eher als im primären Sektor von einem arabischen Sozialismus die Rede sein. Aber auch im privatwirtschaftlichen Rahmen kann der Staat im Orient als Träger der Industrialisierung eine bedeutende Rolle spielen und gerade jene sozioökonomischen und soziokulturellen Negativfaktoren überwinden helfen, die den Industrialisierungsprozess im Orient bisher nur wenig haben vorankommen lassen.

c. Die "mixed economy"

Unter "mixed economy" oder - französisch - "économie mixte", zu deutsch "gemischte Wirtschaftsordnung", wird das Nebeneinanderbestehen von im Besitz des Staates und im Besitz der Privatwirtschaft befindlichen Unternehmen, hier speziell von Industrieunternehmen, innerhalb einer Volkswirtschaft verstanden.

Aus den bisherigen Ausführungen über die Ansätze der Privatwirtschaft und die Ansätze des Staates bei der Industrialisierung zu verschiedenen Zeiten seit etwa der Mitte des 19. Jahrhunderts im Orient ergibt sich, dass während einiger Phasen Privatwirtschaft und Staat gleichzeitig als Träger der Industrialisierung aufgetreten sind. Das war in Ägypten bis zur Revolution von 1952 der Fall; das war im Osmanischen Reich so und ist es auch heute noch in der Türkei. Insofern heute neben den staatlichen Industriezweigen die privatwirtschaftlichen Industriezweige sowohl durch ausländische als auch durch einheimische Unternehmen vertreten sind, zeigt sich eine besonders bunte Palette der "mixed economy" in der Türkei. Wie es zur Entstehung dieser Struktur kam, wurde bereits dargelegt. Es stellt sich vor allem die Frage, wie staatliche (einheimische) und privatwirtschaftliche einheimische Industriebetriebe konkurrierend nebeneinander bestehen können, wo doch staatliche Betriebe meist sehr viel besser mit Kapital ausgestattet sind und durch die Fühlungsvorteile mit dem Staat leichter Einfuhrlizenzen für Rohstoffe und Maschinen erhalten. Diese Koexistenz von staatlichen und privatwirtschaftlichen Industriebetrieben sogar innerhalb einer Branche - der Textilbranche in der Türkei - wird dadurch möglich, dass zwei verschiedene Märkte innerhalb des Landes bestehen: ein städtischer und ein ländlicher Markt. Die einheimische privatwirtschaftliche Textilindustrie, die meist mit Maschinen geringen Qualitätsstandards - oft einheimischer Produktion - ausgerüstet ist, produziert für die ländlichen Verbraucher, deren Qualitätsansprüche niedriger sind. Die staatliche Textilindustrie produziert für den städtischen Verbraucher, für die Armee und versucht sich im Export in andere orientalische Länder.

Die vorangegangenen Ausführungen über einerseits die Privatwirtschaft, andererseits den Staat oder, drittens, die Privatwirtschaft und den Staat als Träger der Industrialisierung geben ein typisches Bild des bisherigen kurzen Verlaufs des Industrialisierungsprozesses im Orient: er ist durch eine beträchtliche Unstetigkeit gekennzeichnet, was die Träger der Industrialisierung betrifft. Dies wiederum ist eine Folge abrupt wechselnder aussenpolitischer Beziehungen und innenpolitischer Verhältnisse. Diese Unstetigkeit im Verlauf der Industrialisierung hat sicher dazu beigetragen, dass der Industrialisierungsprozess im Orient noch keine allzu festen Wurzeln geschlagen hat.

d. Die Rolle der Industriezweige

Was die Rolle der verschiedenen Industriezweige beim Industrialisierungsprozess betrifft, so unterscheiden sich die Verhältnisse im frühindustriellen England/Europa und im heutigen frühindustriellen Orient ganz beträchtlich. In England wurde die Entscheidung, welche Industriezweige die führende Rolle ("leading sector") beim Industrialisierungsprozess übernehmen sollten, in erster Linie von der Entwicklung neuer Produktionstechniken - aus welchen Gründen auch immer dies geschah - getroffen. Technische Neuerungen führten dazu, dass in England die Baumwoll- und die Eisen- und Stahlbranchen die ersten wirklichen Industriezweige wurden, mit neuen Spinn- und Webmaschinen und neuen Antrieben bei der Baumwoll- und neuen Verhüttungsmethoden bei der Eisen- und Stahlindustrie. Erst später bildete sich - nach den paläotechnischen Industrien - die heute schier unübersehbare Vielzahl von neotechnischen Industriebranchen heraus.

Im Orient wird heute das Ingangkommen des Industrialisierungsprozesses nicht von der technischen Entwicklung bestimmt; die ist in den hochindustrialisierten Ländern viel weiter vorangeschritten, und modernste Produktionstechniken werden von den Industrieländern den Ländern des Orients - gegen Bezahlung und damit selektiv - bereitwillig zur Verfügung gestellt. Die Entscheidung, welche Industriezweige den Industrialisierungsprozess in den Ländern des Orients tragen sollen, wird nach anderen Kriterien gefällt. Zum einen ist dabei die Bevölkerungssituation des jeweiligen Landes von grosser Bedeutung; je stärker der Bevölkerungsdruck empfunden wird, desto mehr muss (- durch den Staat -) dafür gesorgt werden, dass solche Industriezweige entstehen, die besonders viele Arbeitskräfte einstellen können. Im Rahmen dieser Massgabe kommen weitere Entscheidungskriterien zum Tragen. Wurden bisher unbe- und unverarbeitete Rohstoffe exportiert, so ist es zweckmässig, Industriebetriebe aufzubauen, die eine oder mehrere Verarbeitungsstufen im Lande selbst durchführen, ehe die Rohstoffe bzw. die Zwischenprodukte exportiert werden. Dies ist zum Teil bei agraren Rohstoffen wie Tabak und Baumwolle möglich, zum Teil aber auch nicht (wie z.B. bei Haselnüssen, Feigen, Datteln).

Eine andere Möglichkeit für den Aufbau von Industriezweigen besteht, indem man den Import von Fertigwaren durch eigene Produktion substituiert. Zumindest solche Fertigwaren aus den Industrieländern, für deren Herstellung entweder Rohstoffe oder billige Arbeitskräfte im eigenen Land zur Verfügung stehen, eignen sich für eine eigene Industrieproduktion, wobei man das notwendige "know how" durch partnerschaftliches Zusammengehen mit dem Originalproduzenten aus einem hochindustrialisierten Land erwerben kann. Schliesslich können auch aussen- und militärpolitische Gesichtspunkte für den Aufbau ganz bestimmter, eigener (Rüstungs-)Industriezweige massgebend sein. Der lang andauernde Konflikt orientalischer Staaten mit Israel, aber auch eigene machtpolitische Bestrebungen haben bei einigen Staaten des Orients den Wunsch geweckt, eine Rüstungsproduktion zu schaffen - ein Wunsch, der leichter von jenen Staaten realisiert werden kann, die über bedeutende Einnahmen aus der Erdölwirtschaft verfügen.

4. Literaturhinweise

A. Arnold: Die Industrialisierung in Tunesien und Algerien, in: Geographische Rundschau, Jg. 23, Braunschweig 1971, S. 306-316

E. Ehlers: Iran. Erdölwirtschaft - Aussenhandel - Industrialisierung, in: Geogr. Taschenbuch 1970/72, Wiesbaden 1972, S. 177-196

K. Grunwald, J.O. Ronall: Industrialization in the Middle East, New York 1960

K.M. Langley: The Industrialization of Iraq, Harvard Middle Eastern Monographs, Nr. 5, Cambridge/Mass. 1962

A. Michaelis: Wirtschaftliche Entwicklungsprobleme des Mittleren Ostens, Kieler Studien, Bd 52, Kiel 1960

H.B. Mountjoy: The Development of Industry in Egypt, in: Economic Geography, Bd 28, Worcester/Mass. 1952, S. 212 bis 228

R. Stewig: Die Industrialisierung in der Türkei, in: Die Erde, 103. Jg., Berlin 1972, S. 21-47

United Nations: Industrial Development in the Arab Countries, New York 1967

D. Wiebe: Grundlagen und Entwicklungsmöglichkeiten der Industrie in Afghanistan, in: Orient, 14. Jg., Opladen 1973, S. 52-63

D. Wiebe: Zur Industriestruktur von Afghanistan, in: Geogr. Taschenbuch 1975/76, Wiesbaden 1976, S. 80-105

B. Die Landflucht und die Veränderungen im ländlichen Raum

In den folgenden Abschnitten über die Landflucht und ihre Auswirkungen und die Verstädterung und ihre Auswirkungen handelt es sich überwiegend um die Darstellung der Folgen des (weltweiten) Industrialisierungsprozesses im ländlichen und städtischen Raum des Orients. Die übergreifende Erscheinung, die den ländlichen und den städtischen Raum in gegensätzlicher Weise betrifft, ist die der Wanderung, also der Abwanderung aus dem ländlichen Raum und der Zuwanderung in den städtischen Raum. Es ist eine Erscheinung, die auch die Britischen Inseln und andere, heute hoch industrialisierte Länder im Zuge des Industrialisierungsprozesses umstrukturiert hat.

Wanderungen, als Ausdruck einer besonderen Mobilität menschlichen Verhaltens, sind motiviert; in der englischsprachigen Literatur hat sich in diesem Zusammenhang - als Unterscheidung der verschiedenen Motivgruppen - das komplementäre Begriffsgegensatzpaar "push"-Kräfte - "pull"-Kräfte zur Bezeichnung der abstossenden und anziehenden Kräfte eingebürgert. Dieses Begriffsgegensatzpaar erfasst gleichzeitig räumlich unterschiedliche Motivgruppen, nämlich die im ländlichen Raum (- als "push"-Kräfte -) und die im städtischen Raum (- als "pull"-Kräfte -) wurzelnden Auslöser der Erscheinung der Wanderung.

Literaturhinweis:

John I. Clarke: Population Geography, 2. Auflage, Oxford 1972

1. Die Ursachen der Abwanderung aus dem ländlichen Raum/ Bevölkerungsentwicklung

Auf der Suche nach den tieferen Ursachen der Abwanderung aus dem ländlichen Raum, die heute weite Teile des Orients prägt, stösst man auf die Erscheinung der Bevölkerungszunahme, die sich heute in fast allen Ländern des Orients in einem nahezu bestürzenden Ausmass vollzieht. Um diese Bevölkerungszunahme im Orient richtig werten zu können, muss sie auf dem Hintergrund eines grösseren Zusammenhanges gesehen werden.

Am Beispiel Englands lässt sich die typische Bevölkerungsentwicklung eines Landes während eines Industrialisierungsprozesses erkennen; man kann sie in vier Phasen einteilen.

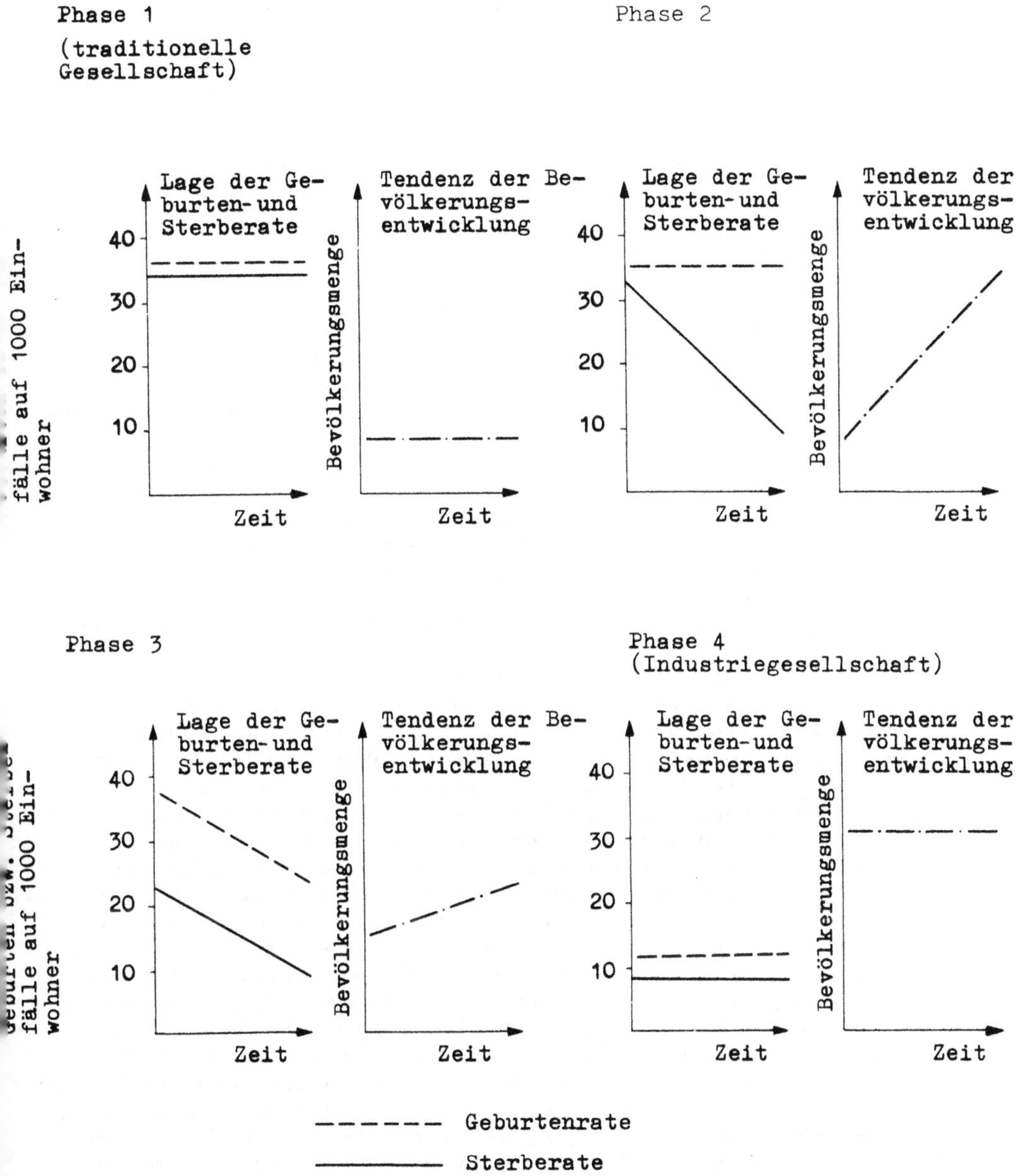

Abb. 36 Typische Phasen der Bevölkerungsentwicklung während eines Industrialisierungsprozesses (schematisch)
(nach: F.Baade: Dynamische Weltwirtschaft; München 1969, S. 117- verändert)

Phase 1: In der traditionellen, noch nicht vom Industrialisierungsprozess beeinflussten Gesellschaft liegen die Geburten- und die Sterberate so hoch, dass die Bevölkerungszunahme gering ist.

Phase 2: Mit dem Einsetzen des Industrialisierungsprozesses vollzieht sich eine bedeutende Veränderung: die Sterberate wird beträchtlich gesenkt, während die Geburtenrate - als Folge des unveränderten, traditionellen generativen Verhaltens - weiter unverändert hoch liegt. Das demographische Ergebnis des Auseinanderklaffens von Geburten- und Sterberate ist ein ausserordentliches Bevölkerungswachstum.

Phase 3: Es kommt zu einer Veränderung des generativen Verhaltens der Bevölkerung, die erkannt hat, dass sich durch eine geringere Kinderzahl, als sie früher üblich war, der Lebensstandard verbessern lässt. Auch die Geburtenrate sinkt ab. Das demographische Ergebnis ist ein Absinken der Bevölkerungszuwachsrate.

Phase 4: In der (relativ) vollentwickelten Industriegesellschaft liegen Sterberate und Geburtenrate niedrig. Das generative Verhalten der Bevölkerung hat sich auf eine geringe Kinderzahl eingestellt. Das demographische Ergebnis ist eine kaum noch wachsende Bevölkerung bei durch den vorhergegangenen Anstieg erzieltem, hohen Niveau der absoluten Bevölkerungszahl.

Auf dem Hintergrund dieses idealtypischen Verlaufs der Bevölkerungsentwicklung während eines Industrialisierungsprozesses - in diesem Falle England - sollte die gegenwärtige Bevölkerungsentwicklung im Orient gesehen werden, d.h. der Orient gehört zur Zeit in die Phase 2. Allerdings bestehen gewisse Unterschiede gegenüber den Verhältnissen in England während der Phase 2: In England - dem ersten Land in einem Industrialisierungsprozess - verliefen die Entstehung des sekundären Sektors und die Bevölkerungszunahme weitgehend synchron. Im Orient geht - wie schon dargelegt - die heutige, ausserordentliche Bevölkerungszunahme der Ausbildung des sekundären Sektors voraus. Dies dürfte eine Folge der Ausstrahlungen des weltweiten Industrialisierungsprozesses sein, der eine allgemeine Verbesserung der medizinischen Versorgung mit sich brachte, die in den Raum des Orients bereits hinwirkt, ehe es dort zur Entfaltung des sekundären Sektors in grösserem Umfang gekommen ist. Eine Reihe von Belegen lassen sich für die allgemeine und frühe Verbesserung der medizinischen Versorgung im Orient beibringen: So wurden insbesondere bei der Bekämpfung von Seuchen und epidemischen Krankheiten, die immer wieder zu grossen Bevölkerungsverlusten führten, sehr beträchtliche Fortschritte erzielt; dazu gehören der erfolgreiche Kampf gegen Pocken, Cholera, Gelbfieber, Bilharziose (eine Gruppe von Entzündungserkrankungen), aber auch gegen die Malaria und die Tuberkulose, die im Orient stark eingedämmt sind.

Literaturhinweis:

L. Dudley Stamp: The Geography of Life and Death, London 1964

Noch einmal sei hier die Vermutung geäussert, dass in den ehemals kolonialen Ländern des Orients die allgemeine Verbesserung der medizinischen Versorgung, die insbesondere auch zur Senkung der Kindersterblichkeit führt, früher einsetzte als in den nichtkolonialen.

Als Folge dieser medizinischen Verbesserungen und ihrer Auswirkungen im Orient sank die Sterberate und stieg die Lebenserwartung:

Geburten- und Sterberate einiger Länder des Orients

		Geburten- bzw. Sterbefälle auf 1000 Einwohner 1946	1954
Marokko	Geburten	27,2	26,9
	Sterbefälle	11,2	7,3
Algerien	Geburten	42,3	43,2
	Sterbefälle	31,1	13,7
Tunesien	Geburten	40,3	32,5
	Sterbefälle	14,6	9,1
Ägypten	Geburten	37,7	39,2
	Sterbefälle	25,0	16,4
Syrien	Geburten	20,3	22,3
	Sterbefälle	6,4	5,9

Quelle: M. Berger (Hrsg.): The New Metropolis in the Arab World, New Delhi 1961, S. 8-9

In Ägypten stieg die Lebenserwartung der Männer von 35,6 Jahren (1937) auf 51,6 Jahre (1960), die der Frauen von 42,1 Jahren (1937) auf 53,8 Jahre (1960).

Als Ergebnis nahm die Bevölkerung der Flächenstaaten des Orients zu (siehe Tabelle auf folgender Seite).

Diese Zahlen lassen erkennen, dass im Orient eine Bevölkerungslawine ins Rollen gekommen ist: die Sterberate sinkt, die Lebenserwartung steigt und die Geburtenrate liegt - durch das unverändert traditionelle, generative Verhalten - ausserordentlich hoch. Im Rahmen der soziokulturellen Gegebenheiten der traditionellen islamischen Gesellschaft kommt es als Folge der Realteilungserbsitte - bei bäuerlichem Grundbesitz - zu einer Verkleinerung der Betriebsgrössen, die unter das existentielle

	Bevölkerung in Mio. 1950	1960	1970	Zunahme in Mio. 1950-1970	Zuwachsrate pro Jahr in %
Afghanistan	12,0	13,8	17,1	5,1	2,3
Ägypten	20,4	25,9	33,3	12,9	2,5
Algerien	8,8	10,8	13,5	4,7	2,9
Irak	5,1	7,1	1,8 (1971)	4,7	3,5
Iran	16,3	21,5	28,6	12,3	2,9
Jordanien	0,6	1,8 (1961)	2,4 (1971)	1,8	3,2
Libanon	1,3	1,6	2,9 (1971)	1,6	2,9
Libyen	1,1	1,2	2,0	0,9	3,6
Marokko	8,9	11,6	15,5	6,6	2,9
Saudi-Arabien	6,0	7,0 (1962)	7,2	1,2	3,6
Syrien	3,2	4,6	6,1	2,9	3,0
Türkei	20,9	27,5	35,2	14,3	2,5
Tunesien	3,5	4,3	5,1	1,6	2,8

Quelle: U. Planck zum Stichwort: Bevölkerungswachstum, in: K. Kreiser, W. Diem, H.G. Majer (Hrsg.): Lexikon der islamischen Welt, 1. Bd, Stuttgart 1974, S. 99

Minimum der Betriebsfamilie sinkt. Gutgemeinte Agrarreformen, die der Agrarbevölkerung zu Eigenbesitz an Grund und Boden ver helfen, beschleunigen noch den Prozess der "Atomisierung" der Betriebsgrössen. Im Rahmen der rentenkapitalistischen Agrarverfassung bleiben zwar die zu bewirtschaftenden Betriebsflächen weitgehend unverändert erhalten, aber eine Existenzmöglichkeit für die zunehmende ländliche Bevölkerung wird damit nicht geschaffen. Diese Gegebenheiten des ländlichen Raumes im Orient müssen in erster Linie als die "push"-Kräfte der Abwanderungsbewegung gesehen werden.

Die schnelle Bevölkerungszunahme in den Staaten des Orients bringt einschneidende Wandlungen vor allem der Altersstruktur der Bevölkerung mit sich.

In ganz unproportionalem Masse nimmt gerade der Anteil der jugendlichen Bevölkerung zu. Dies wiederum führt zu besonderen Planungsproblemen der Staaten des Orients. Nicht allein, dass sie überhaupt ein allgemeines Schulwesen aufzubauen haben, um den Anteil der Analphabeten zu senken, der besonders hohe An-

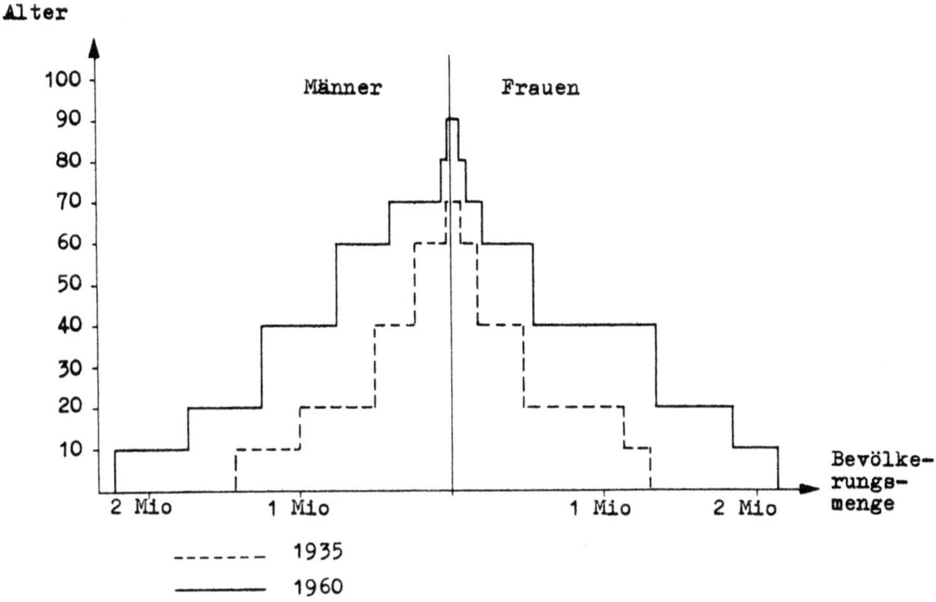

Abb. 37 **Die Altersstruktur der türkischen Bevölkerung 1935 und 1960 (schematisch) (nach: F.Christiansen-Weniger 1965, S. 145 - verändert)**

teil der Jugendlichen macht noch zusätzliche Anstrengungen auf diesem Sektor notwendig. Es ist abzusehen, dass die jugendlichen Schulabgänger - soweit sie diese Ausbildungsstufe überhaupt durchschritten haben - in das Arbeits- und Berufsleben drängen. Damit kommt zu der Überbeschäftigung/Arbeitslosigkeit im ländlichen Raum aus wirtschaftlichen und sozialen Gründen noch eine zusätzliche Menge von Arbeitskräften aus demographischen Gründen hinzu, für die im ländlichen Raum kaum Beschäftigung bereitsteht. So verstärken die altersstrukturellen Gegebenheiten die Abwanderung aus dem ländlichen Raum des Orients.

2. Der Vorgang der Abwanderung aus dem ländlichen Raum

Angesichts des unterentwickelten Forschungsstandes zum Thema Mobilität im Orient können hier nur mehr theoretische Überlegungen und persönliche Eindrücke als empirische Forschungsergebnisse mitgeteilt werden.

Grundsätzlich lässt sich im Orient zwischen (mehr oder weniger) freiwilligen und unfreiwilligen Wanderungen unterscheiden. Sicher unterliegt auch im Orient die sogenannte freiwillige Wanderung, also die Erscheinung der Abwanderung aus dem ländlichen Raum, sozioökonomischen Zwängen, aber diese Art von Zwängen unterscheidet sich doch wesentlich von Zwangswanderungen oder Flüchtlingsbewegungen, die gerade im Orient ebenfalls zahlreich auftreten, aber politisch motiviert sind. Solche unfreiwilligen

Wanderungsbewegungen hat es im Orient seit langem gegeben; wenn man sich nicht an bereits in der Bibel erwähnte Wanderungen erinnern will, so stellen die Vertreibungen von Armeniern aus dem Osmanischen Reich, von Griechen aus der Türkei, von muslimischen "Rückwanderern" (türkisch-osmanisch: "muhacir"; heute: "göçmen") aus den ehemals osmanischen Gebieten auf dem Balkan und in Südrussland die traurige Kontinuität der Zwangswanderungen im Orient bis zu den heutigen Palästinaflüchtlingsbewegungen her.

Literaturhinweis:

W.-D. Bopst: Die arabischen Palästinaflüchtlinge. Ein sozialgeographischer Beitrag zur Erforschung des Flüchtlingsproblems, Münchner Studien zur Sozial- und Wirtschaftsgeographie, Bd 3, Kallmünz, Regensburg 1968

Da diese Art der Wanderungen mehr von politischen Zufälligkeiten als von allgemeinen Regelhaftigkeiten bestimmt wird, sollen sie hier - als eine singuläre Erscheinung - unberücksichtigt bleiben.

Die tiefere Ursache (- die Bevölkerungszunahme -) und die sozioökonomischen Anlässe (- als "push"-Kräfte -) der (mehr oder weniger) "freiwilligen" Abwanderungsbewegung aus dem ländlichen Raum des Orients wurden bereits dargelegt. Es ergibt sich die Frage nach den Auslösern des Wanderungsvorganges. Da ja die Wanderungen im allgemeinen auf ein bestimmtes Ziel hin gerichtet sind, müssen zu den "push"-Kräften des ländlichen Raumes noch die "pull"-Kräfte des Zielraumes hinzukommen. Informationen aus dem Zielraum und über den Zielraum bilden eine Grundlage des Aufbruchentschlusses. Als Informationsträger kommen daher in Frage:

- vorübergehende, saisonale Tätigkeit, etwa als Gelegenheitsarbeiter, in der Stadt;

- der Militärdienst, der vielfach jungen Leuten aus dem ländlichen Raum erste Eindrücke vom städtischen Leben verschafft;

- die Medienkommunikation, vor allem über das stromunabhängige, batteriebetriebene Transistorradio, das - durch die Reklame - einen, zum Teil wenig zutreffenden, verlockenden Eindruck von der Stadt hervorruft;

- die religiöse Norm; angesichts der traditionellen Lebensweise im ländlichen Raum kann nicht ausgeschlossen werden, dass die Möglichkeit des Betens in der städtischen Freitagsmoschee, in der grossen Gemeinschaft der Gläubigen, einen gewissen Anreiz zur Abwanderung darstellt.

Es hat den Anschein, dass - paradoxerweise - in besonders rückständigen Gebieten des Orients, wie z.B. in abgelegenen Kabyleien, die Neigung zur Abwanderung weniger ausgeprägt ist als

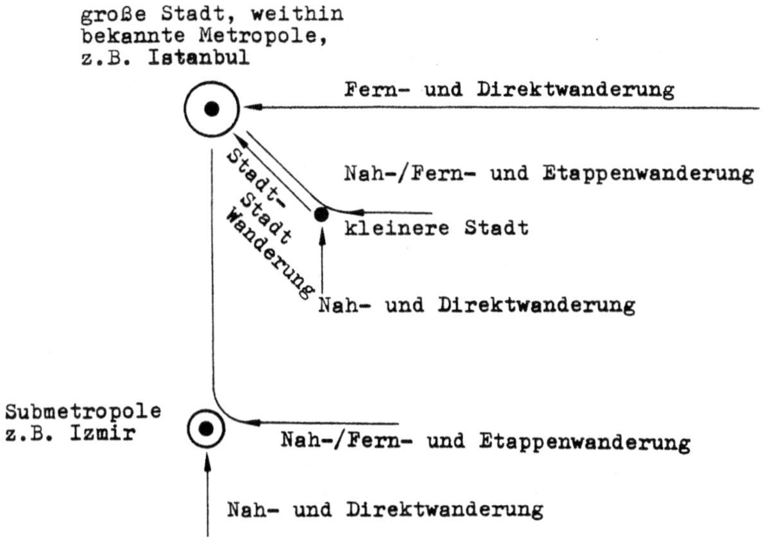

Abb. 38 Räumliches Wanderungsschema

in stadtnäheren Gebieten. Bei diesem Phänomen mag der unterschiedliche Grad der informativen und infrastrukturellen Erschliessung eine Rolle spielen: der Entschluss zur Abwanderung muss durch einen gewissen Grad der Aufgeschlossenheit vorbereitet sein.

Was den Vorgang der Abwanderung betrifft, so lassen sich prinzipiell einige Formen unterscheiden. Vom Sozialen her ist folgende Differenzierung möglich:

(a) Einzelpersonen wandern vorübergehend, saisonal, ab; die Wechselbelegschaften im nordanatolischen Kohlenrevier von Zonguldak oder die Saisonarbeiter im kolonialzeitlichen, französischen Agrarsektor Algeriens sind Beispiele dafür;

(b) Einzelpersonen wandern ganzjährig ab; hier ist nicht nur an die Arbeitsaufnahme türkischer Gastarbeiter in Europa zu denken, auch unter den Staaten des Orients ist das Gastarbeiterwesen, also beispielsweise die Arbeitsaufnahme von Ägyptern, Palästinensern, Libanesen in anderen Staaten des Orients eine verbreitete Erscheinung, die im Rahmen der auszubauenden Erdölwirtschaft noch zunehmen wird;

(c) die ganze Familie wandert - vorübergehend oder endgültig - ab; vielfach stehen die Formen der Einzel- und der Familienabwanderung in einer wechselseitigen Beziehung: wenn dem Einzelabwanderer die Arbeitsaufnahme in der Stadt geglückt ist, wird die übrige Familie nachgeholt.

Ein anderes Migrationsschema lässt sich vom Räumlichen her aufstellen; man kann Nah-, Fern-, Direkt- und Etappenwanderungen und eine entsprechende Kombination dieser Formen unterscheiden.

Denkbar wäre zunächst eine Nahwanderung in die - meist nächstgelegene - kleinere Stadt und eine eventuelle spätere Weiterwanderung in eine ferner gelegene, grössere Stadt. Es würde sich bei einem solchen Vorgang um eine Etappenwanderung handeln. Die im heutigen europäischen Raum zu beobachtende Erscheinung, dass im Zuge einer Abwanderung vom Lande und Übersiedlung in die Stadt zunächst die (tägliche) Pendlerwanderung aufgenommen wird, kann für den Orient ausgeschlossen werden: die ökonomischen Verhältnisse der potentiellen Abwanderer, die grossen Entfernungen und die verkehrsinfrastrukturellen Rückstände verbieten dies. Ob tatsächlich eine solche Etappenwanderung, wie sie skizziert wurde, im Orient die Regel ist, oder ob die Direktwanderung in die grossen Metropolen mit den auch auf dem Lande sehr bekannten Namen selbst über grosse Entfernungen vorherrscht - was wahrscheinlich zu sein scheint - kann - bis umfassendere Untersuchungen vorliegen - nicht mit Sicherheit angegeben werden.

3. Auswirkungen der Abwanderung und andere Veränderungen im ländlichen Raum

Wenn man von den drei soziologischen Migrationstypen - der saisonalen Abwanderung von Einzelpersonen, der ganzjährigen Abwanderung von Einzelpersonen und der endgültigen Familienabwanderung - ausgeht, dann lässt sich eine Reihe von Auswirkungen ableiten.

Die geringsten Auswirkungen im ländlichen Raum weist die saisonale Arbeitsaufnahme ausserhalb des Heimatdorfes auf. Die Altersstruktur der Dorfbevölkerung verändert sie nicht; die Familienstruktur der Dörfer wird bei einer kurzzeitigen Abwesenheit der Männer nicht beeinflusst. Da die der Familie fehlenden Geldmittel durch die auswärtige Arbeitsaufnahme besorgt werden, besteht auch wenig Anlass, dass sich die ökonomischen Strukturen ändern: die zur Existenz der Familie nicht ausreichende Landwirtschaft wird weiterbetrieben, da ja die fehlenden Mittel aus einem anderen Tätigkeitsbereich beschafft werden.

Schon anders ist die Situation bei einer ganzjährigen Abwanderung von Einzelpersonen, in der Regel der Männer, sei es in eine Stadt des eigenen Landes oder als Gastarbeiter in das europäische oder orientalische Ausland. In solchen Fällen wird die Altersstruktur der Dorfbevölkerung bereits einschneidend verändert: In der Gruppe der arbeitsfähigen Bevölkerung werden die jüngeren und mittleren Jahrgänge bei der ortsanwesenden Bevölkerung auf der Seite der Männer unter-, auf der Seite der Frauen überrepräsentiert sein. Sozial kann die ganzjährige Abwesen-

Typ I: Altersstruktur bei saisonaler Abwanderung von Einzelpersonen

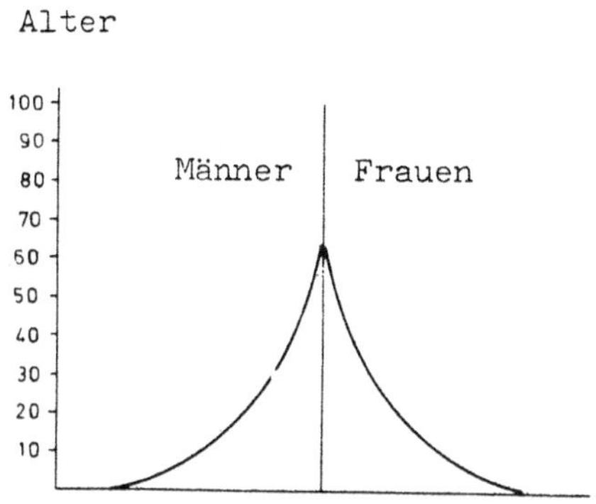

Typ II: Altersstruktur bei ganzjähriger Abwanderung von männlichen Einzelpersonen

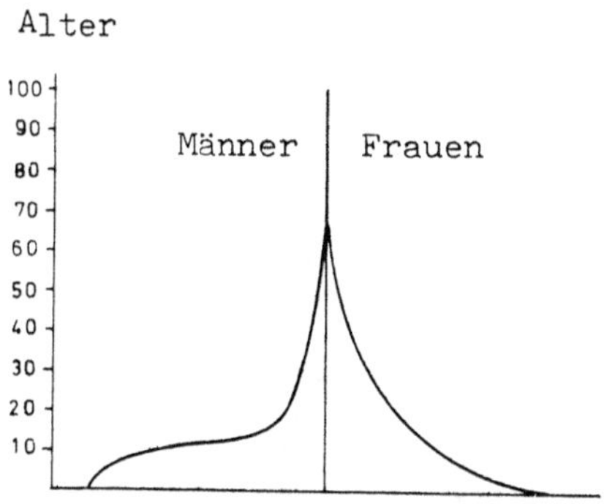

Typ III: Altersstruktur bei ganzjähriger Abwanderung von Familien

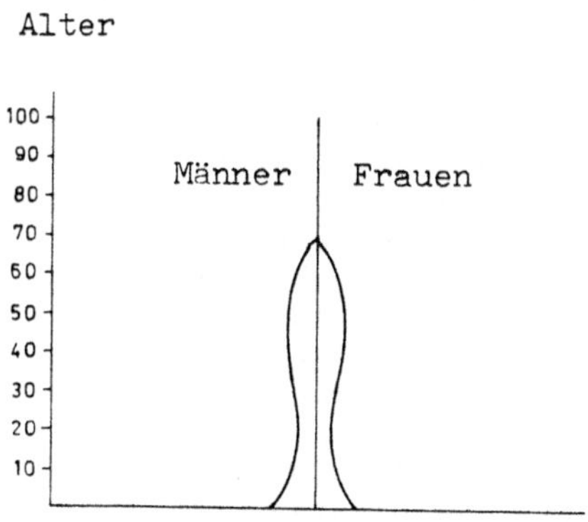

Abb.39 Altersstrukturen der Bevölkerung ländlicher, von verschiedenen Formen der Abwanderung betroffener Siedlungen im Orient (schematisch)

heit der Männer bereits einen Ansatz zur Desintegration der Familie bedeuten; bei einer vorübergehenden Rückkehr der Männer während der Urlaubszeit wird unter Umständen der temporäre Heimkehrer nicht nur seiner Familie, sondern - vor allem unter dem Einfluss der neuen, in der Stadt gewonnenen Wert- und Normvorstellungen - dem traditionellen dörflichen Leben entfremdet, so dass eventuell eine spätere, endgültige Rückkehr ausgeschlossen ist. Auch ökonomisch kann die ganzjährige Abwanderung männlicher Einzelpersonen zur Desintegration führen. Die zurückgebliebene Familie vermag unter Umständen nicht allein den landwirtschaftlichen Betrieb weiterzubetreiben; so kann es dazu kommen, dass vorübergehend Saisonarbeiter eingestellt werden müssen - eine Möglichkeit, die im Dorf verbliebenen, landlosen Landarbeitern einen Verdienst verschafft. Es kann aber auch zur Verpachtung von landwirtschaftlicher Betriebsfläche kommen, so dass im Dorf verbliebene, potentielle Abwanderer ihre Flächen aufstocken können und vielleicht von der Abwanderung in die Stadt abgehalten werden. Auch können landlose Landarbeiter gegebenenfalls als Pächter tätig werden. So bringt die ganzjährige Abwanderung männlicher Einzelpersonen Dynamik und Differenzierung in die traditionellen ökonomischen und sozialen Strukturen des Dorfes hinein.

Noch einschneidender wirkt sich die ganzjährige/endgültige Familienabwanderung auf die ländlichen Siedlungen aus. Bei dieser Form der Migration bleibt zwar die Integration der (abgewanderten) (Klein-)Familie erhalten, aber indem Teile der Grossfamilie auf dem Lande zurückbleiben - und zwar ist dies meist die ältere Generation -, kommt es doch zur Auflösung der traditionellen Familienstruktur. Wird eine ländliche Siedlung überwiegend durch diese Art der Abwanderung geprägt, setzt die Überalterung/Vergreisung der im Dorf verbleibenden Bevölkerung ein. Was die ökonomischen und sozialen Strukturen eines solchen Dorfes betrifft, kann es zu einem völligen Wandel kommen. Gibt eine abwandernde Familie die Landwirtschaft auf und verkauft ihren Grundbesitz - um über ein gewisses Startkapital in der Stadt zu verfügen -, dann können im Dorf selbst oder von ausserhalb des Dorfes reichere Bauern oder Grossgrundbesitzer die zum Verkauf gelangenden Flächen übernehmen. Es besteht aber auch die Möglichkeit, dass die abwandernde Familie ihre landwirtschaftlichen Betriebsflächen nur verpachtet, um in der Stadt über ein regelmässiges, zusätzliches Einkommen aus dem Heimatdorf zu verfügen. In einem solchen Fall können - angesichts des im ganzen ländlichen Raum starken Bevölkerungszuwachses - landlose Landarbeiterfamilien als Pächter auftreten und auf der sozialen und ökonomischen Leiter eine Stufe aufwärts gelangen. Auch in einem solchen Dorf ist eine ökonomische und soziale Dynamik und Differenzierung ausgeprägt vorhanden und wird eventuell durch die Zuwanderung oder den Austausch ländlicher Bevölkerung noch begleitet und verstärkt.

Im Rahmen der Auswirkungen des Industrialisierungsprozesses auf den ländlichen Raum im Orient lassen sich zwei Erscheinungen unter allgemeineren Gesichtspunkten erfassen und darstellen, nämlich

(a) die (neue) Ungleichgewichtung innerhalb des ländlichen Raumes und

(b) das (neue) Stadt-Land-Verhältnis.

Beide Sachverhalte stehen in einer Wechselwirkungsbeziehung. Zunächst liegt es nahe, aus der Erscheinung der Abwanderung aus dem ländlichen Raum auf eine Verarmung der ländlichen Gebiete im Orient zu schlussfolgern, etwa in dem Sinne, dass es ja im allgemeinen die wirtschaftlich aktivere und altersmässig jüngere ländliche Bevölkerung ist, die abwandert, während die älteren Bevölkerungsteile zurückbleiben. Es scheint also zunächst so, als ob die Abwanderung aus dem ländlichen Raum eine Bestätigung der Theorie der zirkulären und kumulativen Verursachung des regionalen Ungleichgewichtes von G. Myrdal ist.

Literaturhinweis:

G. Myrdal: Ökonomische Theorie und unterentwickelte Regionen, Stuttgart 1959

Nach dieser Theorie, die im Makroansatz auf die gegensätzlichen Verhältnisse der Industrie- und Entwicklungsländer angewendet wird, würde sich infolge der Landflucht und Stadtwanderung das neue Stadt-Land-Verhältnis so darstellen, dass von einem - niedrigen - Ausgangsniveau durch die Abwanderung der Stadt positive wirtschaftliche Kräfte zugeführt werden, während auf dem Lande die Schraube der zunehmenden (- kumulativen -) Verarmung sich (- zirkulär -) ins Negative dreht. Es muss jedoch vor einer so vereinfachenden Interpretation nachdrücklich gewarnt werden. Wohl stellt sich ein - offenbar auch zunehmendes - Ungleichgewicht zwischen Stadt und Land im Zuge der Auswirkungen des Industrialisierungsprozesses im Orient ein, schon weil sich der sekundäre - und tertiäre - Sektor in der Stadt entwickelt - und damit schält sich ein Stadt-Land-Verhältnis heraus, wie es aus den hochindustrialisierten Ländern bekannt ist -, aber es kann nicht davon die Rede sein, dass auf dem Lande von einem niedrigen Wirtschaftsniveau ausgehend nur eine Verarmung einsetzt. Vielmehr vollzieht sich gerade auf dem Land die starke, natürliche Bevölkerungszunahme; damit stehen gerade auf dem Lande im Orient Bevölkerungsteile bereit, um die Wirtschaftsflächen der Abwandernden zu übernehmen. Bis auf Ausnahmen - besonders in einigen entlegenen Oasen - werden keine landwirtschaftlichen Flächen im Orient aufgegeben; ganz im Gegenteil erfolgt allgemein eine Ausweitung des Anbaus, die nicht zuletzt durch die zunehmende Bevölkerung in den Städten (als Nachfrager nach Nahrungsmitteln) ausgelöst ist. Mit dieser Entwicklung wird zwar nicht der Abstand des Landes im Wirtschaftsniveau gegenüber der Stadt vermindert, aber es kann - bis auf Ausnahmen - von einer allgemein zunehmenden Verarmung des ländlichen Raumes im Orient, wie er sich aus der Myrdal'schen Theorie ergeben würde, nicht gesprochen werden. Auch im ländlichen Raum des

Orients entwickelt sich das allgemeine Wirtschaftsniveau (in sich differenzierender Weise) aufwärts - wenn auch wesentlich langsamer als in der Stadt. Diese Tendenz lässt sich auch gerade durch die Entstehung neuer zentralörtlicher Verhältnisse im ländlichen, von den Ausstrahlungen des Industrialisierungsprozesses erfassten Raum belegen. Ich stütze mich dabei auf:

R. Stewig: The Patterns of Centrality in the Province of Bursa (Türkei), in: Geoforum, Heft 18, Oxford 1974, S. 47 bis 53

Vergleiche:

H. Schmitz: Bildung und Wandel zentralörtlicher Systeme in Nord-Marokko, in: Erdkunde, Bd XXVII, Bonn 1973, S. 120 bis 130

H.G. Wagner: Das Siedlungsgefüge im südlichen Ostalgerien (Nememcha). Genese eines zentralörtlichen Systems seit Beginn der Sesshaftwerdung bis in die Postkolonialzeit, in: Erdkunde, Bd XXV, Bonn 1971, S. 118-135

U. Spieker: Libanesische Kleinstädte. Zentralörtliche Einrichtungen und ihre Inanspruchnahme in einem orientalischen Agrarraum, Erlanger Geographische Arbeiten, Sonderband 3, Erlangen 1975

Die nordwestanatolische Provinz Bursa, die durchaus die Erscheinung der Abwanderung, und zwar sowohl nach der Provinzhauptstadt Bursa als auch nach Istanbul erkennen lässt, ist - was ihre zentralörtliche Struktur betrifft - durch eine ganze Reihe zentraler Orte niederen, aber unterschiedlichen Ranges ausserhalb Bursas geprägt. Eine Reihe dieser zentralen Orte des ländlichen Raumes der Provinz Bursa weisen nicht nur bestimmte, für die Landwirtschaft der Provinz bedeutsame Einrichtungen auf, sondern darüber hinaus - zunehmend - infrastrukturelle Einrichtungen des tertiären Sektors wie Schulen unterschiedlichen Ranges, medizinische Einrichtungen verschiedenen Ranges und kommunikative Einrichtungen (Post, Telefon, Telegraf, Omnibushaltestelle), von den administrativen Einrichtungen des Staates ganz abgesehen. Damit wird deutlich, dass neue, gehobene, zentralörtliche Verhältnisse sich auch im ländlichen Raum anbahnen, selbst wenn er von der Erscheinung der Abwanderung, die ja nur (räumlich und sozial) selektiv wirkt, betroffen ist.

Diese neuen zentralörtlichen Beziehungen im ländlichen Raum des Orients entwickeln sich allerdings nicht nach dem von der Christaller'schen Theorie der zentralen Orte zu erwartenden Muster. Nach Christallers Theorie bestimmen ja die Transportkosten in Abhängigkeit von der Entfernung ganz wesentlich das Strukturmuster und die Hierarchie der zentralen Orte, da Christaller eine in jeder Beziehung - physisch, ökonomisch, soziostrukturell - homogene Fläche als Einzugsgebiet der zentralen Orte und rational-ökonomische Verhaltensweisen der Nachfrager voraussetzt. Diese homogene Fläche ist natürlich in der

Wirklichkeit nicht gegeben und schon gar nicht im Orient mit seinen dicht beieinanderliegenden Teilräumen unterschiedlichen ökonomischen Entwicklungsstandes, etwa der Subsistenzwirtschaft, der binnen- oder der exportmarktorientierten Produktion. Als Folge dieser Gegebenheiten entwickeln sich zwar zentrale Orte unterschiedlichen Ranges, und bei oberflächlicher Betrachtungsweise könnte man meinen, dass fast eine Christaller'sche Vielfalt der Rangstufen (in der Provinz Bursa) vorhanden ist. Tatsächlich aber spiegeln die zentralen Orte unterschiedlicher Ausstattung (in der Provinz Bursa) nur die unterschiedlichen sozioökonomischen Niveaus ihrer Einzugsgebiete: ein Zentrum im Bereiche marktorientierter landwirtschaftlicher Produktion ist wesentlich besser ausgestattet als ein kleines Zentrum im Gebirge, das von einem Bereich mit Subsistenzwirtschaft umgeben ist. Die Rangfolge der zentralen Orte (in der Provinz Bursa) ist nicht das Ergebnis von Alternativentscheidungen der Nachfrager auf der Basis unterschiedlicher Transportkosten - wie das in Europa (vielleicht) der Fall ist. Die Entwicklung neuer, gehobener, zentralörtlicher Beziehungen im ländlichen Raum des Orients spricht noch einmal gegen seine einseitige Verarmung etwa durch Abwanderung.

Im Orient wie anderswo wirken städtische Siedlungen nicht nur durch ihre Funktionen als zentrale Orte in den ländlichen Raum hinein, sondern auch als Ausstrahlungszentrum von Innovationen im wirtschaftlichen und sozialen Bereich.

Literaturhinweise:

D. Bartels: Türkische Gastarbeiter aus der Region Izmir. Zur raumzeitlichen Differenzierung der Bestimmungsgründe ihrer Aufbruchsentschlüsse, in: Erdkunde, Bd XXII, Bonn 1968, S. 313-324

D. Bartels: Geographische Aspekte sozialwissenschaftlicher Innovationsforschung, in: 31. Deutscher Geographentag Kiel 1969, Tagungsbericht und wissenschaftliche Abhandlungen, Wiesbaden 1970, S. 283-298

Ausgehend von den Städten dringen vielfältige und unterschiedliche Innovationen in den ländlichen Raum ein. Es handelt sich dabei keineswegs nur um Anregungen, die die Bereitschaft zur Abwanderung fördern, wie etwa Informationen über die Möglichkeiten einer Arbeitsaufnahme in der Stadt oder im Ausland, sondern auch um Innovationen, die den Nichtabwanderern zugute kommen. In den verkehrsmässig besser erschlossenen Räumen, also im Hinterland der grösseren Städte, geschieht das naturgemäss früher als in entfernten Kabyleien. So lässt sich im Hinterland der westanatolischen Submetropole Izmir in Abhängigkeit von der Entfernung, gestuft über kleinere städtische Zentren, die Ausbreitung der Verwendung von Plastikhüllen über Frühbeeten, des modernen Ziegeldachs oder der Verbrauch von Margarine verfolgen. Auch im ländlichen Raum des Orients vollzieht sich somit - zwar erst in Ansätzen und sehr langsam -, was sich im ländlichen Raum Europas im Zuge des Industrialisierungsprozesses vollzogen hat, nämlich eine gewisse Angleichung der Lebensweisen - sicherlich nicht im Ökonomisch-Funktionalen: da haben die Stadt als Standort des sekundären und tertiären Sektors und das Land als Standort des primären Sektors weiterhin ihre unterschiedlichen Aufgaben zu erfüllen - aber doch im Sozialen. Diese Entwicklungstendenz steht im Orient - wie der Industrialisierungsprozess - in den allerersten Anfängen. Dennoch lässt sich auch aufgrund dieser Tatsachen die Behauptung einer einseitig gerichteten, zirkulären und kumulativen Verarmung des ländlichen Raumes im Orient nicht aufrechterhalten.

4. Literaturhinweise

A.M. Lutfiyya, Chr.W. Churchill: Readings in Arab Middle Eastern Societies and Cultures, Den Haag 1970

Marokko, Algerien, Tunesien:

A. Pletsch: Wandlungen der Bevölkerungsstruktur und Bevölkerungsbewegungen im südmarokkanischen Oasengebiet, in: Erdkunde, Bd XXVI, Bonn 1972, S. 130-139

A. Pletsch: Traditionelle Sozialstrukturen und ihre Wandlungen im Bevölkerungs- und Siedlungsbild Südmarokkos, in: Geographische Zeitschrift, 61. Jg., Wiesbaden 1973, S. 94 bis 121

W. Plum: Sozialer Wandel im Maghreb, Hannover 1967

K. Suter: Wanderungsbewegungen der sesshaften Bevölkerung der algerisch-tunesischen Sahara einschliesslich ihres Randgebietes, in: L. Beckel, H. Lechleitner (Hrsg.): Festschrift für L.G. Scheidl zum 60. Geburtstag, II. Teil, Wien 1967, S. 289-296

H.-G. Wagner: Bevölkerungsentwicklung im Maghreb, in: Geographische Rundschau, Jg. 23, Braunschweig 1971, S. 297 bis 305

Türkei:

F. Christiansen-Weniger: Die Bevölkerungsentwicklung in der Türkei seit 1923 und ihre Folgen, in: Orient, 6. Jg., Opladen 1965, S. 144-148

H. Louis: Die Bevölkerungsverteilung in der Türkei 1965 und ihre Entwicklung seit 1935, in: Erdkunde, Bd XXV, Bonn 1972, S. 161-177

U. Planck: Die ländliche Türkei. Soziologie und Entwicklungstendenzen, Zeitschrift für Ausländische Landwirtschaft, Materialsammlung Heft 19, Frankfurt/Main 1972

J. Ritter: Landflucht und Städtewachstum in der Türkei, in: Erdkunde, Bd XXVI, Bonn 1972, S. 177-196

C. Die Verstädterung und der Strukturwandel im städtischen Raum

In den vorausgegangenen Ausführungen wurde die Abwanderung aus dem ländlichen Raum dargestellt; der gleiche Sachverhalt wird auch in den folgenden Ausführungen behandelt, aber unter dem komplementären Gesichtspunkt der Stadtwanderung. Beide Aspekte sind also die zwei Seiten ein und derselben Erscheinung. Den "push"-Kräften der Abwanderung aus dem ländlichen Raum stehen die - richtungweisenden - "pull"-Kräfte im städtischen Raum gegenüber. Es ergibt sich daraus die Frage, in welchem Bedeutungsverhältnis die zwei Gruppen von, die Erscheinung der Wanderung auslösenden, Kräften zueinander stehen. Eine Abschätzung der Bedeutung der "push"- bzw. der "pull"-Kräfte für Einzelwanderer oder Gruppen von Wanderern ist angesichts des unterentwickelten Forschungsstandes und der bis in den sozialpsychologischen Bereich hineinreichenden Fragestellung für die Region des Orients noch nicht möglich.

1. Die Ursachen der Stadtwanderung/Neue Funktionen der islamisch-orientalischen Stadt

Die Attraktionskräfte der Stadt sind es also, die der Abwanderung aus dem ländlichen Raum eine Richtung und - neben den abstossenden Verhältnissen im ländlichen Raum - eine komplementäre Ursache geben. Diese Attraktionskräfte der Stadt sind auf die neuen Funktionen zurückzuführen, die die traditionelle, islamisch-orientalische Stadt zusätzlich - im Zuge der Ausbreitung des weltweiten Industrialisierungsprozesses - übernimmt.

Ob - oder gegebenenfalls wieweit - eine dysfunktionale, d.h. eine allein von den Verhältnissen im ländlichen Raum verursachte Stadtwanderung/Landflucht stattfindet, soll dahingestellt bleiben.

Die traditionelle, islamisch-orientalische Stadt war funktional dadurch gekennzeichnet, dass sie als Standort der Herrschaft Haupt- und Residenzstadt war, dass sie - oft gekoppelt mit der Funktion als Residenzstadt - ein mehr oder weniger umfangreiches, städtisches Handwerk aufzuweisen hatte und dass sie - wiederum meist gekoppelt mit der überschüssigen und spezialisierten Produktion der Handwerke - auch (Fern-)Handelsstadt war.

Die neuen Funktionen der islamisch-orientalischen Stadt, die sie im Zuge des Industrialisierungsprozesses übernimmt, bestehen darin, dass sie einerseits Standort des industriell-sekundären Sektors und andererseits (in umfangreicherem Masse als traditionell) Standort des tertiären Sektors wird. Dabei wird davon ausgegangen, dass auch die traditionelle, islamisch-orientalische Stadt - über ihre speziellen Funktionen hinaus - selbst im Rahmen einer rentenkapitalistischen Agrarverfassung in gewissem Umfang Standort des tertiären Sektors bereits war.

Was die moderne, islamisch-orientalische Stadt als Standort des industriell-sekundären Sektors betrifft, so lassen sich angesichts des geringen Grades der Industrialisierung im Orient kaum städtische Industrieballungsgebiete und Industriereviere erwarten. Die Entstehung von Industrierevieren in Europa ging in der Frühphase der Industrialisierung auf das Vorhandensein der klassischen Energieträger (Steinkohle) und/oder der Rohstoffe (Eisenerz) zurück. Da im Orient - wie dargelegt - andere Bedingungen der Industrialisierung gegeben sind - sowohl bei den Industriezweigen als auch bei den Trägern der Industrialisierung -, nimmt die Entstehung von Industrierevieren - besonders ohne Verbindung mit bereits bestehenden Städten - Ausnahmecharakter an: das Revier von Zonguldak-Ereğli-Karabük in Nordanatolien mit Stahlwerken (Ereğli und Karabük) im Steinkohlenrevier (Zonguldak-Ereğli) ist ein solches Beispiel. Die Standorte des industriell-sekundären Sektors richten sich im Orient vielmehr nach den Funktionen der Industrialisierung:

- der Substitution importierter Fertigwaren,
- der Veredelung von zu exportierenden Rohstoffen,

und den Trägern der Industrialisierung:

- dem Staat,
- der ausländischen Privatwirtschaft,
- der einheimischen Privatwirtschaft.

Da die Einflussnahme des weltweiten Industrialisierungsprozesses auf den Orient sich von Übersee her vollzieht und die (nördlichen) Küstenbereiche die am stärksten besiedelten Gebiete des Orients sind, erfolgt die Entstehung des sekundären Sektors vor allem in den Hafenstädten des Orients an der nordafrikanischen und südwestasiatischen Küste des Mittelmeeres von Casablanca bis Istanbul. Hier kann sowohl eine Substitution der importierten Fertigwaren - nach Massgabe der politischen und wirtschaftlichen Unabhängigkeit - vorgenommen werden als auch die Veredelung von zu exportierenden Rohstoffen. Damit knüpfen die Standorte der Industrie im Orient an die in der vorindustriellen, zum Teil kolonialwirtschaftlichen Phase entstandenen Infrastrukturen - Verkehrswege und Hafenstädte - an - ganz im Gegensatz zur grossräumlichen Umstrukturierung des städtischen Siedlungswesens und der Verkehrswege d u r c h die Industrialisierung in Europa.

Wenn als Träger der Industrialisierung ausländische Investoren zugelassen sind, verstärkt dieser Trend die Industrialisierung der Hafenstädte im Orient noch, da ausländische Industrieunternehmen über die Hafenstädte nicht nur die Verteilungsmöglichkeiten auf das Inland, sondern auch die Fühlungsvorteile mit ihren Muttergesellschaften in Übersee nutzen können.

Tritt der Staat als Träger der Industrialisierung im Orient auf, dann zeigten sich im 19. Jahrhundert, z.B. im Osmanischen Reich, aber zeigen sich auch heute noch, wie in Iran, Tendenzen zur Lokalisierung der Industrie in der Hauptstadt - in diesen Fällen in Istanbul bzw. in Teheran -, weil dort der Staat am leichtesten seine Kontrolle auszuüben vermag. Mit der politischen Konsolidierung und infrastrukturellen Entwicklung der orientalischen Staaten ist aber gerade wenn der Staat als Träger der Industrialisierung auftritt, auch eine zunehmende Lösung von der Hauptstadtorientierung der Industrie zu beobachten: aus regionalpolitischen Erwägungen heraus kann der Staat durch eine standortgelenkte Industrialisierung Probleme der regionalen Ungleichgewichtung des Entwicklungsstandes innerhalb des Landes bedingt steuern.

Die einheimische privatwirtschaftliche Industrie hat sich - soweit sie zugelassen ist - in ihren Standorterwägungen nach den "Trendsettern" - dem Staat bzw. den ausländischen Industrieunternehmen - zu richten, da sie meist über kleinere bis mittelgrosse Betriebe verfügt und funktional als Zulieferant fungiert, soweit sie nicht im Rahmen der Substitution von importierten Fertigwaren und der Veredelung von zu exportierenden Rohstoffen tätig ist, wobei dann die schon aufgezählten Standortorientierungen in Frage kommen.

Zu den durch die Industrie im engeren Sinne, den sekundären Sektor, gegebenen Funktionen der modernen, islamisch-orientalischen Stadt kommt der umfangreiche Ausbau der tertiärwirtschaftlichen Funktionen. Hier kann angeknüpft werden an das, was schon aus dem Blickwinkel des ländlichen Raumes heraus über die Zunahme der zentralörtlichen Bedeutung der modernen, islamisch-orientalischen Stadt ausgeführt wurde. Die politische Konstituierung und Konsolidierung der orientalischen Staaten brachte einen umfangreichen Ausbau der Verwaltung, eine Bürokratie auf nationaler bis lokaler Ebene mit sich, die sich in einer Wucherung des Verwaltungsapparates bis in kleinere städtische Siedlungen hinein niederschlägt. Mit der Säkularisierung des Orients tritt neben die weiterbestehende, traditionelle, religiöse Unterrichtung der Auf- und Ausbau eines umfangreichen und ebenfalls - wie die Verwaltung - hierarchisch gegliederten Schulwesens auf lokaler (Volksschulen) bis nationaler Ebene (Universitäten). Entsprechend wird in den Staaten des Orients ein Gesundheitswesen aufgebaut, das neue Funktionen auch jenen städtischen Siedlungen bringt, die nicht unmittelbar als Standorte des industriell-sekundären Sektors in Frage kommen. Zu den Einrichtungen der politisch-administrativen, der schulischen und der medizinischen Versorgung gesellen sich als weitere Teile des tertiären Sektors die Einrichtungen der wirtschaftlichen Versorgung, und zwar in dem Masse, wie von einer Subsistenzwirtschaft zu einer binnenmarktorientierten Produktion im ländlichen Raum - zur Versorgung der zunehmenden städtischen Bevölkerung des eigenen Landes - übergegangen wird.

Literaturhinweis:

E. Ehlers: Die Stadt Bam und ihr Oasen-Umland/Zentraliran. Ein Beitrag zur Theorie und Praxis der Beziehungen ländlicher Räume zu ihren kleinstädtischen Zentren im Orient, in: Erdkunde, Bd XXIX, Bonn 1975, S. 38-52

Es wurde bereits dargelegt, dass die entstehende, hierarchische Struktur der zentralen Orte im Orient, trotz - formal - gewisser Ähnlichkeiten mit den nach der W. Christaller'schen Theorie der zentralen Orte zu erwartenden, nämlich den nach der unterschiedlichen Ausstattung vorhandenen, zahlreichen hierarchischen Stufen, funktional nicht vergleichbar ist: die verschiedenen hierarchischen Stufen der zentralen Orte im Orient spiegeln den unterschiedlichen Grad der sozioökonomischen Entwicklung ihrer Umlandsbereiche, nicht die von W. Christaller für seine Theorie der zentralen Orte postulierte, in jeder Beziehung homogene Fläche der Einzugsgebiete oder die freie Wahlmöglichkeit ihrer Bewohner wider.

Was die Abwägung der relativen Bedeutung der beiden neuen Funktionen der modernen, islamisch-orientalischen Stadt im sekundären und tertiären Sektor für die Stadtwanderer betrifft, so ist die Meinung vertreten worden, dass es gar nicht die Industrie sei, die die Masse der Stadtwanderer aufnehme, sondern der tertiäre Sektor, und es ist daraus gefolgert worden, dass die Industrialisierung für die Verstädterung in den Entwicklungsländern nicht die tragende Rolle spiele.

Literaturhinweis:

T.G. McGee: The Urbanization Process in the Third World. Explorations in Search of a Theory, London 1971

In diesem Zusammenhang muss jedoch an zweierlei erinnert werden. Zum einen ist aus dem "basic - nonbasic concept" der Stadtgeographie -

Literaturhinweis:

J.W. Alexander: The Basic - Nonbasic Concept of Urban Economic Functions, in: Economic Geography, Bd XXX, Worcester/Mass. 1954, S. 246-261

- bekannt, dass für eine zahlenmässig geringe Bevölkerung - die Stadtbildner -, die in den grundlegenden Funktionsbereichen einer Stadt, etwa der Industrie, tätig ist, eine zahlenmässig grössere (Mantel-)Bevölkerung - die Stadtfüller - tätig sein muss, da diese nicht nur die Stadtbildner, sondern auch die Stadtfüller zu versorgen hat. Mit zunehmender Grösse der Städte steigert sich der Anteil der Stadtfüller nicht in einem linearen, sondern einem exponentiellen Ausmass. Also auch wenn die Industrie der Masse der Stadtwanderer nicht direkt Arbeitsplätze verschafft, braucht dies noch nicht zu bedeuten, dass die Industrie keine entscheidende Rolle für die Erscheinung der

Stadtwanderung spielt.

Zum anderen ist - bei den angegebenen Einwänden - der Begriff der Industrialisierung zu eng gefasst, nur auf die Entstehung des sekundären Sektors ausgerichtet. Auch bei der Zunahme der zentralörtlichen Bedeutung von Städten im Orient, in denen der sekundäre Sektor nicht direkt Fuss fasst, handelt es sich doch um die Auswirkungen der Industrialisierung und damit um Teilerscheinungen des Industrialisierungsprozesses selbst, der - wie wir aus Europa wissen - eine Region über die blosse Ansiedlung von Industrie hinaus grundlegend verändert.

2. Entwicklung und Strukturwandel der traditionellen, islamisch-orientalischen Stadt

Die Industrialisierung im engeren Sinne - die Entstehung des sekundären Sektors - und im weiteren Sinne - die Stadtwanderung und Verstärkung des tertiären Sektors - ist es also, die die moderne, islamisch-orientalische Stadt prägt. Dabei vollziehen sich an der Peripherie der traditionellen, islamisch-orientalischen Stadt Neuentwicklungen, die Niederlassung der Stadtwanderer und der Industrie, während die Innenstadt der traditionellen, islamisch-orientalischen Stadt durch Strukturwandlungen, den Ausbau und Wandel des tertiären Sektors und die Neuorientierung des Wohnens, bestimmt wird.

a. Die Vorgänge an der neuen Peripherie: Wohnen und Arbeiten (Industrie)

Es ergibt sich zunächst die Frage: wo lassen sich die Stadtwanderer nieder? Grundsätzlich bestehen zwei Möglichkeiten: an der Peripherie oder in der Innenstadt der schon bestehenden Städte. Es ist die Meinung vertreten worden (F. Greif 1972), dass die Zuwanderer, zumindest in der Türkei, sich zunächst in der Innen- oder Altstadt der bestehenden Städte niederlassen und gegebenenfalls später an die Peripherie umziehen. Die Wahrscheinlichkeit dieses Vorganges der Niederlassung scheint mir aus mehreren Gründen nicht gross. Gerade weil die moderne, islamisch-orientalische Stadt in zunehmendem Masse zentraler Ort wird und der tertiäre Sektor sich gerade in den Innen- und Altstädten niederlässt, besteht in der modernen, islamisch-orientalischen Stadt ein Expansionsdruck dieses Sektors in der Innenstadt. Die finanziell nicht besonders günstig ausgestatteten Stadtwanderer können mit dem tertiären Sektor als Interessent für die Niederlassung in der Innen- oder Altstadt nicht konkurrieren. Die Aufnahme von Stadtwanderern durch Verwandte in der Stadt scheint hypothetisch zu sein. Gerade die Abgeschlossenheit der traditionellen Lebensformen - einerseits Städter, andererseits Landwirtschaft der Sesshaften - schliesst verwandtschaftliche Beziehungen zwischen den Bewohnern des städtischen und des ländlichen Raumes weitgehend aus. Die Stadtwanderung ist eine relativ junge Erscheinung im Orient; mit zunehmendem

Alter kann es zu verwandtschaftlichen Beziehungen zwischen städtischen Alt-Zuwanderern und Neu-Zuwanderern kommen. Überwiegend dürfte die Peripherie der Städte der Niederlassungsraum für die Stadtwanderer sein.

Nun rankt sich um die Erscheinung der Niederlassung von Stadtwanderern im Zuge eines Industrialisierungsprozesses eine ganz spezifische, von marxistisch-theoretischer Seite vorgetragene Auffassung, zu der nach empirischen Befunden im Orient Stellung genommen werden soll. Letztlich wohl durch bestimmte Eindrücke hervorgerufen, die Friedrich Engels und Karl Marx in den Städten der englischen Frühindustrialisierungsphase, insbesondere bei irischen Stadtwanderern, gewonnen haben, wurde die Auffassung vertreten, dass mit der Niederlassung von Stadtwanderern im Zuge eines Industrialisierungsprozesses eine Verschlechterung der Lebensverhältnisse - eine Verelendung und Verslumung - verbunden ist.

Um die Lebensverhältnisse der Stadtwanderer im Orient beurteilen zu können, bedarf es zunächst einiger Überlegungen, nach welchen Massstäben eine Beurteilung vorgenommen werden kann. Zwei Möglichkeiten bieten sich an, nämlich einmal von den Lebensverhältnissen im ländlichen Raum auszugehen - sie wurden für den Orient in ihren ökonomischen und sozialen Grundzügen im Rahmen der Darstellung der traditionellen Lebensformen Nomadismus und Landwirtschaft der Sesshaften skizziert. Der zweite Pol einer Beurteilungsskala kann aus den Lebensverhältnissen der Stadtwanderer der englischen Frühindustrialisierungsphase gewonnen werden.

Schon allein aus dem (historischen) Vergleich mit diesen Verhältnissen sollte eine beurteilende Stellungnahme zu den kontemporären Verhältnissen der Stadtwanderer im Orient möglich sein. Da bisher vielfach versucht wurde, die orientalischen Verhältnisse - komparativ - aus der Gegenüberstellung mit den entsprechenden europäischen zu erhellen, sollen zunächst die Lebensverhältnisse der Stadtwanderer in der englischen Frühindustrialisierungsphase kurz umrissen werden.

Diese Verhältnisse lassen sich mit drei Organisationsformen bezeichnenden Begriffen zusammenfassend charakterisieren, und zwar - nach den englischen Benennungen - dem

- "factory system",
- "cottage system",
- "truck system".

Unter "factory system" versteht man, im Gegensatz zum "domestic system", die räumliche Trennung von Wohn- und Arbeitsplatz im sekundären Sektor, die ein grundsätzliches Merkmal der Industriearbeit ist, die aber nicht notwendigerweise eine Verschlechterung der Lebensverhältnisse zu bedeuten braucht, es sei denn, dass extrem lange Arbeitszeiten das Zusammensein der Familie weitgehend unterbinden, wie dies in der Phase der Frühindustrialisierung Englands der Fall war.

Unter "cottage system" versteht man die in der Phase der Frühindustrialisierung Englands verbreitete Organisationsform der Anlage von Industriearbeiterwohnquartieren auf Kosten und zum Profit der Unternehmer. Dies geschah, weil die frühen Stadtwanderer nicht in der Lage waren, selbst für ihre Wohnquartiere zu sorgen. Unternehmer errichteten, meist in unmittelbarer Nähe der Fabriken - um Zeitverluste durch Arbeitswege gering zu halten -, die berüchtigten "back-to-back houses" der englischen Frühindustrialisierung, also Räumestapel, die jeder durchgehenden Lüftung entbehrten, die in langen Reihen aneinandergesetzt wurden und für die es nur wenige (öffentliche) Aborte und (öffentliche) Wasserpumpen pro Häuserreihe gab. Über die Mieten holten sich die Unternehmer ihre Investitionen wieder herein. Diese Bauweise der englischen Industriearbeiter- und Stadtwandererwohnquartiere und ihre Überbelegung führte zur Entstehung von "slums". Friedrich Engels gibt an, im Manchester der 1840er Jahre nicht nur eine (irische) Stadtwandererfamilie pro Raum, sondern sogar mehrere in einem Raum angetroffen zu haben.

Literaturhinweise:

Fr. Engels: Die Lage der arbeitenden Klasse in England, 1. Auflage Leipzig 1845, als Taschenbuch München 1973

A.R. Desai, S.D. Pillai (Hrsg.): Slums and Urbanization, Bombay 1970

Zu den wesentlichen Merkmalen eines "slum", wie er im Zusammenhang mit der Industrialisierung in England entstanden ist, zählen auf der Seite der Behausung:

- überbelegte Räumlichkeiten,
- mangelnde sanitäre Ausstattung,
- ungesunde Wohnverhältnisse durch schlechte Lüftungs- und Heizungsmöglichkeiten oder Feuchtigkeit in der Behausung;

auf der Seite der Bewohner:

- geringes Einkommensniveau bis Arbeitslosigkeit,
- unzureichender Ernährungszustand,
- hohe Krankheitsanfälligkeit/hohe Sterblichkeit,
- unzureichende medizinische Versorgung,
- unzureichende Ausbildungsmöglichkeiten.

Unter "truck system" versteht man die Versorgung der Industriearbeiterbevölkerung durch vom Unternehmer eingerichtete Lebensmittelläden, wodurch - ausser über die Mieten für die "back-to-back houses" - ein weiterer Teil der Löhne zum Unternehmer zurückfloss.

"Factory system" - als Auflösung der Familienstruktur am neuen Arbeitsplatz (gegenüber dem gewohnten "domestic system") -, "cottage system" - als einschneidende Änderung der Wohnverhältnisse - und "truck system" - als Ausdruck einer neuen Versorgungsabhängigkeit (gegenüber den ländlichen Verhältnissen) - scheinen den Stadtwanderern im frühindustriellen England eine Verschlechterung gegenüber den ländlichen Lebensverhältnissen gebracht zu haben, es sei denn, dass zahlreiche Hungersnöte, wie in Irland, sie dort in ihrer Existenz überhaupt bedrohten. Wieweit die skizzierten Lebensverhältnisse der Stadtwanderer im frühindustriellen England als Standard angesehen werden müssen oder ob sie als räumlich beschränkte Ausnahmefälle - etwa für das Manchester der 1840er Jahre - gelten dürfen, soll aufgrund des in dieser Frage unterentwickelten Forschungsstandes offenbleiben.

Wie bieten sich - vergleichsweise - die Lebensverhältnisse der Stadtwanderer in der heutigen Frühindustrialisierungsphase im Orient dar? Um einer gewissen Variationsbreite der diesbezüglichen Verhältnisse im Orient Rechnung zu tragen, stützen sich die folgenden Ausführungen auf:

> A. Pletsch: Wohnsituation und wirtschaftliche Integration in den marginalen Wohnvierteln der Agglomeration Rabat-Salé (Marokko), in: C. Schott (Hrsg.): Beiträge zur Kulturgeographie der Mittelmeerländer (II), Marburger Geographische Schriften, Heft 59, Marburg 1973, S. 23-61
>
> R. Stewig, E. Tümertekin, B. Tolun, R. Turfan, Y. Dönmez, D. Wiebe und studentische Mitarbeiter: Bursa, Nordwestanatolien. Auswirkungen der Industrialisierung auf die Bevölkerungs- und Sozialstruktur einer orientalischen Industriegrossstadt, Schriften des Geographischen Instituts der Universität Kiel (in Vorbereitung)

Die letztgenannte Untersuchung, der eine Befragung von annähernd 1400 Haushalten im Jahre 1974 in der Stadt Bursa zugrunde liegt, ist noch nicht abgeschlossen; einige Ergebnisse werden hier vorweggenommen (siehe Tabelle auf folgender Seite).

Das Beispiel Rabat-Salé wurde hier zum Vergleich herangezogen, um die - was eine Reihe von Punkten der äusseren Ausstattung betrifft - offenbar günstigeren Verhältnisse in Bursa bewusst zu kontrastieren. Zu diesen äusseren Lebensumständen der Stadtwanderer kommen aber noch eine Reihe organisatorischer hinzu, von denen mindestens einige nicht nur für Bursa, sondern auch für Rabat-Salé Bedeutung, also wohl grundsätzliche Bedeutung im Orient, haben dürften.

Innerhalb der Peripherie der Stadt Bursa findet eine Sortierung der Zuwanderer statt: diejenigen von ihnen, die in der Lage sind, Grund und Boden zu kaufen, lassen sich auf ehemals landwirtschaftlich genutzten Flächen in der ebenen (nördlichen) Peripherie nieder, die infrastrukturell besser erschlossen ist als die steile (südliche) Peripherie der Stadt am Berghang (des Ulu-Dağ), wo die weniger gut ausgestatteten Zuwanderer aus dem ländlichen Raum auf dem angeblich niemandem, aber in Wahrheit

Gegenüberstellung einiger ausgewählter Merkmale der Lebensverhältnisse orientalischer Stadtwanderer

	Rabat-Salé (Marokko)	Bursa (Türkei)
Bezeichnung des Wohngebietes	bidonville ("Kanisterstadt")	gecekondu ("über Nacht gebaut")
Standortorientierung im Stadtraum	keine Ausgaben für Grunderwerb	zum Teil Investitionen für Grunderwerb
Ausgaben für die Einrichtung der Behausung	äusserst gering	zum Teil nicht unbeträchtlich
Baumaterial der Behausung	Blech, Lehmziegel	Lesesteine, Haustein; Lehmziegel, gebrannte Ziegel
Bauzustand der Behausung	unsicher	festes Haus
Stromversorgung	kein Stromanschluss	Stromanschluss die Regel
Trinkwasserversorgung	Gemeinschaftsbrunnen	Gemeinschaftsbrunnen /Wasseranschluss
Brauchwasserentsorgung	offener Abfluss	offener Abfluss
Strassen/Wege	unbefestigt	unbefestigt/z.T. gepflastert
Moscheen	?	vorhanden
Volksschulen	nicht vorhanden	vorhanden
Anteil der inaktiven Bevölkerung	hoch	mittelhoch
Gesamteindruck	menschenunwürdig (A. Pletsch)	verbesserungsbedürftig, aber nicht menschenunwürdig (R. Stewig)

dem Staat gehörenden Berghang siedeln. Innerhalb dieser Bedingungen gruppieren sich die Zuwanderer vielfach nach gleicher räumlicher Herkunft; so bildet sich eine auf Nachbarschaftsbeziehungen begründete Subkultur der Dörfler in der fremden Stadt heraus, die im Prinzip aus den Einwandererghettos amerikanischer Städte bekannt ist und die dem Zuwanderer die Eingewöhnung und soziale Integration in die städtische (Industrie-)Gesellschaft erleichtert. (Hat man auf einer Autofahrt einen Anhalter aus dem ländlichen Raum der Umgebung Bursas in die Stadt mitgenommen, so zeigt er einem bei der Fahrt durch die Peripherie das Zuwandererviertel seines Dorfes.) Grundsätzlich werden die Behausungen der Stadtwanderer in Eigenarbeit unter Hinzuziehung von Handwerkern errichtet - dieses Verfahren gibt für einige Bauhandwerke an der Peripherie der modernen, islamisch-orientalischen Stadt die Existenzgrundlage ab. Die errichteten Häuser sind das Eigentum der Stadtwanderer. Es gibt keine Unternehmer - weder industrielle noch andere -, die Spekulationsbauten für ländliche Zuwanderer hochziehen. Bisweilen bauen ländliche Zuwanderer zweigeschossige Häuser, um ein Geschoss an andere Zuwanderer zu vermieten. Pro Haus - bzw. pro Geschoss - ist höchstens e i n e Familie untergebracht. Die Forderung der islamischen Religion nach absoluter Privatheit der Familie und gerade die Herkunft der Stadtwanderer aus dem traditionell eingestellten ländlichen Raum verhindern eine Überbelegung der städtischen Unterkünfte und damit die auf Überbelegung zurückgehende Entstehung von "slum"-Bedingungen wie im frühindustriellen England. Die Versorgung der Stadtrandbewohner mit Trinkwasser ist in Bursa - selbst am steilen Berghang - nicht schlechter als im ländlichen Raum; der Anschluss der Behausungen der Stadtrandbewohner an das Stromnetz ist zumindest für die aus dem Subsistenzwirtschaftsbereich kommenden Stadtwanderer eine Verbesserung gegenüber den ländlichen Verhältnissen. Die Versorgung der Stadtrandbewohner mit Lebensmitteln erfolgt nur zum kleinen Teil durch Hausgärtchen; Lebensmittel müssen überwiegend eingekauft werden. Bei der Lebensmittelversorgung spielen selbständige Kleinstunternehmer, fliegende Händler, am Stadtrand eine Rolle; am steilen Berghang werden Esel zum Lastentransport eingesetzt. Ein "truck system" gibt es in Bursa ebensowenig wie ein "cottage system". Was also die Lebensverhältnisse der Stadtwanderer - zumindest in Bursa, wahrscheinlich grundsätzlich im Orient - angeht, so dürften sie als mit den Auswüchsen der Frühindustrialisierung in England nicht vergleichbar angesehen werden. Was eben diese Lebensverhältnisse der Stadtwanderer im Vergleich mit den Lebensverhältnissen in ihren ländlichen Herkunftsräumen angeht, so kann auch in dieser Beziehung nicht von einer Verschlechterung die Rede sein; auf die Frage nach der subjektiven und pauschalen Beurteilung ihrer jetzigen Lebensverhältnisse verglichen mit denen vor der Stadtwanderung antwortete die überwältigende Mehrheit der Stadtwanderer in Bursa mit einer positiven Aussage.

Nun kann natürlich noch immer die Meinung vertreten werden, dass es sich bei der Stadtwanderung, weil die Stadtwanderer im allgemeinen Angehörige der niedrigsten Einkommensklassen ohne Besitz an Produktionsmitteln sind, um die Erscheinung der Proletarisierung handelt. Aber wenn man Proletarisierung - im Sinne von Karl Marx - als Prozess der Bewusstmachung oder Bewusstwerdung der eigenen, als unzulänglich empfundenen Lage und als bewusste Solidarisierung mit seinesgleichen versteht, dann kann der Begriff zumindest nicht auf die Stadtrandbewohner in Bursa angewendet werden.

Literaturhinweis:

W. Hofmann: Verelendung, in: Folgen einer Theorie. Essays über "Das Kapital" von Karl Marx, 4. Auflage, Frankfurt/Main 1971, S. 27-60

Die Orientierung auch der einkommensschwächsten Stadtwanderer ist primär auf die eigene Familie gerichtet - das ist die gerade aus dem ländlichen Raum mitgebrachte, traditionelle Verhaltensweise -, daneben noch auf die herkommensräumliche Solidarität mit den benachbarten Zuwanderern (aus dem gleichen Dorf), darüber hinaus auf den Staat im Sinne eines Nationalbewusstseins. Auch die Angehörigen der einkommensschwächsten Stadtwanderer zeichnen sich - zumindest in Bursa - durch ein ungebrochenes Selbstbewusstsein aus: die Stadtwanderung erfolgte aus eigenem Entschluss; der Stadtwanderer besitzt ein, wenn auch kleines, aber doch eigenes Haus; nach dem herkömmlichen, auch im Orient gültigen "squatters' right" gehört ihm auch der Grund und Boden unmittelbar um sein Haus; die Privatheit der Familie ist nicht in Frage gestellt; wirtschaftliche Rückschläge werden fatalistisch hingenommen. Eine Solidarisierung mit ihresgleichen oder Bewusstwerdung einer etwaigen misslichen Lage erfolgt gerade bei den meist ökonomisch am ungünstigsten gestellten, jüngsten Stadtwanderern aufgrund ihrer noch starken Verwurzelung mit den ländlichen Traditionen nicht. Die Entstehung und Entwicklung von Gewerkschaften im Orient im Zuge eines fortschreitenden Industrialisierungsprozesses mag in Zukunft durchaus eine Änderung der Bewusstseinslage der Stadtwanderer herbeiführen.

Literaturhinweise:

J. Abu-Lughod: Migrant Adjustment to City Life: The Egyptian Case, in: The American Journal of Sociology, Bd 67, Chicago/Ill. 1961, S. 22-32

F. Greif: Der Wandel der Stadt in der Türkei unter dem Einfluss von Industrialisierung und Landflucht, in: 38. Deutscher Geographentag Erlangen-Nürnberg 1971, Tagungsbericht und wissenschaftliche Abhandlungen, Wiesbaden 1972, S. 407-419

H. Hahn: Wachstumsabläufe einer orientalischen Stadt am Beispiel von Kabul/Afghanistan, in: Erdkunde, Bd XXVI, Bonn 1972, S. 16-32

R.S. Hamson: Migrants in the City of Tripoli, Libya, in: Geogr. Review, Bd LVII, New York 1967, S. 397-423

R. Montague: Naissance du prolétariat marocain. Enquete collective exécutée de 1948 à 1950, Cahiers de l'Afrique et l'Asie, Bd 3, Paris 1951

J. Pelletier: Un Aspect de l'Habitat à Alger: Les Bidonvilles, in: Revue Géogr. de Lyon, Bd XXX, Lyon 1955, S. 279-288

E. Şen: Die Entwicklung der Wohngebiete der Stadt Ankara. Ein Beitrag zum gecekondu-Problem, in: Geogr. Zeitschrift, 60. Jg., Wiesbaden 1972, S. 25-39

E. Wirth: Die Lehmhüttensiedlungen der Stadt Baghdad. Ein Beitrag zur Sozialgeographie orientalischer Städte, in: Erdkunde, Bd VIII, Bonn 1954, S. 309-316

In den bisherigen Ausführungen wurde die (neue) Peripherie der modernen, islamisch-orientalischen Stadt unter dem Gesichtspunkt des Wohnens, als Niederlassungsgebiet der Stadtwanderer betrachtet. Aber die neue Peripherie ist auch - im allgemeinen - der Standortraum der Industrie - eine Erscheinung, die es in der traditionellen, islamisch-orientalischen Stadt nicht gab. Aufgrund ihrer jungen Entstehung ist die Industrie im Orient weitgehend stadtrandorientiert. Da heute - im Gegensatz zum 19. Jahrhundert - die Industriegebäude - jedenfalls soweit es sich um die Fabrikationsanlagen (und nicht um Verwaltungsgebäude) handelt - eingeschossig errichtet werden, wodurch sie einen hohen Anspruch an Grundfläche stellen, kann meist nur an der Peripherie der Städte dieser Standortanspruch kostengünstig erfüllt werden. Wo, wie in einigen Städten des Orients, die ersten industriellen Ansätze bis in das 19. Jahrhundert zurückreichen (wie z.B. in Istanbul und Bursa), finden sich auch alte, mehrgeschossige Fabrikgebäude in der Innenstadt, meist nach günstigen Stellen der Wasserversorgung standortorientiert. Ihre Mehrgeschossigkeit ist dabei nicht als architektonisches Stilmittel zu werten, sondern funktionsbegründet; der Antrieb der Be- oder Verarbeitungsmaschinen erfolgte von einer zentralen Dampfmaschine aus: bei Mehrgeschossigkeit konnten die Antriebs- und Wasserverteilungswege kürzer gehalten werden.

Im Rahmen der heute allgemeinen Standorttendenz der jungen Industrie im Orient zur Peripherie der Städte ergeben sich doch einige Standortvarianten, insbesondere im Verhältnis zu benachbarten Wohngebieten. Entstand die Industrie vor dem Einsetzen der grossen Stadtwanderungsbewegung, so ist sie oft in unmittelbarem Anschluss an die Peripherie der traditionellen, islamisch-orientalischen Stadt zu finden. Am Rande der Altstadt von Istanbul kann man diese Art der Standortorientierung sowohl unmittelbar ausserhalb (am Marmara-Meer) wie auch innerhalb der grossen Landmauer (am Goldenen Horn) beobachten, wo von Bebauung ausgesparte Flächen von der Industrie okkupiert wurden. Im Zuge der einsetzenden Stadtwanderungsbewegung schliessen sich die neuen Wohngebiete der Peripherie dann aussen an. Entsteht die Industrie etwa gleichzeitig mit der grossen Stadtwanderungsbewegung, kommt es vielfach zur Durchsetzung von Wohngebieten mit Industriebetrieben in der neuen Stadtperipherie. Innerhalb dieser Peripherie werden von den Industriebetrieben Standorte an Verkehrswegen, hauptsächlich Strassen oder Hafenanlagen, bevorzugt. Nur wenn, wie in einigen orientalischen Ländern bzw. Scheichtümern, eine Standortplanung der Industrieansiedlung eingesetzt hat, kommt es auch zur Anlage von Industriebetrieben oder -komplexen in vom Siedlungskörper der Städte losgelösten Standorten in Form von modernen "industrial parks".

Zum Wesen des "factory systems", zum Wesen der Industrialisierung gehört die räumliche Trennung von Wohn- und Arbeitsplatz - ein der traditionellen, islamisch-orientalischen Stadt aus der räumlichen Trennung von (öffentlichem) Basar mit Verkauf und Herstellung und (privaten) Wohngebieten nicht unbekannter Wesenszug. Aus der Entstehung der Industrie in der modernen, islamisch-orientalischen Stadt folgen Regelhaftigkeiten der Beziehungen zwischen Wohn- und Arbeitsplatz. Eine so enge räumlich-organisatorische Verknüpfung, wie sie aus dem "cottage system" der englischen Frühindustrialisierungsphase resultiert, ist grundsätzlich nicht gegeben. Die räumliche Nachbarschaft von Wohn- und Arbeitsplatz kann auftreten - wie sie sich aus dem zeitlichen Nacheinander oder der Gleichzeitigkeit von Stadtwanderung und Industrieansiedlung ergibt -, muss aber nicht unbedingt die Regel sein. Im Rahmen der Stadtwanderung geschieht die Niederlassung vielfach in einer Weise, die die Stadtwanderer nach ihrer mitgebrachten finanziellen Ausstattung standortorientiert. Es kann sich also ergeben, dass sich für die ärmeren Stadtwanderer kostenfreies Ansiedlungsgelände in unmittelbarer Nachbarschaft zu Industriebetrieben befindet, es kann aber auch sein, dass derartiges Gelände erst in grösserer Entfernung von Industriebetrieben belegt werden kann. Die in indischen Städten zu beobachtende Erscheinung, dass die ärmsten Zuwanderer in ihren Behausungen unmittelbar räumlich benachbart zu ihrem Arbeitsplatz leben und mit einer Änderung des Arbeitsplatzes auch ihre Behausung verlegen, scheint im Orient nicht die allgemeine Regel zu sein. Grundsätzlich resultiert aus der räumlichen Trennung von Wohn- und Arbeitsplatz, deren Distanz beträchtlich sein kann, aber sich nicht mit den Einkommensniveaus der Stadtwanderer korrelieren lässt, das Problem des innerstädtischen Verkehrs. Wenn auch lange, tägliche Wege zur Arbeitsstätte - zu Fuss - in Kauf genommen werden, so eröffnet sich doch in den grösseren Städten die Notwendigkeit, ein öffentliches Verkehrsmittel (in Gestalt des Omnibusses) einzuführen bzw. zu benutzen. Meist kommt es bald zur Differenzierung des öffentlichen und privaten, innerstädtischen Transportmittelangebots (Kleintransporter, Taxen, Sammeltaxen und Werksbusse).

b. Der Strukturwandel der alten Innenstadt: Arbeiten (tertiärer Sektor) und Wohnen

Entsprechend der neuen Funktion der modernen, islamisch-orientalischen Stadt als zentraler Ort expandiert der tertiäre Sektor vor allem in der alten Innenstadt und strukturiert sie neu; demgegenüber tritt die Bedeutung des Wohnens in der Innenstadt - allmählich - zurück.

Die folgenden Ausführungen über den von der Entwicklung des tertiären Sektors bestimmten Strukturwandel der Innenstadt der islamisch-orientalischen Stadt stützen sich auf:

E. Wirth: Strukturwandlungen und Entwicklungstendenzen der orientalischen Stadt. Versuch eines Überblicks, in: Erdkunde, Bd XXII, Bonn 1968, S. 101-128

Man kann davon ausgehen, dass im Zuge der Auswirkungen der Industrialisierung im weiteren Sinne sich ein sozialer und ökonomischer Differenzierungsprozess vollzieht. Mit den Stadtwanderern kommen Angehörige niedriger Einkommensgruppen in die Stadt, wie sie zuvor die traditionelle, islamisch-orientalische Stadt nicht aufzuweisen hatte. Sie bringen - zunächst - ihre vom Lande her gewohnten, traditionellen Verhaltensweisen mit, die sich natürlich auch auf das Einkaufen beziehen. Im Rahmen der zunehmenden zentralörtlichen Funktionen der modernen, islamisch-orientalischen Stadt kommen aus ihrem Einzugsgebiet ländliche Nachfrager in die Stadt, die je nach dem Grad der ökonomischen Entwicklung innerhalb der ländlichen Einzugsgebiete unterschiedliche, aber meist traditionelle Ansprüche stellen. Innerhalb der modernen, islamisch-orientalischen Stadt kommt noch jene zahlenmässig zwar kleinere, aber ökonomisch und sozial hochrangige Gruppe hinzu, die sich als Besitzer der Industriebetriebe, Unternehmer des sekundären und tertiären Sektors, als Führungskräfte der Wirtschaft und Verwaltung, herausschält. Allmählich entsteht auch - ebenfalls in der modernen Stadtgesellschaft - die Gruppe der Träger von Berufen, die sich pauschal als mittleres Management bezeichnen lässt. Es kommt also sowohl innerhalb der modernen, islamisch-orientalischen Stadt als auch ausserhalb zu einer ökonomischen und sozialen Differenzierung der Nachfrager. Die Entwicklungen und Wandlungen des tertiären Sektors vor allem in der Innenstadt der islamisch-orientalischen Stadt tragen den Veränderungen auf der Nachfrageseite Rechnung.

Insbesondere aus dem Entstehen einer ökonomisch und sozial hochrangigen Nachfragergruppe in der modernen, islamisch-orientalischen Stadt ergibt sich eine bipolare Struktur des tertiären Sektors in der Innenstadt: zu dem traditionellen Basar gesellt sich das moderne Geschäftsviertel. Das heisst also, einerseits besteht der traditionelle Basarbereich - mit gewissen Veränderungen - weiter. Denn es bestehen ja auch die traditionellen Nachfragergruppen, die in die Stadt gewanderte ländliche Bevölkerung und die zentralörtlichen Nachfrager im ländlichen Raum weiter, die traditionsgemäss ihre Waren im offenen Basarstand unter zwangloser, weil auf der Basarstrasse sich vollziehender Besichtigung und im Vergleich mit dem benachbarten Angebot aller Händler einer Branche einkaufen wollen. Trotz dieser Grundlage für das Weiterbestehen des traditionellen Basars in der Innenstadt der modernen, islamisch-orientalischen Stadt vollziehen sich doch Wandlungen, gerade auch im traditionellen Basar. Es kommt zur Segregation von Herstellung und Verkauf; mit dem zunehmenden Vordringen von Industriewaren, auch solchen des eigenen Landes im Zuge der Industrieproduktion als Substitution von importierten Fertigwaren, wird die Herstellung von

Produkten in den Betrieben des Basars eliminiert. Soweit Handwerksbetriebe ihre Existenz erhalten können, wandern sie aus dem Basarbereich ab. Auch die traditionellen Standorte des Grosshandels und Fernverkehrsumschlages im Basarbereich, die Karawansereien, werden funktionslos, weil Grosshandel und Fernverkehr organisatorisch wie räumlich andere Wege gehen; es vollzieht sich eine Trennung zwischen der kaufmännischen Abwicklung des Handels, die weiter in der Innenstadt, aber nicht mehr in den alten Karawansereien, bleibt, und dem Warenumschlag selbst, der sich auf Stapelplätze und Lagerhäuser zum guten Teil ausserhalb der Innenstadt verlagert. Mit dieser Segregation von Einzelhandel und Handwerk und von Einzelhandel und Grosshandel im traditionellen Basarbereich der modernen, islamisch-orientalischen Stadt werden also einige Standorte, die zum Teil verfallenden Karawansereien, frei, in die teilweise die verdrängten Handwerker abwandern.

Wie ist der zweite Pol des tertiären Sektors in der modernen, islamisch-orientalischen Stadt strukturiert? Er stellt sich vor allem auf die ökonomisch und sozial hochrangige Nachfragergruppe und die wirtschaftlichen Bedürfnisse des neuen sekundären Sektors ein. Was den Einzelhandel betrifft, der die Ansprüche der ökonomisch und sozial hochrangigen Nachfrager befriedigt, so dominiert die Mischung der Geschäfte verschiedener Branchenzugehörigkeit. Die traditionelle Branchengliederung ist also hier nicht vorhanden, vielmehr ist das Warenangebot auf das Niveau der Nachfragergruppe ausgerichtet. Geschäfte für modische Textilien, Möbel, Gardinen, Lampen, Radio und Fernsehen finden sich bunt gereiht und offerieren ein Angebot, das von der traditionellen orientalischen Bevölkerung nicht nachgefragt wird. Deshalb vollzieht sich der Verkauf auch nicht am offenen Basarstand auf der Strasse, sondern in einem abgeschlossenen Verkaufsraum; die Geschäfte weisen Schaufenster auf und bemühen sich, ihre Waren in einer in westlichen Städten üblichen Weise auszustellen. Die angebotenen Waren werden nicht am Ort hergestellt; Verkauf und Herstellung sind grundsätzlich getrennt. Zwischen den Einzelhandelsgeschäften - in grösseren Städten auch als eigenes Viertel - finden sich Banken und Versicherungen, die im traditionellen Basarbereich fehlen. Der traditionelle Orientale scheut sich, sein Geld einer so unpersönlichen und anonymen Institution wie einer Bank anzuvertrauen. Der sich herausbildende, industriell-sekundäre und auch tertiäre Sektor kann auf Banken und Versicherungen jedoch nicht verzichten.

Mit der sich entwickelnden modernen Industriegesellschaft im Orient geht der Einsatz moderner Transportmittel, vor allem des Kraftfahrzeuges für Personen- und Lastentransport, einher. Um dieser Nachfrage gerecht zu werden, entwickeln sich - auch in kleineren islamisch-orientalischen Städten - Viertel, die sich des Verkaufs und der Reparatur von Kraftfahrzeugen annehmen. Da das Kraftfahrzeug nicht nur Transportmittel der neuen ökonomisch und sozial hochrangigen Gruppe ist, sondern auch im ländlichen Raum eingesetzt wird, muss der Standort des "Autobasars" nicht unbedingt zum modernen Geschäftsviertel benachbart liegen, sondern findet sich oft im Übergangsbereich zwischen traditionellem Basar und modernem Geschäftsviertel. Als eine Erscheinung der Rückorientalisierung (E. Wirth 1968) ist es zu werten, wenn sich innerhalb des "Autobasars" eine deutliche Branchengliederung für den Verkauf neuer Kraftfahrzeuge, den Verkauf bestimmter Gruppen von Ersatzteilen und der Reparaturwerkstätten herausbildet.

Wo lokalisieren sich die modernen Geschäftsviertel innerhalb der modernen, islamisch-orientalischen Stadt? An zahlreichen Beispielen meist grösserer islamisch-orientalischer Städte lässt sich beobachten, dass die moderne City sich weniger - wie in Europa üblich - zum Bahnhof hin orientiert, weil die Eisenbahn im Orient eine geringe Rolle als Verkehrsmittel spielt. Aber auch die im Orient bedeutenden Abfahrts- und Ankunftsräume der Überlandbusse in der Stadt sind es nicht unbedingt, die standortorientierend auf die modernen Geschäftsviertel wirken: die Überlandbusse werden ja meist von der traditionellen Landbevölkerung benutzt, die den traditionellen Basar frequentiert. Die Lokalisation der modernen Geschäftsviertel steht im Zusammenhang mit den "neuen" Stadtteilen in der Innenstadt (in der Türkei: "yeni şehir" = neue Stadt; in den Maghrebstädten: "nouvelle ville"). Es sind die Wohngebiete der ökonomisch und sozial hochrangigen Gruppen der Stadtbevölkerung, nach denen sich der Standort der modernen Geschäftsviertel einerseits orientiert; andererseits kommt meist eine räumliche Anlehnung an den traditionellen Basar hinzu. Die Wohngebiete der ökonomisch und sozial hochrangigen Stadtbevölkerung sind - zumindest bei den grösseren Städten - auch gleichzeitig die Standorte der konsularischen und diplomatischen Vertretungen des Auslandes.

Angesichts dieser Standortorientierung der modernen Geschäftsviertel scheint es nicht notwendig, die im ehemals französischen Kolonialraum neben den einheimischen, traditionellen Innenstädten entstandenen "Neustädte" als besondere Produkte (der Kolonialzeit) zu klassifizieren. Sie stellen mit ihrer ehemals ökonomisch und sozial hochrangigen Europäerbevölkerung und dem dazugehörigen tertiären Sektor nur eine Variante der im Zuge der Strukturwandlungen entstandenen bipolaren Struktur des tertiären Sektors in der modernen, islamisch-orientalischen Innenstadt dar.

Literaturhinweise:

K. Dettmann: Damaskus. Eine orientalische Stadt zwischen Tradition und Moderne, Erlanger Geographische Arbeiten, Heft 26, Erlangen 1969

H. Ruppert: Beirut. Eine westlich geprägte Stadt des Orients, Erlanger Geographische Arbeiten, Heft 27, Erlangen 1969

H. Ruppert: Die Geschäftsviertel Beiruts, in: Geographische Rundschau, Jg. 21, Braunschweig 1969, S. 69-73

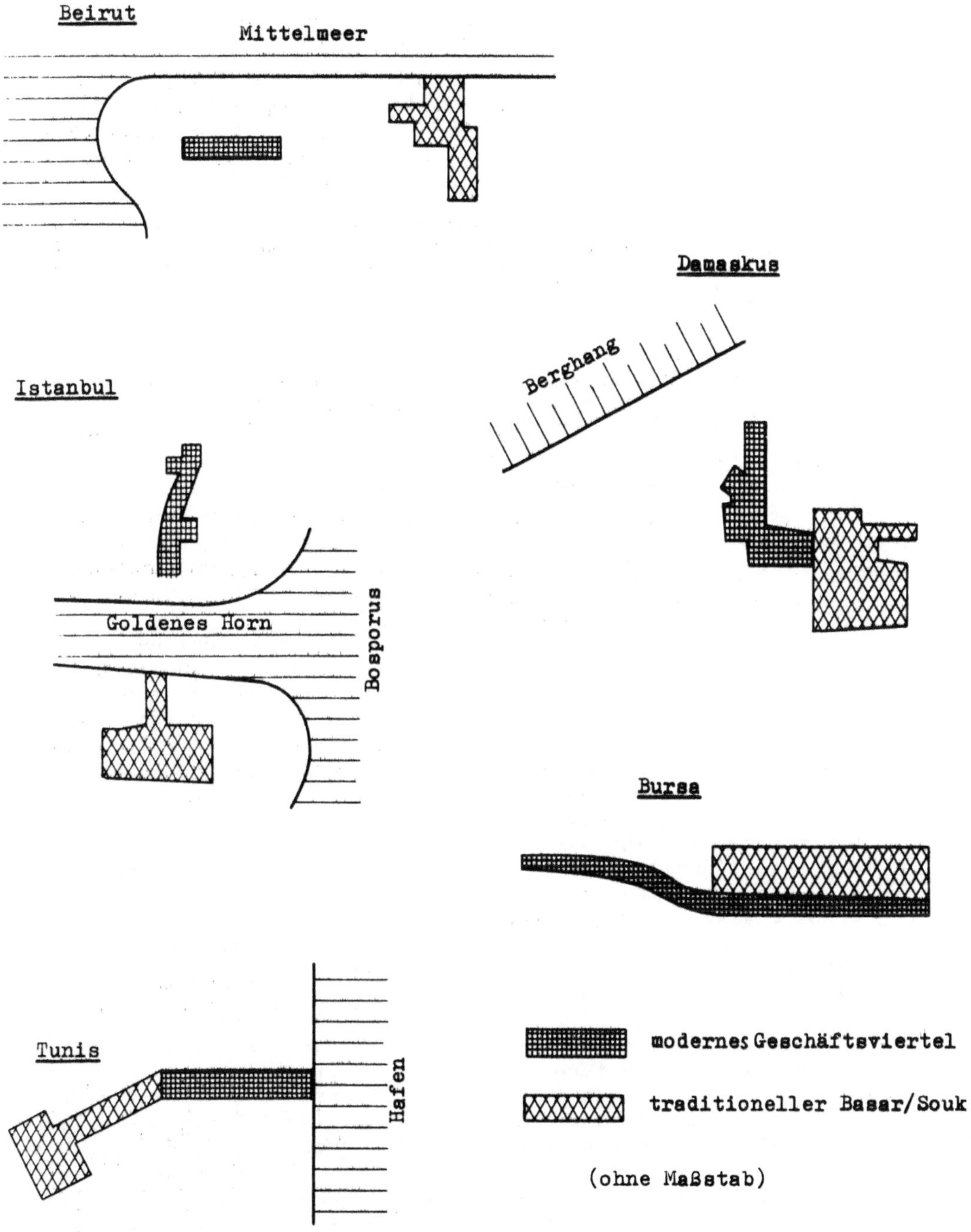

Abb. 40 Die Bipolarität moderner Geschäftsviertel und traditioneller Basare in der modernen, islamisch-orientalischen Stadt (schematisch)
(nach: H.Ruppert 1969; K.Dettmann 1969; E.Tümertekin 1965/68; R.Stewig 1973; H.-G. Wagner 1973)

G. Schweizer: Tabriz (Nordwest-Iran) und der Tabrizer Bazar, in: Erdkunde, Bd XXVI, Bonn 1972, S. 32-46

R. Stewig: Die räumliche Struktur des stationären Einzelhandels in der Stadt Bursa, in: R. Stewig, H.-G. Wagner (Hrsg.): Kulturgeographische Untersuchungen im islamischen Orient, Schriften des Geographischen Instituts der Universität Kiel, Bd 38, Kiel 1973, S. 143-175

E. Tümertekin: Central Business Districts of Istanbul, in: Review of the Geographical Institute of the University of Istanbul, International Edition, Nr. 11, Istanbul 1965-68, S. 21-36

H.-G. Wagner: Die Souks in der Medina von Tunis. Versuch einer Analyse von Einzelhandel und Handwerk in einer nordafrikanischen Stadt, in: R. Stewig, H.-G. Wagner (Hrsg.): Kulturgeographische Untersuchungen im islamischen Orient, Schriften des Geographischen Instituts der Universität Kiel, Bd 38, Kiel 1973, S. 91-142

D. Wiebe: Struktur und Funktion eines Serais in der Altstadt von Kabul, in: R. Stewig, H.-G. Wagner (Hrsg.): Kulturgeographische Untersuchungen im islamischen Orient, Schriften des Geographischen Instituts der Universität Kiel, Bd 38, Kiel 1973, S. 213-240

In den bisherigen Ausführungen wurde die Innenstadt der modernen, islamisch-orientalischen Stadt überwiegend als Standort des tertiären Sektors betrachtet. Aber die Innenstadt im weiteren räumlichen Sinne ist auch - schon als Erbe der traditionellen, islamisch-orientalischen Stadt - Standort des Wohnens. Es fragt sich, ob und gegebenenfalls in welcher Weise sich ein Strukturwandel des Wohnens vollzieht.

Wir haben davon auszugehen, dass die Struktur des Wohnens in der traditionellen, islamisch-orientalischen Stadt primär von der ethnischen und konfessionellen Zusammensetzung der Stadtbewohner, also nicht ökonomisch-sozial, bestimmt ist; erst die Feinstruktur innerhalb der ethnischen und religionsgemeinschaftlichen Stadtviertel scheint ökonomisch-sozial strukturiert gewesen zu sein.

Im Zuge der modernen Entwicklung setzt auch hier ein Strukturwandel ein. Bei Weiterbestehen ethnischer und religiöser Unterschiede kommt es doch zu einer Überlagerung und Umprägung der alten Struktur nach dem ökonomisch-sozialen Prinzip der Gliederung. Einige ethnische und religiöse Gruppen vermögen sich besser auf die neuen Situationen, die sich aus dem Industrialisierungsprozess ergeben, einzustellen als andere. Der wirtschaftliche Erfolg oder Misserfolg der Bewohner führt zum sozialen Aufstieg oder Abstieg eines Stadtviertels als Ganzes. Mit dem Verlauf des Industrialisierungsprozesses schälen sich - besonders natürlich, wenn die Privatwirtschaft der Träger der Industrialisierung ist - ökonomisch und sozial hochrangige Gruppen heraus, die ihren Standort in der Innenstadt, in der Nähe des neuen tertiären Sektors nehmen oder beibehalten. Es darf aber nicht übersehen werden, dass ökonomisch und sozial hochrangige Gruppen in der modernen, islamisch-orientalischen Stadt nicht nur in der Innenstadt ihren Standort haben, daneben ist der auch in europäischen Städten zu beobachtende Vorgang heute im Orient wahrnehmbar, nämlich dass zumindest Teile der ökonomisch und sozial hochrangigen Gruppen sich auch an den Stadtrand orientieren. Dabei wird allerdings die Nachbarschaft der Standorte der ökonomisch und sozial schwachen Stadtwanderer gemieden; vielmehr sind andere Qualitäten des peripheren Standortes ausschlaggebend: in Istanbul die Lage am Wasser (dem Bosporus) und das Vorhandensein der ehemaligen osmanischen Paläste und der Sommerresidenzen der diplomatischen Vertretungen; in Teheran sind es die Lage am Berghang und die ehemals nur auf Qanate angewiesene, günstigere Wasserversorgung dort; in anderen Städten kommen wieder andere bevorzugte Qualitäten innerhalb der Stadtperipherie zum Tragen.

Darüber hinaus ist die Innenstadt der modernen, islamisch-orientalischen Stadt Wohngebiet der - im zeitlichen Sinne - Altstädter. Mit der Zuwanderung aus dem ländlichen Raum kommen Personen in die Stadt - hauptsächlich an ihre Peripherie -, die für die typisch städtischen Berufe im allgemeinen nicht ausgebildet sind. Die älteren, nicht zugewanderten Städter haben am frühesten von den neuen, zivilisatorischen Errungenschaften profitieren können. Sie weisen deshalb in der Hierarchie der Berufe - wenn man von den ökonomisch und sozial hochrangigen Berufsgruppen absieht - eine mittlere Stellung auf, d.h. üben Berufe aus, die eines gewissen Ausbildungsstandes bedürfen; sie sind aber ökonomisch nicht (- noch nicht -) so gestellt, dass sie sich - wie im Europa der Nachkriegszeit - eine Verlegung ihres Wohnstandortes - etwa in ein Einfamilienhaus mit Garten - an die Stadtperipherie leisten könnten.

Nachdem die innerstädtische Einzelhandelsstruktur der traditionellen, islamisch-orientalischen Stadt als zweistufig gekennzeichnet wurde - neben dem Basar als Hauptzentrum gibt es die zahlreichen kleinen Subzentren des täglichen Bedarfs in den verschiedenen Stadtvierteln - erhebt sich die Frage, ob nicht die zunehmende soziale Differenzierung in der islamisch-orientalischen Stadt auch eine zunehmende Differenzierung der Stufigkeit der innerstädtischen Einzelhandelsstruktur mit sich bringt. Langfristig dürfte diese Entwicklungstendenz zweifellos bestehen; auf dem Wege dahin lassen sich interessante Zwischenlösungen beobachten: dort, wo eine quantitativ und qualitativ veränderte Nachfrage festzustellen ist, also etwa in Stadtvierteln, die ökonomisch und sozial eine Aufwärtsentwicklung erkennen lassen, schiebt sich der ambulante Einzelhandel in die ökonomische Nische; periodisch abgehaltene, offene Märkte mit teilweise längerfristigem Angebot decken die Nachfrage. Sie dürften die Vorläufer der später, in verfestigter Form - stationär - auftretenden, stärker differenzierten Nebenzentren zwischen den kleinsten Subzentren für nur den täglichen Bedarf einerseits und dem traditionellen Basar bzw. dem modernen, höchstrangigen Geschäftsviertel andererseits sein.

3. Der Grundrisswandel der traditionellen, islamisch-orientalischen Stadt

Die folgenden Ausführungen stützen sich auf:

K. Scharlau: Moderne Umgestaltungen im Grundriss iranischer Städte, in: Erdkunde, Bd XV, Bonn 1961, S. 180-191

R. Stewig: Der Grundriss von Stambul. Vom orientalisch-osmanischen zum europäisch-kosmopolitischen Grundriss, in: G. Sandner (Hrsg.): Kulturraumprobleme aus Ostmitteleuropa und Asien (Festschrift zum 60. Geburtstag von H. Schlenger), Schriften des Geographischen Instituts der Universität Kiel, Bd XXII, Kiel 1964, S. 195-225

Die Ausgangssituation ist dadurch gekennzeichnet, dass in der traditionellen, islamisch-orientalischen Stadt der Sackgassengrundriss vorherrscht; nur in den planmässig geschaffenen Basargebieten sind auch in der traditionellen, islamisch-orientalischen Stadt regelmässige Grundrissmuster anzutreffen. Der orientalische Sackgassengrundriss konnte den an ihn gestellten Verkehrsansprüchen genügen, solange der innerstädtische Verkehr überwiegend zu Fuss oder mit Lasttieren abgewickelt wurde. Die räumliche Trennung von Wohn- und Arbeitsplatz gab es bereits in der traditionellen, islamisch-orientalischen Stadt durch die segregierten Funktionsräume für Arbeiten (im Basar) und Wohnen, so dass grundsätzlich die Notwendigkeit eines innerstädtischen Verkehrs in höherem Masse bestand als in der mittelalterlichen, deutschen (europäischen) Stadt, in der Arbeiten (Verkaufen und Herstellen) und Wohnen nicht segregiert waren, sondern an einem Standort erfolgten.

Mit den funktionalen und strukturellen Veränderungen in der islamisch-orientalischen Stadt im Zuge und als Folge des Industrialisierungsprozesses entstanden mit der räumlichen Trennung zwischen Arbeitsplatz im industriell-sekundären oder tertiären Sektor und Wohnplatz neue Notwendigkeiten innerstädtischer Verkehrsverbindungen. Gleichzeitig hielten neue, technische Verkehrsmittel, vor allem das Kraftfahrzeug, Einzug im Orient. Gerade den Verkehrsansprüchen dieser neuen technischen Verkehrsmittel ist der orientalische Sackgassengrundriss nicht gewachsen. Es musste jedoch eine weitere Bedingung erfüllt sein, ehe mit einer Überwindung bzw. Verdrängung und Umgestaltung des alten Stadtgrundrissmusters begonnen werden konnte: die städtischen Behörden im Orient konnten nicht mehr die Grundriss- und Strassenentwicklung individueller Initiative überlassen, sondern mussten im Zuge einer aufkommenden Stadtplanung die Richtlinien der Grundrissentwicklung wenigstens in groben Zügen angeben. Damit setzte eine planmässige Um- und Neugestaltung des traditionellen Grundrissmusters der islamisch-orientalischen Stadt ein.

Die unmittelbaren Anlässe und Formen der Neugestaltung sind vielfältig. Bei kleineren Städten wurde oft nur eine breite Durchgangsstrasse geschaffen, eventuell mit einem zentralen Platz, der der Verehrung des jeweiligen Staatsoberhauptes gewidmet ist, während die übrigen Stadtteile, also vor allem die Wohngebiete, weiter im traditionellen Grundrissmuster verharren.

In der Altstadt von Istanbul, die um die Mitte des 19. Jahrhunderts ganz überwiegend durch den Sackgassengrundriss geprägt war und in der die wenigen, aus der Antike überkommenen Hauptausfallstrassen als angenähert gerade Linien durch den Sackgassengrundriss durchschimmerten, erfolgte die Erneuerung aus aktuellen Anlässen. Die vorwiegende Holzhausbebauung wurde in kleineren und grösseren Feuersbrünsten - seit Jahrhunderten - ein Raub der Flammen. Etwa seit der Mitte des 19. Jahrhunderts nutzte man diese Gelegenheiten, um die abgebrannten Stadtflächen nach einem regelmässigen, rechtwinklig-geometrischen Schachbrettgrundrissmuster wieder aufzubauen. Damit wird - allmählich - das Sackgassengrundrissmuster in der Altstadt verdrängt. Da die Grösse der neu zu bebauenden Flächen von den Zufälligkeiten der Brandausdehnung abhängig ist, nimmt zwar das Schachbrettgrundrissmuster in der Altstadt an Verbreitung zu, es wird jedoch nicht zu einem solch einheitlich regelmässigen Schachbrettgrundriss kommen, wie er beispielsweise für nordamerikanische Städte typisch ist.

In einigen Fällen erlauben Kriegsverwüstungen, Vertreibungen und Austausch ganzer Bevölkerungsgruppen im Orient - wie beispielsweise in Izmir am Ende des Ersten Weltkrieges - eine grosszügige und einheitliche Grundrissneugestaltung. In Izmir finden sich heute nebeneinander: die im Ersten Weltkrieg unzerstört gebliebene Altstadt mit ihrem orientalischen Sackgassengrundriss, durch den in Hafennähe die antike Uferlinie des halbkreisförmigen, alten Hafenbeckens transparent wird, und die nach einem einheitlichen, modernen Grundrissschema wieder aufgebaute, ehemals von Griechen besiedelte Nordstadt, die heute die ökonomisch und sozial hochrangige türkische Bevölkerung der Stadt und Teile des tertiären Sektors beherbergt.

Es muss hier noch einmal daran erinnert werden, dass durch diese neuen Grundrissentwicklungen der traditionelle, islamisch-orientalische Sackgassengrundriss nicht untergeht. Gerade an der Peripherie der modernen, islamisch-orientalischen Stadt vollzieht sich mit der Niederlassung der Stadtwanderer eine von den städtischen Behörden unkontrollierte Bebauung, die - traditionell - nach der individuellen Interessenlage (sowie den ökonomischen Möglichkeiten und sozialen Bedingungen) erfolgt. Damit ist an der Peripherie der modernen, islamisch-orientalischen Stadt eine Situation gegeben, die dem traditionellen, orientalischen Sackgassengrundrissmuster zu weiterer Existenz verhilft.

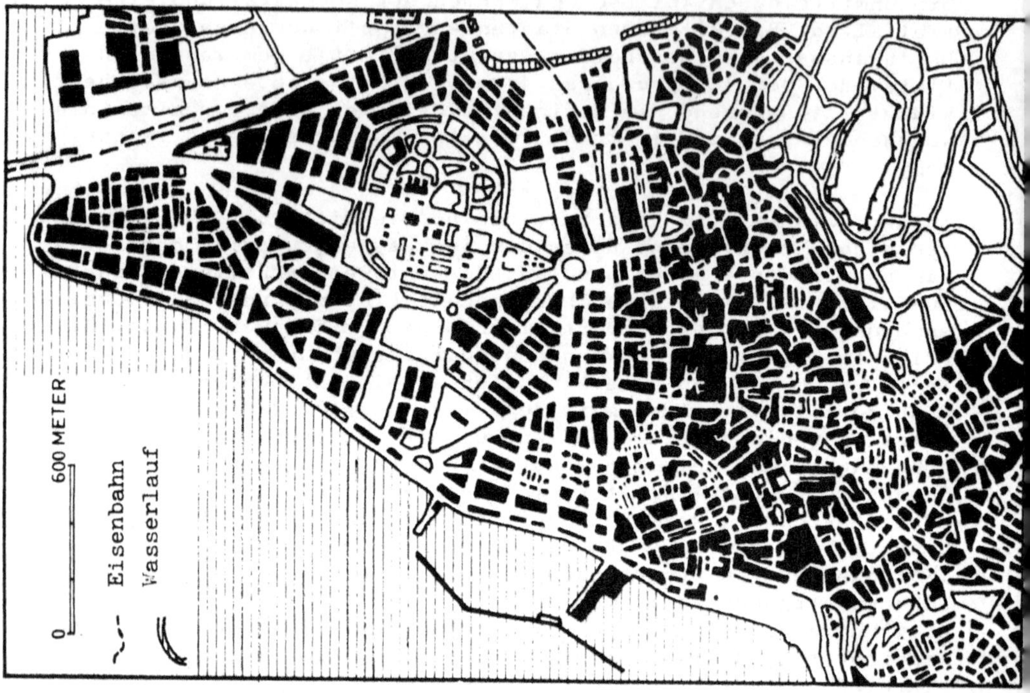

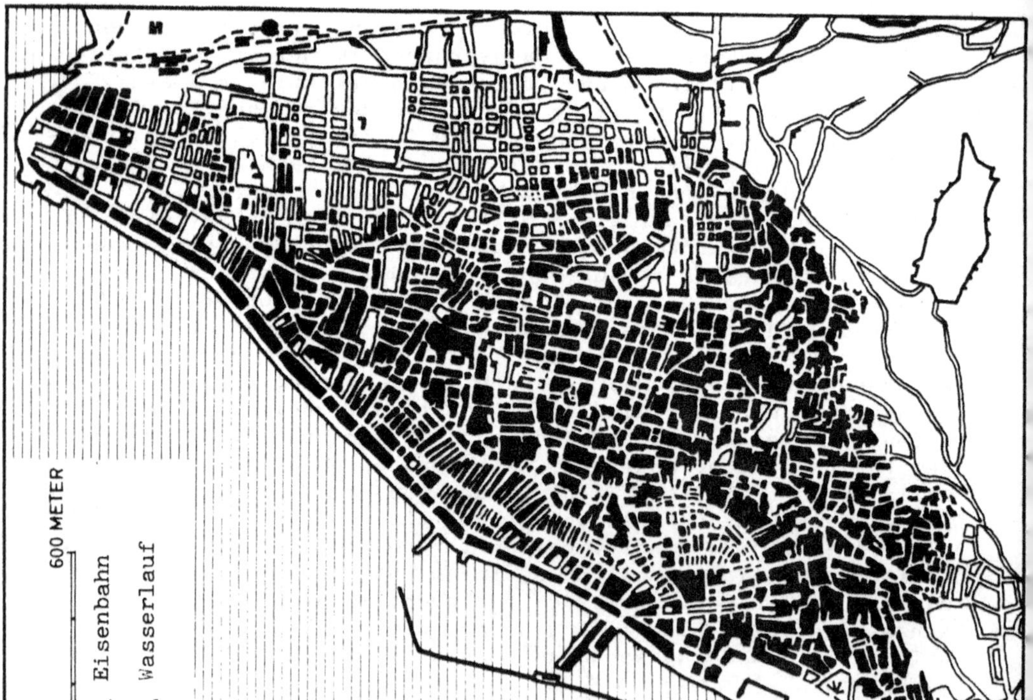

Abb.41 Der Grundriß der Stadt Izmir, 1890 und 1958

4. Literaturhinweise

M. Berger (Hrsg.): The New Metropolis in the Arab World, New Delhi 1963

Istanbul:

H. Högg: Istanbul, Stadtorganismus und Stadterneuerung, in: K. Bachteler (Hrsg.): Istanbul. Beiträge zur Geschichte und Entwicklung der Stadt am Goldenen Horn, Karawane-Taschenbuch, Ludwigsburg 1967, S. 281-349

R. Stewig: Byzanz - Konstantinopel - Istanbul. Ein Beitrag zum Weltstadtproblem, Schriften des Geographischen Instituts der Universität Kiel, Bd XXII, Heft 2, Kiel 1964

Ankara:

G. Bartsch: Ankara im Wandel der Zeiten und Kulturen, in: Petermanns Geogr. Mitteilungen, 98. Jg., Gotha 1954, S. 256 bis 266

X. de Planhol, A.-M. Hebrard, B. Brillion: Ankara. Aspects de la croissance d'un métropole, in: Revue Géogr. de l'Est, Bd XIII, Nancy 1973, S. 155-187

Bursa:

R. Stewig: Bursa, Nordwestanatolien. Strukturwandel einer orientalischen Stadt unter dem Einfluss der Industrialisierung, Schriften des Geographischen Instituts der Universität Kiel, Bd 32, Kiel 1970

Adana, Mersin, Tarsus:

L. Rother: Die Städte der Çukurova: Adana-Mersin-Tarsus. Ein Beitrag zum Gestalt-, Struktur- und Funktionswandel türkischer Städte, Tübinger Geographische Studien, Heft 42, Tübingen 1972

Kayseri:

G. Richter: Moderne Entwicklungstendenzen türkischer Städte am Beispiel der Stadt Kayseri, in: Geogr. Rundschau, Jg. 24, Braunschweig 1972, S. 93-101

Erzurum:

M. Bazin: Erzurum. Un centre régional de la Turquie, in: Revue Géogr. de l'Est, Bd IX, Nancy 1969, S. 269-314

Izmit:

R. Stewig: Izmit, Nordwestanatolien, in: Geogr. Zeitschrift, 57. Jg., Wiesbaden 1969, S. 268-285

Teheran:

H. Bobek: Teheran, in: Schlern-Schriften, Bd 190, Innsbruck 1958, S. 5-24

P.G. Ahrens: Die Entwicklung der Stadt Teheran. Eine städtebauliche Untersuchung ihrer zukünftigen Gestaltung, Schriften des Deutschen Orient-Instituts, Opladen 1966

P. Vieille, K. Mohzeni: Ecologie culturelle d'une ville islamique: Tehran, in: Revue Géogr. de l'Est, Bd IX, Nancy 1969, S. 325-359

M. Seger: Strukturelemente der Stadt Teheran und das Modell der modernen orientalischen Stadt, in: Erdkunde, Bd XXIX, Bonn 1975, S. 21-38

Shiraz:

John I. Clarke: The Iranian City of Shiraz, Department of Geography, University of Durham, Research Papers Series, Nr. 7, Durham 1963

Abadan:

J.-C. Cordonnier: Abadan: Morphologie et fonction du tissu urbain, in: Revue Géogr. de l'Est, Bd IV, Nancy 1964, S. 357-392

Institut d'Etudes et de Recherches Sociales, Université de Tehran: Abadan: Tissu urbain, attitudes et valeurs, in: Revue Géogr. de l'Est, Bd IX, Nancy 1969, S. 361-378

Bandar Abbas:

G. Schweizer: Bandar Abbas und Hormoz. Schicksal und Zukunft einer iranischen Hafenstadt am Persischen Golf, Beihefte zum Tübinger Atlas des Vorderen Orients, Reihe B, Nr. 2, Wiesbaden 1972

Städte im iranischen Kaspitiefland:

E. Ehlers: Die Städte des südkaspischen Küstentieflandes, in: Die Erde, 202. Jg., Berlin 1971, S. 6-33

H. Kopp: Städte im östlichen iranischen Kaspitiefland. Ein Beitrag zur Kenntnis der jüngeren Entwicklung orientalischer Mittel- und Kleinstädte, Erlanger Geographische Arbeiten, Heft 33, Erlangen 1973

Kabul:

H. Hahn: Die Stadt Kabul (Afghanistan) und ihr Umland. I. Gestaltwandel einer orientalischen Stadt, Bonner Geogr. Abhandlungen, Heft 34, Bonn 1964

Kandahar:

D. Wiebe: Stadtstruktur und kulturgeographischer Wandel in Südafghanistan, Kieler Geographische Schriften (in Vorbereitung)

Beirut:

S. Chehabe-ed-Dine: Géographie humaine de Beyrouth avec une étude sommaire sur les deux villes de Damas et Baghdad, Beirut 1960

Ch.W. Churchill: The City of Beirut. A Socio-Economic Survey, Beirut 1954

H. Ruppert: Beirut. Eine westlich geprägte Stadt des Orients, Erlanger Geographische Arbeiten, Heft 27, Erlangen 1969

Tripoli:

J. Gulick: Tripoli. A Modern Arab City, Harvard Middle Eastern Studies Nr. 12, Cambridge/Mass. 1967

Damaskus:

K. Dettmann: Damaskus. Eine orientalische Stadt zwischen Tradition und Moderne, Erlanger Geographische Arbeiten, Heft 26, Erlangen 1969

Damaskus, Aleppo, Beirut:

E. Wirth: Damaskus - Aleppo - Beirut. Ein geographischer Vergleich dreier nahöstlicher Städte im Spiegel ihrer sozial und wirtschaftlich tonangebenden Schichten. A. Damaskus und Aleppo, ein ungleiches Zwillingspaar. B. Beirut und der Wirtschaftsgeist der syrisch-libanesischen Oberschicht, in: Die Erde, 97. Jg., Berlin 1966, Teil A, S. 96 bis 137; Teil B, S. 166-202

Amman:

J.M. Hecker: Modern Amman. A Social Study, Department of Geography, University of Durham, Research Papers Series, Nr. 3, Durham 1960

Kairo:

M. Clerget: Le Caire. Etude de géographie urbaine et d'histoire économique, Kairo 1934

P. Marthelot: Dimensions nouvelles d'une métropole: Le Caire, in: Revue Géogr. de l'Est, Bd IX, Nancy 1969, S. 379-390

Misurata:

G.H. Blake: Misurata: A Market Town in Tripolitania, Department of Geography, University of Durham, Research Papers Series, Nr. 9, Durham 1968

Rabat:

J. Caillé: La ville de Rabat jusqu'au Protectorat Français, 3 Bde, Paris 1949

D. Das Entwicklungsproblem

Zum Abschluss der vorausgegangenen Darstellung des Orients als Raum, der sich in einer spezifischen, wirtschaftlichen Entwicklungs- und sozialen Wandlungssituation befindet, sollen einige Schlussfolgerungen allgemeiner Art zu dem verkürzt "Entwicklungsproblem" genannten Sachverhalt dargelegt werden.

1. Klimatologische, demographische, sozialpsychologische, soziologische und ökonomische Entwicklungstheorien

Begriffsklärend muss zunächst angemerkt werden, dass mit den Begriffen "Entwicklungsproblem" und "Entwicklungstheorie" das Problem der Unterentwicklung bzw. des Entwicklungsrückstandes und die Erklärung dieses Sachverhaltes gemeint sind. Inhaltlich - so wurde wiederholt ausgeführt und als ein definitorisches Merkmal des Orients festgelegt - handelt es sich dabei darum, dass der Orient in seinem Verhältnis zu dem weltweit sich ausbreitenden Industrialisierungsprozess Rezeptionsraum, also erst in der Phase der einsetzenden Industrialisierung, ist. Darin besteht der grundlegende Entwicklungsrückstand des Orients.

Es scheint mir sinnvoll, daran zu erinnern - und dies zeigten gerade die Darlegungen über den Orient -, dass das Entwicklungsproblem nicht nur im internationalen Massstab - als Problem des unterschiedlichen Entwicklungsstandes von Industrie- und Entwicklungsländern - gesehen werden kann, sondern dass auch innerhalb der Region Orient beträchtliche Unterschiede des Entwicklungsstandes bestehen. Gerade die für die Rezeptionsfähigkeit des Industrialisierungsprozesses so wichtige Ölwirtschaft als Kapitalakkumulator ist unter den Ländern des Orients unterschiedlich verteilt, und diese Tatsache wird in Zukunft die Unterschiede des Entwicklungsstandes innerhalb der Region Orient noch verstärken. Aber auch unter dem Blickwinkel eines dritten Massstabes bestehen deutliche Unterschiede des Entwicklungsstandes, die sich als regionale Ungleichgewichtung bezeichnen lassen. Gemeint ist der Unterschied des Entwicklungsstandes zwischen Stadt und Land - selbst wenn ein Land noch weitgehend im Zustand der traditionellen rentenkapitalistischen

Agrargesellschaft verharrt.

Was die verschiedenen Entwicklungstheorien betrifft, so soll hier - begriffsklärend - zunächst eine Gruppe, nämlich die Gruppe der einen evolutionären Prozess beschreibenden Theorien, ausgesondert werden. Eines der bekanntesten Beispiele dieser Art von "Entwicklungstheorien" ist die von W.W. Rostow.

Literaturhinweis:

W.W. Rostow: The Stages of Economic Growth. A Non-Communist Manifesto, 1. Auflage, Cambridge 1960 (2. Auflage, Cambridge 1971)

W.W. Rostow unterscheidet folgende Stufen des (Wirtschafts-) Wachstums:

- "traditional society" (Stufe der traditionellen Gesellschaft),

- "preconditions for take-off" (Voraussetzungen beschleunigten Wachstums),

- "take-off" ("Start" = beschleunigtes Wirtschaftswachstum),

- "drive to maturity" (Reifungsphase),

- "age of high mass-consumption" (Stufe des Massenverbrauchs).

Mit diesem wirtschaftshistorischen Modell eines Evolutionsprozesses beschreibt W.W. Rostow einen Vorgang, erklärt ihn aber nicht oder nur insofern, als er den Übergang von der Stufe der traditionellen Gesellschaft zur Industriegesellschaft auf beschleunigtes Wirtschaftswachstum zurückführt. Von den traditionellen Wirtschaftsstufentheorien unterscheidet sich das W.W. Rostow'sche Modell dadurch, dass die Stufenfolge von der allgemein-weltgeschichtlichen Situation der Menschheit abstrahiert und auf verschiedene Gesellschaften unterschiedlichen Entwicklungsstandes anwendbar gemacht werden kann.

Letztlich ist auch die G. Myrdal'sche Theorie der zirkulären und kumulativen Verursachung regionalen Ungleichgewichtes eine beschreibende Entwicklungstheorie, da sie von einem angenommenen unterschiedlichen regionalen Entwicklungsstand ausgeht, den sie nicht erklärt; sie legt vielmehr die dem unterschiedlichen Ausgangsstand nachfolgenden Prozessabläufe dar.

Im folgenden soll zu einigen erklärenden Entwicklungstheorien im Lichte der Darstellung des Orients Stellung genommen werden.

Literaturhinweis:

M. Bohnet: Die Entwicklungstheorien. Ein Überblick, in: M. Bohnet (Hrsg.): Das Nord-Süd-Problem. Konflikte zwischen Industrie- und Entwicklungsländern, 2. Auflage, München 1971 (Piper Sozialwissenschaft, Bd 8), S. 49-65

Unter klimatologischer Entwicklungstheorie wird die Auffassung verstanden, dass Unterschiede des Entwicklungsstandes, vor allem zwischen Industrie- und Entwicklungsländern, (allein) auf unterschiedliche klimatische Verhältnisse zurückzuführen seien. Sehr oberflächlich betrachtet scheint zunächst die unterschiedliche klimatische Ausstattung, der Industrieländer Europas einerseits und der Region Orient andererseits, dieser Theorie recht zu geben. Der Orient wurde ja - und das ist sein Wesensmerkmal im Physischen - als durch extreme Aridität gekennzeichnet dargestellt. Die landwirtschaftliche Nutzung im Orient findet am Rande der Ökumene, sowohl was den Nomadismus als auch den Regenfeldbau betrifft, statt; die landwirtschaftlich nutzbaren und genutzten Areale liegen meist weitgestreut und in räumlicher Isolation zueinander. Demgegenüber sind die klimatischen Verhältnisse beispielsweise Europas durch Humidität grundlegend gekennzeichnet; die agraren Nutzungsareale bilden geschlossene Räume, das agrare Wirtschaftspotential Europas ist ungleich grösser als das des Orients - allein von der klimatischen Ausstattung her gesehen. Dennoch wäre es unangemessen, in diesen Unterschieden die Ursache für den ungleichen Entwicklungsstand von Orient und Europa (allein) suchen zu wollen. Es soll nicht ausgeschlossen werden, dass klimatische Gegebenheiten einen Einfluss auf die Wirtschaftsstufenentfaltung des Menschen gehabt haben, etwa dass bestimmte klimatische Gegebenheiten Europas - im Sinne des Toynbee'schen "challenge and response"-Prinzips - in der Neuzeit in höherem Masse einen Entwicklungsanreiz darstellten als die klimatischen Verhältnisse im Orient, so wie andererseits gerade die klimatischen Verhältnisse im Orient zur Entfaltung einiger früher Entwicklungsstufen der Menschheit beigetragen haben. Aber allein in den unterschiedlichen klimatischen Ausstattungen von Erdräumen die Ursache für unterschiedliche Entwicklungsstände zu suchen, wäre eine unangemessene Vereinfachung des Entwicklungsproblems.

Wie aufgezeigt, besteht ja das Entwicklungsproblem auf drei räumlichen Ebenen; eine Theorie, die allgemeinen Erklärungsanspruch erhebt, hat demnach Unterschiede des Entwicklungsstandes auf allen räumlichen Ebenen zu erklären. Aber allein die Tatsache, dass beträchtliche Unterschiede des Entwicklungsstandes zwischen Stadt und Land vorhanden sind - innerhalb der Entwicklungsländer wie der Industrieländer - und dass wesentliche klimatische Unterschiede zwischen einer Stadt und ihrem umgebenden Umland nicht vorhanden sind, spricht auf der untersten räumlichen Ebene gegen den Generalitätsanspruch der klimatologischen Entwicklungstheorie.

Unter demographischer Entwicklungstheorie wird die Auffassung verstanden, dass Unterschiede des Entwicklungsstandes, vor allem zwischen Industrie- und Entwicklungsländern, (allein) auf die unterschiedlichen demographischen Verhältnisse zurückzuführen seien. Oberflächlich betrachtet scheinen einige Gründe auch für diese Theorie zu sprechen. Die Länder des Orients wurden ganz überwiegend als in einer Phase überaus starker Bevölkerungszunahme gekennzeichnet. Demgegenüber ist die Bevölkerungszunahme in den Industrieländern Europas relativ gering; ein hohes Bruttosozialprodukt (= Summe der Werte aller produzierten Waren und Dienstleistungen) dieser Länder verteilt sich auf eine - relativ - geringe Zahl von Personen und die Steigerung des Bruttosozialproduktes ist - zumindest bei günstiger Konjunktur - höher als die Zuwachsrate der Bevölkerung. Im Orient dagegen liegt - in den meisten Ländern - die Zuwachsrate der Bevölkerung über der Wachstumsrate des Bruttosozialproduktes. Aber auch diese Augenscheinlichkeiten können - allein - nicht hinreichend den Unterschied des Entwicklungsstandes zwischen dem Orient und Europa erklären. In einigen Ländern des Orients - nämlich jenen, die aus der Erdölwirtschaft hohe Einnahmen erzielen - steigt heute das Bruttosozialprodukt ausserordentlich, und dieser Entwicklung steht - besonders deutlich in einer Reihe von Scheichtümern am persisch-arabischen Golf, aber auch in Libyen - eine hinter der Zuwachsrate des Bruttosozialproduktes zurückbleibende Bevölkerungsentwicklung gegenüber, so dass selbst europäische Industrieländer in der Entwicklung des Verhältnisses Bruttosozialprodukt zu Bevölkerungsmenge bei weitem übertroffen werden. Dennoch sind auch solche Länder noch als Entwicklungsländer zu bezeichnen: sie stehen in den Anfängen des Industrialisierungsprozesses; es vollzieht sich erst in Ansätzen der Umbruch von der traditionellen Agrargesellschaft zur Industriegesellschaft; Legionen von Teilproblemen sind zu lösen: die Gewöhnung an die streng geregelte, disziplinierte Arbeitsweise im "factory system", die Aufwertung der Handarbeit, die Ausbildung von Facharbeitern und wirtschaftlichen Führungskräften, die Entwicklung des tertiären Sektors, die Steigerung der landwirtschaftlichen Produktion usw., usw. Es soll nicht geleugnet werden, dass die explosive Bevölkerungszunahme in den meisten Ländern des Orients ihr Entwicklungsproblem noch verschärft; es ist dargestellt worden, wie die exzessive Zunahme gerade des jugendlichen Bevölkerungsanteils es erschwert, den ohnehin vorhandenen Rückstand an Ausbildung wettzumachen oder zumindest aufzuholen. Aber den Entwicklungsrückstand der Länder des Orients (allein) auf eine bestimmte demographische Situation oder eine bestimmte Relation der Entwicklung von Bevölkerungsmenge und Bruttosozialprodukt zurückzuführen, ist eine unangemessene, viel zu einseitige Reduktion des Entwicklungsproblems.

Unter sozialpsychologischer Entwicklungstheorie wird die Auffassung verstanden, dass die Unterschiede des Entwicklungsstandes, vor allem zwischen Industrie- und Entwicklungsländern, (allein) in sozialpsychologischen Ursachen begründet seien, wobei vor allem gedacht wird an unterschiedliche Norm- und Wertvorstellung von Gesellschaften und unterschiedliche Verhaltensweisen von Einzelnen, letztlich an das, was man zusammenfassend als Wirtschaftsgeist bezeichnen kann. Auch was diesen Sachverhalt betrifft, so liegen offensichtlich unterschiedliche Gegebenheiten einerseits im Orient, andererseits in Europa vor. Zur Kennzeichnung der Verhältnisse in Europa, insbesondere zu Beginn des Industrialisierungsprozesses, also in der Phase, die W.W. Rostow als "take-off" bezeichnet hat, lässt sich die idealtypische Konstruktion von Max Weber ("Die protestantische Ethik und der Geist des Kapitalismus") zur Charakterisierung des Wirtschaftsgeistes anführen: der religiöse und der wirtschaftliche Bereich durchdrangen sich in einer Weise gegenseitig, die zum wirtschaftlichen Erfolg des Einzelnen führen musste. Aber es sei gleich angemerkt, dass es zweifelhaft ist, wie weit die grosse Masse des Volkes von dieser spezifischen Sozialethik erreicht und erfüllt war. Vielmehr kann auch in Europa das sich im 18./19. Jahrhundert beschleunigende Wirtschaftswachstum nicht allein mit einer bestimmten Sozialethik begründet werden; das Vorhandensein von sozialen Randgruppen (Nonkonformisten), die zum Träger des sich gegen die traditionellen Verhältnisse stellenden, neuen Wirtschaftsgeistes wurden, musste hinzukommen. Erst über diese Katalysatorgruppen konnte ein neuer Wirtschaftsgeist, dessen Bedeutung nicht geleugnet werden soll, wirksam werden.

Im Orient stellt die Religion - der Islam - im Vergleich mit dem calvinistisch-kapitalistischen Wirtschaftsgeist Europas keinen solchen Ansporn für den wirtschaftlichen Bereich dar, ist aber andererseits auch nicht so weltentsagend wie der Hinduismus, der alles diesseitige Handeln gering schätzt und damit wirtschaftliche Aktivitäten lähmt. Angesichts der Bedeutung, die ausser dem Wirtschaftsgeist sozialen Trägergruppen als Katalysatoren eingeräumt werden muss - wie die Erfahrung der europäischen Verhältnisse zeigt -, sind die Verhältnisse des Orients nicht als besonders nachteilig zu bezeichnen. Soziale Randgruppen, die als Katalysatoren eines Wirtschaftsprozesses wirken könnten, waren und sind gerade im Orient vorhanden: durch die schnelle Ausbreitung des Islam und die sich anschliessende Entstehung islamischer Reiche blieben Restgruppen der eroberten Bevölkerungen bestehen. Sie waren - als Juden, Armenier, Griechen und andere christliche Gruppen - geeignet, Träger eines im Sinne der Förderung des Industrialisierungsprozesses fortschrittlichen und gegen traditionelle Verhältnisse gerichteten Wirtschaftsgeistes zu werden. Allerdings waren diese Randgruppen als Nichtmuslime von der auch im Politischen bestehenden Gemeinschaft der gläubigen Muslime ausgeschlossen; andererseits standen auch die soziokulturellen Randgruppen der Nonkonformisten - Quäker, Baptisten und Presbyterianer - im England der Frühindustrialisierung ausserhalb der Staatskirche; im Orient kam jedoch erschwerend hinzu, dass die Angehörigen der nichtmuslimischen Religionen verfolgt, zum Teil sogar ausgerottet wurden. Andere soziale Gruppen im Orient - so europäische Kolonisten besonders im nordafrikanischen Raum - waren zwar Träger eines vom traditionellen einheimischen unterschiedlichen Wirtschaftsgeistes, durften aber aus kolonialpolitischen Erwägungen nicht Katalysatoren eines Industrialisierungsprozesses im Orient selbst werden. So zeigt eine differenzierende Betrachtungsweise, dass zu einem spezifischen Wirtschaftsgeist noch zahlreiche weitere Bedingungen hinzutreten müssen, wenn er für wirtschaftliche Entwicklung und sozialen Wandel bedeutsam werden soll, bzw. dass im Wirtschaftsgeist einer Gesellschaft nicht die alleinige Ursache für ihren Entwicklungsstand gesehen werden kann.

Unter soziologischer Entwicklungstheorie wird die Auffassung verstanden, dass die Unterschiede des Entwicklungsstandes, vor allem zwischen Industrie- und Entwicklungsländern, (allein) auf Unterschiede in den Sozialstrukturen beruhen. Auch was diesen Sachverhalt betrifft, scheinen eine Reihe von Tatsachen für diese Theorie zu sprechen. Im frühindustriellen Europa, hauptsächlich in England, gab es - was die Sozialstruktur anbelangt - im agraren Sektor eine kleine Gruppe adliger Grossgrundbesitzer, die in eigenen Grossbetrieben Landwirtschaft trieben, eine grosse Gruppe von selbständig wirtschaftenden Pächterbauern ("farmer") und eine grosse Gruppe landloser Landarbeiter. Daneben waren zahlenmässig ebenfalls ausgeprägte Gruppen im städtischen Bereich vorhanden, die sich aus Kaufleuten und Händlern verschiedener Rangstufe und Handwerkern zusammensetzten, denen weitgehend der Status des Bürgers zugerechnet werden muss. Im vorindustriellen England war also bereits eine breite - bürgerliche - Mittelschicht vorhanden. Der Industrialisierungsprozess führte in England zur Umstrukturierung und Erweiterung dieser Mittelschicht: zu Händlern und Handwerkern gesellten sich die Gruppen der Angestellten/des Büromanagements und der Facharbeiter, während in der Oberschicht die adligen Grossgrundbesitzer um die Gruppe der Fabrik- und Bankaristokratie bereichert wurde; die Unterschicht stellten die ungelernten Arbeitskräfte.

In der traditionellen Gesellschaft des Orients steht im agraren Sektor bei rentenkapitalistischer Agrarverfassung einer kleinen Gruppe von Grossgrundbesitzern eine grosse Gruppe von in vieler Hinsicht abhängigen Fellachen gegenüber - wenn man von der besonderen Sozialstruktur der Nomadenstämme absieht. Im städtischen Bereich gab es und gibt es zwar die Gruppen der Handwerker und Kaufleute, aber allein schon aufgrund der sozialethischen Norm, nämlich der Unterbewertung handarbeitlicher Tätigkeit, zeichnen sich die Handwerker nicht durch eine gehobene Stellung aus. Auch im städtischen Bereich standen sich - wie im Agrarsektor Grossgrundbesitzer und Fellachen - Herrscher und Untertanen gegenüber; es war nicht zur Ausbildung einer breitangelegten, städtischen Mittelschicht gekommen, es fehlte der Bürger.

Es ist also ganz offensichtlich, dass die Sozialstruktur in den Industrieländern Europas eine andere war und ist als in den Entwicklungsländern des Orients: einer differenzierteren Sozialstruktur in den Industrieländern Europas (- die im Zuge ihrer Weiterentwicklung heute Nivellierungserscheinungen erkennen lässt -) steht eine einfachere Zweischichtensozialstruktur im

Orient gegenüber.

Es muss aber betont werden, dass eine spezifische Sozialstruktur allein nicht ausreicht, um den Schritt zu einer neuen Wirtschafts- und Kulturstufe der Menschheit, wie er gerade in England zuerst getan wurde, gelingen zu lassen; wie die vergleichende Analyse des Industrialisierungsprozesses in England und im Orient zeigte, mussten und müssen noch eine ganze Reihe weiterer Voraussetzungen erfüllt sein. Auch die Tatsache, dass in Kontinentaleuropa - wo es ja auch eine breite, bürgerliche Mittelschicht aus den gemeineuropäischen, mittelalterlichen Ursprüngen gab - der Industrialisierungsprozess etwa hundert Jahre verspätet gegenüber England einsetzte, zeigt, dass spezifische Sozialstrukturen - allein - nicht für einen bestimmten Entwicklungsstand verantwortlich gemacht werden können.

In der Gruppe der ökonomischen Entwicklungstheorien gibt es nicht nur sehr zahlreiche, sondern auch sehr unterschiedliche Auffassungen. Sie können nicht auf einen einfachen Nenner reduziert werden, ohne dass man sie verfälscht. Einige dieser ökonomischen Theorien beschreibenden Charakters, wie die von W.W. Rostow oder G. Myrdal, wurden schon diskutiert oder umrissen. Hier soll nur zu einer ökonomischen Entwicklungstheorie, der marxistischen, Stellung genommen werden, weil gerade die vorangegangenen Ausführungen über den Beispielraum Orient dies erlauben. Die marxistische Entwicklungstheorie vertritt die Auffassung, dass die Unterschiede des Entwicklungsstandes, vor allem zwischen Industrie- und Entwicklungsländern, auf die Ausbeutung der Entwicklungs- durch die Industrieländer zurückzuführen seien. Auf der kleinräumlichen Ebene scheint diese Theorie in ihrem Generalitätsanspruch bestätigt zu werden, weil ja in der traditionellen Agrargesellschaft des Orients bei rentenkapitalistischer Agrarverfassung die Stadt zum umgebenden Lande mindestens teilweise in einem parasitären, ausbeuterischen Verhältnis steht.

Es soll hier nicht geleugnet werden, dass der Einfluss der Industrieländer auf den Orient eine das Einsetzen des Industrialisierungsprozesses hemmende und damit den Entwicklungsrückstand fördernde Wirkung hatte. Es wurde dargelegt, dass einerseits durch politische Abhängigkeit/kolonialen Status in bestimmten Teilräumen des Orients das Einsetzen des Industrialisierungsprozesses bewusst und direkt verhindert worden ist und dass andererseits auch in politisch selbständigen Staaten des Orients durch wirtschaftliche Einflussnahme das einheimische Handwerk weitgehend zerstört und ein Einsetzen des Industrialisierungsprozesses aus handwerklichen Wurzeln heraus verhindert wurde. Damit ist ein negativer, exogener Einfluss der Industrieländer Europas auf die Entwicklungsländer des Orients ohne jeden Zweifel vorhanden. Es ist aber eine unangemessene Vereinfachung, den Entwicklungsrückstand der Länder des Orients allein auf exogene Faktoren zurückzuführen. Auch die kontinentaleuropäischen Länder hatten um die Mitte des 19. Jahrhunderts einen beträchtlichen Entwicklungsrückstand gegenüber England -

insbesondere was das Einsetzen des Industrialisierungsprozesses anbelangt. Die kontinentaleuropäischen Länder haben aber diesen Entwicklungsrückstand gegenüber England rasch aufgeholt; ein Grund für diese günstige Entwicklung kann in der für das Einsetzen eines Industrialisierungsprozesses adäquaten, differenzierten, vorindustriellen Sozialstruktur gesehen werden; ein spezifischer Wirtschaftsgeist hat ein übriges getan. Im Gegensatz zu den kontinentaleuropäischen Ländern hat die traditionelle Gesellschaft des Orients eine derartige, für den Beginn des Industrialisierungsprozesses günstige Sozialstruktur - das Vorhandensein einer relativ breiten Mittelschicht städtischen Bürgertums - nicht aufzuweisen. Die traditionelle, für den Orient typische Oberschicht-Unterschicht-Sozialstruktur hat sich endogen, im Raume des Orients selbst, und zu einer Zeit herausgebildet, als eine Einflussnahme von ausserhalb - von Industrieländern - nicht erfolgen konnte, weil es Industrieländer noch gar nicht gab. Erst aus dem Zusammenspiel von exogenen und endogenen Faktoren - wenn man den Sachverhalt überhaupt auf eine verkürzende Formel bringen will - ist der Entwicklungsrückstand des Orients im Industrialisierungsprozess gegenüber den Industrieländern zu erklären.

Die vorangegangenen Ausführungen sollten deutlich machen, dass keine der diskutierten Ein-Faktor-Theorien für sich allein den Anspruch erheben kann, die Erscheinung des regionalen Ungleichgewichtes auf der Erde, auf der lokalen, regionalen, nationalen oder internationalen Ebene, zu erklären. Es sollte aber auch andererseits deutlich gemacht werden, dass jede dieser Theorien ihren - relativen - Beitrag leisten kann, um die Erscheinung des unterschiedlichen Entwicklungsstandes verschiedener Erdräume zu erhellen. Lange hat man zur Erklärung des Einsetzens der industriellen Revolution/Evolution nach der e i n e n , letzten Ursache gesucht, nach dem "prime mover"; der eine sah ihn im Wirtschaftsgeist eines Volkes, der andere in der technischen Kreativität, ein dritter in der Kapitalakkumulation, ein vierter in einer Hochform der Differenzierung des vorindustriellen Handwerks; eine längere Liste von - angeblichen - "prime movers" liesse sich anfügen. Alle diese Auffassungen zeichnen sich durch einseitige Beschränktheit aus. Heute geht man im Rahmen der Erforschung der industriellen Revolution /Evolution dazu über, nach der relativen Bedeutung der vielerlei Anstösse zu fragen und zu suchen. Was das Problem der Entwicklungsländer anbelangt, so steht ein entsprechender methodischer Ansatz, eine Verabschiedung der sehr zahlreichen Ein-Faktor-Theorien, noch aus.

2. Systemorientierung und Dynamisierung als methodischer Ansatz zur (theoretischen) Bewältigung des Entwicklungsproblems

Nach der vorangegangenen kritischen Auseinandersetzung mit einer Reihe von Ein-Faktor-Entwicklungstheorien und dem Nachweis ihrer nur relativen Bedeutung und nach den Ausführungen im Abschnitt "Methodologische Überlegungen" am Anfang dieser Publikation, wo die Systemkonzeption dargelegt wurde, dürfte es deutlich geworden sein, in welche Richtung ein neuer, weiterführender methodischer Ansatz der Entwicklungsproblemforschung zu erfolgen hat: es gilt, eine Vielzahl von Beziehungen zwischen einer Fülle von immateriellen und materiellen Sachverhalten zu untersuchen; dabei ist zu berücksichtigen, dass im Laufe der Zeit Veränderungen der Sachverhalte und ihrer Beziehungen eintreten, so dass das Beziehungsgefüge nicht nur statisch, sondern auch in seiner Dynamik zu erfassen ist. Es handelt sich also um dynamische Systeme, die es zu untersuchen und darzustellen gilt; um dieses Ziel zu erreichen, stellen die allgemeine Systemtheorie und die Kybernetik das methodisch adäquate Rüstzeug bereit.

Inhaltlich-methodisch lässt sich die Zielsetzung in einer Reihe von Punkten noch einmal folgendermassen zusammenfassend charakterisieren:

(1) Das Entwicklungsproblem ist in den grösseren Zusammenhang des Industrialisierungsprozesses eingebettet zu sehen. Der Industrialisierungsprozess ist die Industrie- und Entwicklungsländer übergreifende Erscheinung. Wirtschaftliche Entwicklung und sozialer Wandel als Wechselwirkungsgefüge kennzeichnen inhaltlich den Industrialisierungsprozess. Aus dieser Tatsache ergibt sich zwangsläufig, dass die traditionellen Wissenschaftsdisziplinen Wirtschaftswissenschaften, Soziologie, Politologie, Geschichte und Geographie mit ihrem bisherigen - isolierten - Vorgehen nur unzureichend den Industrialisierungsprozess und mit ihm das Entwicklungsproblem zu erfassen und darzustellen vermögen; vielmehr ist die Notwendigkeit eines integrativ-interdisziplinären Forschungsansatzes angesichts eines so komplexen Wechselwirkungsgefüges evident.

(2) Der Industrialisierungsprozes und mit ihm das Entwicklungsproblem ist nicht nur statisch, d.h. im zeitlichen Querschnitt als innovativer Ausbreitungsvorgang zu sehen, der sich von den hochindustrialisierten Ländern auf die weniger oder noch gar nicht industrialisierten Länder richtet, sondern gleichzeitig als ein langandauernder dynamischer Prozess in der historischen Dimension der Zeit, der sich nicht nur in den Entwicklungsländern, sondern auch in den Industrieländern weiter vollzieht, so dass sich Industrie- und Entwicklungsländer in unterschiedlichen Phasen des Industrialisierungsprozesses befinden. Entwicklungsrückstand bedeutet Rückstand im Verlauf des Industrialisierungsprozesses.

(3) Der Industrialisierungsprozess und mit ihm das Entwicklungsproblem ist ein Beziehungsgefüge von immateriellen und materiellen Sachverhalten. Was in hochindustrialisierten Ländern so deutlich vor Augen tritt, nämlich der räumliche Niederschlag des Industrialisierungsprozesses, also ausser den Industrieanlagen selbst vor allem die Städteballungen und die Verkehrsinfrastruktur, ist nur eine materielle Teilerscheinung des Industrialisierungsprozesses, die allerdings in rückkoppelnder Be-

ziehung steht zu den übergreifenden immateriellen Teilerscheinungen des Industrialisierungsprozesses wie politische, wirtschaftliche, soziale Organisation, Normen und Wertvorstellungen, Wirtschaftsgeist und Sozialethik der Gesellschaft.

(4) Die Untersuchung des weltweiten Industrialisierungsprozesses und mit ihm des weltweiten Entwicklungsproblems hat zu berücksichtigen, dass die Subsysteme, d.h. die Industrialisierungsprozesse in den einzelnen Ländern, sich in unterschiedlich fortgeschrittenen Entwicklungs-/Evolutionsstadien befinden. Zu der Frage nach den endogenen - positiven oder negativen - Faktoren in den einzelnen Ländern/Gesellschaften für ihren Industrialisierungsprozess gesellt sich im Zuge der Ausbreitung des weltweiten Industrialisierungsprozesses grundsätzlich die Frage nach den exogenen - positiven oder negativen - Faktoren der Einflussnahme von aussen und ihrer Interferenz mit den endogenen Faktoren. Dies gilt nicht nur mit Blickrichtung auf die Entwicklungsländer, sondern - mit der zunehmenden Importabhängigkeit insbesondere bei Primärenergieträgern und Rohstoffen - auch mit Blickrichtung auf die Industrieländer.

Diese wenigen Punkte deuten bereits ein überaus kompliziertes Geflecht von Beziehungen und eine Fülle von Sachverhalten an. Wenn man das Problem der Quantifizierung vorläufig ausklammert, so handelt es sich darum, die für den Industrialisierungsprozess bedeutsamen Voraussetzungen und Auswirkungen, die materiellen und immateriellen Bausteine und deren Beziehungen in ihren unterschiedlichen Qualitäten überhaupt und als System zu erfassen. Auch nach der vorangegangenen, im Sinne dieser Zielsetzung systemanalytisch konzipierten Darstellung des Orients stehen wir dabei erst am Anfang.

Literaturhinweise:

K. Borchardt: Europas Wirtschaftsgeschichte - ein Modell für Entwicklungsländer?, Veröffentlichungen der Wirtschaftshochschule Mannheim, Bd 20, Stuttgart 1967

A. Thompson: The Dynamics of the Industrial Revolution, London 1973

D. Oberndörfer (Hrsg.): Systemtheorie, Systemanalyse und Entwicklungsländerforschung. Einführung und Kritik, Berlin 1971

GPSR Compliance

The European Union's (EU) General Product Safety Regulation (GPSR) is a set of rules that requires consumer products to be safe and our obligations to ensure this.

If you have any concerns about our products, you can contact us on ProductSafety@springernature.com

In case Publisher is established outside the EU, the EU authorized representative is:

Springer Nature Customer Service Center GmbH
Europaplatz 3
69115 Heidelberg, Germany

Batch number: 10809472

Printed by Printforce, the Netherlands